变化环境下小浪底水库运行方式研究

张金良　付　健　韦诗涛　陈翠霞　等著

黄河水利出版社

·郑　州·

图书在版编目(CIP)数据

变化环境下小浪底水库运行方式研究/张金良等著.—郑州:黄河水利出版社,2019.1
ISBN 978-7-5509-2265-5

Ⅰ.①变… Ⅱ.①张… Ⅲ.①黄河-水库-运行-研究-洛阳 Ⅳ.①TV697.1

中国版本图书馆 CIP 数据核字(2019)第 021743 号

策划编辑:李洪良　电话:0371-66026352　E-mail:hongliang0013@163.com

出 版 社:黄河水利出版社
　地址:河南省郑州市顺河路黄委会综合楼 14 层　邮政编码:450003
　网址:www.yrcp.com
发行单位:黄河水利出版社
　发行部电话:0371-66026940、66020550、66028024、66022620(传真)
　E-mail:hhslcbs@126.com
承印单位:虎彩印艺股份有限公司
开本:787 mm×1 092 mm　1/16
印张:15
字数:350 千字　印数:1—1 000
版次:2019 年 1 月第 1 版　印次:2019 年 1 月第 1 次印刷

定价:75.00 元

前　言

小浪底水库位于黄河中游最后一个峡谷河段，是解决黄河下游防洪减淤等问题不可替代的关键工程，在黄河治理开发中具有极其重要的战略地位，工程开发任务为“以防洪(防凌)、减淤为主，兼顾供水、灌溉、发电，除害兴利，综合利用”。水库运行以来，在防洪(防凌)、减淤、供水、灌溉、发电等方面发挥了巨大作用，与三门峡、陆浑、故县等水库联合运行，提高了黄河下游防洪工程的设防标准，基本解除了下游的凌汛威胁。通过水库拦沙和调水调沙运行，使下游河道持续冲刷，平滩流量大幅提高，行洪输沙能力显著提升。通过水库调节，基本满足了黄河下游灌溉、供水、生态等多方面需求，还多次向天津、河北、白洋淀等地应急供水，缓解了当地用水危机；同时充分发挥电站发电潜能，有效缓解河南电网用电紧张局面，为促进区域经济社会发展做出了重大贡献。

在小浪底水库设计阶段，选取的水沙代表系列年均入库径流量、输沙量分别为289亿 m^3 和12.7亿t，采用“逐步抬高、拦粗排细”的运行方式，调控库容为3亿 m^3，水库运行第15年(2014年)库区淤积量达到设计拦沙量75.5亿 m^3。然而，小浪底水库投入运行16年来，2000年7月～2016年6月实际年均入库径流量、输沙量分别为220.02亿 m^3 和2.99亿t，与设计值相比明显偏枯，分别为设计值的76.1%和23.5%；水库按逐步抬高汛限水位控制运行，调控流量为2 600～4 000 m^3/s，相应调控库容为8亿～13亿 m^3，水库累计淤积泥沙30.87亿 m^3，占拦沙库容的41%，目前水库仍处于拦沙后期第一阶段。在水沙变化背景下，深入研究水库运行方式，充分发挥水库综合利用效益，是当前面临的主要问题之一。

小浪底水库投入运行以来，黄河下游河道持续冲刷。1999年10月～2016年4月，下游河道累计冲刷泥沙28.14亿t，最小平滩流量由1 800 m^3/s 增加至4 200 m^3/s，适宜的中水河槽规模已经形成。在此河道边界条件下，如何通过小浪底水库运行充分发挥下游河道的输沙能力，长期维持4 000 m^3/s 左右的中水河槽规模，提高水库综合利用效益，成为当前及今后一个时期需要解决的重要问题。

2015年12月，国家防汛抗旱总指挥部批复了《黄河洪水调度方案》，调整了三门峡、小浪底、陆浑、故县等水库的防洪运行调度原则；另外，沁河河口村水库已投入运行，小浪底水库的防洪运行方式应做出相应调整。

鉴于小浪底水库运行方式已有研究成果所依据的水沙条件和黄河下游河道边界条件均发生了较大变化，近期批复的《黄河洪水调度方案》也提出了小浪底水库防洪运行调整原则，开展变化环境下小浪底水库运行方式研究，为水库近期调度运行提供技术支撑，对充分发挥水库综合利用效益具有重要意义。为此，黄河勘测规划设计研究院有限公司组织人员开展研究，形成了研究成果。

本书是在相关研究成果的基础上提炼而成的，全书主要内容及编写人员分工如下：前言，由张金良执笔；第一章水库实际调度运行，由韦诗涛执笔；第二章小浪底水库库区泥沙冲淤特性及淤积形态，由李庆国、陈松伟执笔；第三章其他水库库区冲淤特性及淤积形态，由韦诗涛、陈翠霞、钱胜执笔；第四章水库综合利用要求，由李荣容、钱胜、李庆国执笔；第五章水沙条件选取，由李荣容执笔；第六章库区及下游河道数学模型率定和验证，由陈翠霞、钱胜执笔；第七章运行方式，由张金良、付健、陈翠霞、李荣容、钱胜、陈松伟执笔；第八章结论与认识，由张金良执笔。全书由张金良、付健、韦诗涛、陈翠霞统稿。

本研究成果是许多同事共同努力完成的，参加研究的主要人员有：张金良、付健、韦诗涛、陈翠霞、刘继祥、安催花、张厚军、罗秋实、李荣容、钱胜、李庆国、陈松伟、钱裕、梁艳洁、吴默溪、鲁俊、盖永岗、崔振华、焦营营、李珍、魏立巍、江颖、张冉等。在研究过程中，全体人员密切配合，相互支持，圆满完成了研究任务，在此对他们的辛勤劳动表示诚挚的感谢！研究成果得到了黄河水利委员会科技委副主任翟家瑞教高、国际泥沙培训中心陈建国教高、郑州大学杨玲霞教授、华北水利水电大学孙东坡教授、黄河勘测规划设计研究院有限公司李世滢教高等多位专家的悉心指导，来自黄河勘测规划设计研究院有限公司、小浪底水利枢纽管理中心、黄河水利水电开发总公司等单位的领导和专家对书稿的编制、修改、完善进行了指导和帮助，在此表示衷心的感谢！特别感谢黄河勘测规划设计研究院有限公司的安催花教高对成果和书稿提出的诸多宝贵意见和建议。向所有支持本书出版的单位及个人一并表示感谢！

小浪底水库运行方式涉及问题复杂，加之编写人员水平有限，书中疏漏之处在所难免，敬请读者批评指正。

作　者

2019 年 1 月

目　录

前　言
第1章　水库实际调度运行 …… (1)
1.1　入出库水沙特性 …… (1)
1.2　坝前水位变化 …… (3)
1.3　水库综合利用效益 …… (14)
第2章　小浪底水库库区泥沙冲淤特性及淤积形态 …… (34)
2.1　库区水流泥沙运动变化 …… (34)
2.2　库区异重流输沙特性分析 …… (36)
2.3　库区淤积量及库容变化 …… (70)
2.4　库区淤积形态变化 …… (74)
2.5　库区淤积物变化分析 …… (86)
第3章　其他水库库区冲淤特性及淤积形态 …… (88)
3.1　三门峡水库冲淤特性及淤积形态 …… (88)
3.2　官厅水库冲淤特性及淤积形态 …… (90)
3.3　巴家嘴水库冲淤特性及淤积形态 …… (94)
3.4　三峡水库冲淤特性及淤积形态 …… (98)
3.5　小　结 …… (103)
第4章　水库综合利用要求 …… (104)
4.1　防洪要求 …… (104)
4.2　防凌要求 …… (107)
4.3　减淤要求 …… (110)
4.4　生态要求 …… (116)
4.5　供水、灌溉要求 …… (118)
4.6　水库排沙运行要求 …… (123)
第5章　水沙条件选取 …… (133)
5.1　典型中常洪水选取 …… (133)
5.2　长系列水沙条件选取 …… (138)
第6章　库区及下游河道数学模型率定和验证 …… (149)
6.1　库区一维水沙数学模型 …… (149)
6.2　下游一维水动力学模型 …… (159)

第7章 运行方式 …………………………………………………………………………（166）
7.1 近期中常洪水防洪运行方式 ………………………………………………………（166）
7.2 减淤运行方式 ……………………………………………………………………（178）
第8章 结论与认识 …………………………………………………………………………（228）
参考文献 ……………………………………………………………………………………（232）

第 1 章　水库实际调度运行

1.1　入出库水沙特性

1.1.1　入库水沙量

1.1.1.1　干流入库水沙量

小浪底水库干流入库水沙特征值见表 1-1。2000 年 7 月～2016 年 6 月小浪底水库年均入库水量为 220.02 亿 m^3,沙量为 2.99 亿 t,平均含沙量为 13.6 kg/m^3。其中,汛期水量为 103.96 亿 m^3,占全年的 47.3%;汛期沙量为 2.82 亿 t,占全年的 94.3%;汛期平均含沙量为 27.1 kg/m^3。与小浪底水库运行以前(1960 年 7 月～2000 年 6 月系列)相比,年均入库水量、沙量分别减少了 37.4% 和 71.1%,平均含沙量约为其 1/2。

表 1-1　小浪底水库干流入库水沙特征值统计

时段(水文年)	水量(亿 m^3)			沙量(亿 t)			含沙量(kg/m^3)		
	汛期	非汛期	全年	汛期	非汛期	全年	汛期	非汛期	全年
2000-07～2016-06	103.96	116.06	220.02	2.82	0.20	2.99	27.1	1.8	13.6
1960-07～2000-06	188.89	162.51	351.40	9.16	1.17	10.33	48.5	7.2	29.4

1.1.1.2　库区支流入库水沙量

小浪底水库库区支流入库水沙特征值统计见表 1-2,库区仅畛水河、西洋河、亳清河三条支流设有水文测站,且为汛期站,仅 6～10 月有测验资料。畛水河石寺站控制流域面积为 100 km^2,年均入库水量、沙量分别为 0.123 亿 m^3 和 4.16 万 t;西洋河桥头站控制流域面积 335 km^2,年均入库水量、沙量分别为 0.50 亿 m^3 和 10.45 万 t;亳清河皋落站控制流域面积 145 km^2,年均入库水量、沙量分别为 0.138 亿 m^3 和 9.16 万 t。三条支流年均入库水量合计 0.761 亿 m^3,年均入库沙量合计 23.77 万 t。三条支流设置测站控制流域面积合计 580 km^2,而三门峡大坝至小浪底大坝区间集水面积约 5 800 km^2,按支流集水面积估算小浪底库区主要支流年均入库水量为 7.61 亿 m^3,年均入库沙量为 237.63 万 t。

表 1-2　小浪底水库库区支流入库水沙特征值统计

时段(水文年)	石寺站(畛水河)		桥头站(西洋河)		皋落站(亳清河)	
	水量(亿 m^3)	沙量(万 t)	水量(亿 m^3)	沙量(万 t)	水量(亿 m^3)	沙量(万 t)
2000-07～2016-06	0.123	4.16	0.50	10.45	0.138	9.16

注:石寺站 2002 年缺测。

1.1.2　出库水沙量

小浪底水库出库水沙特征值见表1-3。2000年7月~2016年6月,小浪底水库年均出库水量为235.44亿m^3,沙量为0.63亿t,平均含沙量为2.66 kg/m^3。其中汛期出库水量为80.19亿m^3,占全年的34.1%;汛期出库沙量为0.60亿t,占全年的95.2%;汛期平均含沙量为7.41 kg/m^3。

表1-3　小浪底水库出库水沙特征值统计

时段(水文年)	水量(亿m^3)			沙量(亿t)			含沙量(kg/m^3)		
	汛期	非汛期	全年	汛期	非汛期	全年	汛期	非汛期	全年
2000-07~2001-06	38.42	123.5	161.92	0.04	0	0.04	1.12	0	0.27
2001-07~2002-06	42.03	107.76	149.79	0.23	0.01	0.24	5.47	0.12	1.62
2002-07~2003-06	86.87	72.48	159.35	0.73	0.04	0.77	8.37	0.55	4.81
2003-07~2004-06	88.01	181.49	269.5	1.11	0	1.11	12.58	0	4.11
2004-07~2005-06	69.57	139.11	208.68	1.42	0.02	1.44	20.43	0.11	6.88
2005-07~2006-06	67.05	193.44	260.49	0.44	0.07	0.51	6.50	0.36	1.94
2006-07~2007-06	71.55	134.78	206.33	0.33	0.18	0.51	4.63	1.35	2.49
2007-07~2008-06	100.77	176.35	277.12	0.52	0.21	0.73	5.19	1.19	2.65
2008-07~2009-06	59.29	145.35	204.64	0.25	0	0.25	4.25	0.01	1.24
2009-07~2010-06	66.64	147.48	214.12	0.03	0	0.03	0.51	0	0.16
2010-07~2011-06	102.93	149.22	252.15	1.09	0	1.09	10.57	0	4.32
2011-07~2012-06	81.11	232.38	313.49	0.33	0	0.33	4.06	0	1.05
2012-07~2013-06	151.83	230.41	382.24	1.30	0	1.30	8.53	0	3.39
2013-07~2014-06	133.74	157.92	291.66	1.42	0	1.42	10.61	0.01	4.87
2014-07~2015-06	60.54	188.29	248.83	0.27	0	0.27	4.44	0	1.08
2015-07~2016-06	62.74	103.93	166.67	0	0	0	0	0	0
2000-07~2016-06(均值)	80.19	155.25	235.44	0.60	0.03	0.63	7.41	0.21	2.66

1.1.3　入出库水沙分级分析

小浪底水库入出库各级流量年均出现天数及水沙量统计见表1-4。经小浪底水库调节后,主汛期(7月11日~9月30日)小浪底水库出库800~2 000 m^3/s量级的天数较入库明显减少,出库流量两级分化,其中,水库泥沙主要通过2 000 m^3/s以上量级排出,出库沙量占主汛期的54.0%。由于汛前进行调水调沙,全年出库大流量(2 600 m^3/s以上)天数较入库增加近1倍。

表1-4 入出库水沙分级统计

时段	量级 (m^3/s)	入库各级流量出现天数及水沙量				出库各级流量出现天数及水沙量			
		出现天数 (d)	出现概率 (%)	水量 (亿 m^3)	沙量 (亿 t)	出现天数 (d)	出现概率 (%)	水量 (亿 m^3)	沙量 (亿 t)
1~12月	0~800	262.6	71.9	101.43	0.37	255.2	69.9	102.73	0.06
	800~2 000	88.6	24.2	86.06	1.06	92.0	25.2	87.03	0.16
	2 000~2 600	7.3	2.0	14.10	0.88	6.7	1.8	13.10	0.22
	2 600以上	6.8	1.9	19.23	0.72	11.4	3.1	32.65	0.19
	合计	365.3	100.0	220.82	3.04	365.3	100.0	235.51	0.63
07-11~09-30	0~800	40.1	48.9	14.64	0.27	63.5	77.5	23.27	0.05
	800~2 000	31.2	38.1	34.14	0.69	13.7	16.7	14.15	0.12
	2 000~2 600	5.9	7.2	11.30	0.65	2.4	2.9	4.53	0.12
	2 600以上	4.8	5.8	13.45	0.45	2.4	2.9	5.95	0.08
	合计	82.0	100.0	73.53	2.06	82.0	100.0	47.90	0.37

1.1.4 入出库水沙平衡分析

2000年7月~2016年6月,小浪底水库干流年均入库水量为220.02亿m^3,库区支流年均入库水量为7.61亿m^3,入库总水量为227.63亿m^3。2000年7月~2016年6月始末,小浪底水库蓄水量分别为11.39亿m^3和21.25亿m^3,期间增加9.86亿m^3,则年均蓄水量增加0.62亿m^3。同期,小浪底水库年均出库水量为235.44亿m^3,考虑水库需水量增加,不计入蒸发渗漏损失,则小浪底水库年均出库水量比入库总水量偏多7.19亿m^3,为入库总水量的3.2%。

2000年7月~2016年6月,干流年均入库沙量为2.99亿t,支流年均入库沙量为0.024亿t,出库沙量为0.63亿t,水库多年平均排沙比为20.9%。年均淤积泥沙2.38亿t,累计淤积泥沙38.14亿t;2000年5月~2016年4月,断面法实测淤积泥沙30.87亿m^3,淤积物干容重为1.24 t/m^3。

1.2 坝前水位变化

1.2.1 汛限水位调整情况

小浪底水库投入运行以来共进行了4次汛限水位调整。2000年,小浪底水库汛限水位定为215 m,水库移民仅完成235 m以下搬迁,水库防洪运行的最高水位为235 m;2001年,小浪底水库前汛期(7~8月,下同)的汛限水位为220 m,后汛期(9~10月,下同)的汛限水位为235 m,移民限制水位为265 m(水库防洪运行的最高水位);2002年,前汛期汛限水位为225 m,后汛期汛限水位为248 m;2013年前汛期汛限水位调整为230 m,后汛期汛限水位仍为248 m。

1.2.2　实际运行水位分析

小浪底水库每年汛末至次年4~5月之前,坝前水位缓慢上升,为即将到来的用水高峰蓄积水资源。4~5月,为满足黄河下游工农业生产、城市生活及生态用水的需求,水库补水下泄,坝前水位开始降低;汛期为满足防洪运行要求,汛前水位降至汛限水位以下,并在有条件的情况下进行调水调沙;之后水位开始恢复抬升。

小浪底水库2000年1月~2015年12月坝前运行水位变化过程见图1-1,坝前运行水位特征值见表1-5,坝前最高水位为270.10 m(2012年11月19日),最低水位为191.44 m(2001年7月26日)。

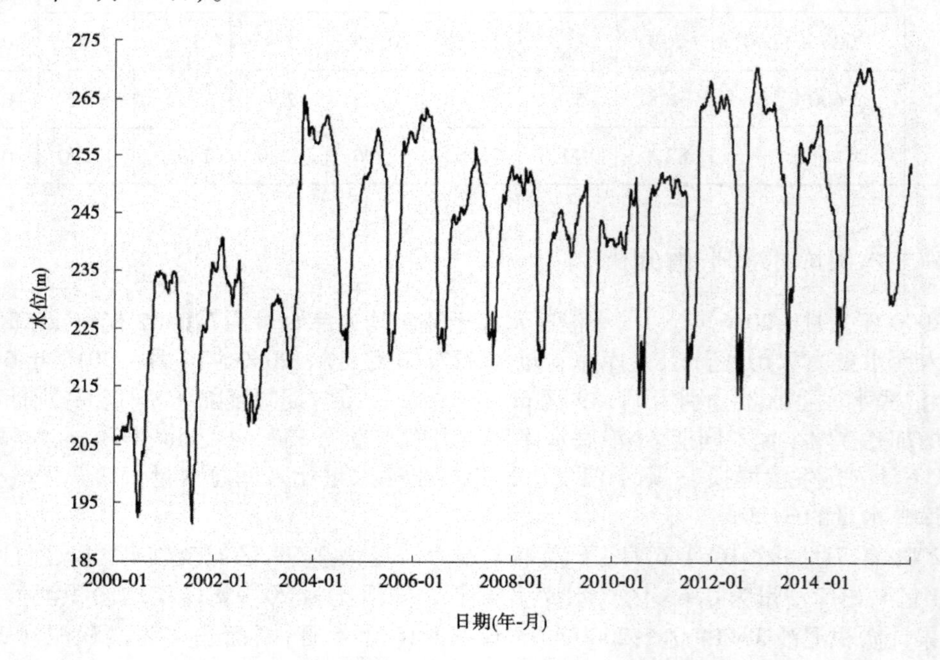

图1-1　小浪底水库2000~2015年坝前运行水位变化过程

2000年小浪底水库坝前平均水位为213.46 m。4~5月水库为了保证下游用水补水下泄,于6月27日坝前水位达到当年最低192.42 m。由于小浪底水库刚刚开始运行,之后水库开始逐步蓄水运行,11月24日达到当年最高234.74 m,见图1-2。

表1-5　小浪底水库坝前运行水位特征值

年份	项目		1月	2月	3月	4月	5月	6月	7月	8月	9月	10月	11月	12月	1~12月
2000年	平均水位(m)		206.12	206.32	207.73	209.06	207.01	196.63	199.44	209.50	220.87	230.55	234.19	234.08	213.46
	最高水位	水位(m)	206.38	207.84	208.12	210.49	209.74	202.55	203.70	217.17	224.45	234.38	234.74	234.39	234.74
		日期	29	29	12	25	1	1	24	31	30	31	24	6	11月24日
	最低水位	水位(m)	205.58	205.89	207.22	207.24	202.64	192.42	193.33	203.50	217.35	224.69	233.75	233.50	192.42
		日期	1	9	20	1	31	27	6	4	1	1	12	25	6月27日
2001年	平均水位(m)		232.03	233.20	234.17	225.93	218.80	208.87	196.55	203.82	219.85	224.87	228.78	235.25	221.76
	最高水位	水位(m)	233.99	234.65	234.65	232.06	223.60	213.73	204.33	214.13	223.97	225.44	233.21	236.24	236.24
		日期	1	28	5	1	1	1	1	31	29	9	30	14	12月14日
	最低水位	水位(m)	231.13	232.23	232.06	223.22	213.73	204.33	191.44	195.77	214.13	223.91	224.80	233.21	191.44
		日期	20	1	31	27	31	30	26	1	1	1	1	1	7月26日
2002年	平均水位(m)		235.46	239.45	236.20	232.58	230.58	233.67	225.62	213.32	210.30	211.13	211.23	218.58	224.76
	最高水位	水位(m)	237.82	240.77	240.81	233.30	232.98	236.15	236.56	216.61	213.86	213.78	213.18	221.22	240.81
		日期	31	28	1	1	31	30	2	1	29	1	30	31	3月1日
	最低水位	水位(m)	234.76	237.82	233.30	231.87	228.93	232.82	216.61	210.82	208.24	208.81	209.24	213.18	208.24
		日期	11	1	31	30	13	11	31	31	15	20	2	1	9月15日
2003年	平均水位(m)		221.44	225.57	229.32	229.90	228.01	222.97	219.43	228.27	249.48	262.07	260.56	259.35	236.40
	最高水位	水位(m)	223.14	229.15	229.96	230.71	229.94	226.03	221.41	238.03	254.74	265.56	264.23	259.99	265.56
		日期	31	28	31	8	1	1	29	31	24	15	1	7	10月15日
	最低水位	水位(m)	221.01	223.14	228.94	229.31	226.03	219.31	217.92	221.17	238.03	254.01	258.31	257.81	217.92
		日期	21	1	10	19	31	30	13	1	1	1	22	31	7月13日

续表 1-5

年份	项目		1月	2月	3月	4月	5月	6月	7月	8月	9月	10月	11月	12月	1~12月
2004年	平均水位(m)		257.09	258.56	260.82	260.60	256.44	248.01	227.67	223.53	229.19	240.58	243.95	248.88	246.22
	最高水位	水位(m)	257.60	260.16	261.97	261.96	258.58	254.28	236.49	225.02	236.55	242.20	246.67	250.96	261.97
		日期	1	29	30	4	1	1	1	23	30	23	30	31	3月30日
	最低水位	水位(m)	256.87	256.98	260.13	258.58	254.28	236.31	223.80	218.79	220.83	236.55	241.94	246.67	218.79
		日期	25	1	1	30	31	29	27	30	1	1	1	1	8月30日
2005年	平均水位(m)		250.96	252.57	256.35	258.60	254.14	244.18	221.61	226.62	240.05	254.94	257.11	258.46	247.91
	最高水位	水位(m)	251.52	254.92	258.10	259.51	257.03	252.28	225.15	234.68	246.87	257.29	258.95	259.02	259.51
		日期	31	28	31	9	1	1	5	31	30	17	30	8	4月9日
	最低水位	水位(m)	250.68	251.51	254.92	257.03	252.27	224.92	219.45	222.41	234.68	246.87	255.34	257.53	219.45
		日期	15	1	1	30	31	30	21	1	1	1	1	31	7月21日
2006年	平均水位(m)		257.76	261.12	261.52	262.20	259.74	244.11	223.63	223.44	235.26	243.88	243.52	245.30	246.68
	最高水位	水位(m)	259.20	262.08	263.26	263.25	261.78	257.29	225.10	228.34	241.89	244.75	244.38	245.85	263.26
		日期	31	23	31	1	3	1	24	31	30	19	30	15	3月31日
	最低水位	水位(m)	257.03	259.20	261.09	261.67	257.29	223.24	222.25	220.96	228.34	241.89	242.96	244.38	220.96
		日期	8	1	17	23	31	30	4	11	1	1	2	1	8月11日
2007年	平均水位(m)		245.71	249.87	253.49	253.40	249.00	241.62	224.34	224.36	236.54	246.09	249.05	252.00	243.79
	最高水位	水位(m)	247.47	252.14	256.15	255.53	250.96	246.16	227.74	227.91	242.04	248.01	250.98	252.90	256.15
		日期	31	28	27	1	1	1	31	1	30	19	30	20	3月27日
	最低水位	水位(m)	244.70	247.64	252.26	251.10	246.32	226.79	223.18	218.83	228.86	242.33	246.59	250.93	218.83
		日期	1	1	1	30	31	30	12	7	1	1	1	3	8月7日

续表 1-5

年份	项目		1 月	2 月	3 月	4 月	5 月	6 月	7 月	8 月	9 月	10 月	11 月	12 月	1～12 月
2008 年	平均水位(m)		251.00	250.57	249.36	250.98	250.79	242.80	220.96	223.76	234.66	240.61	242.90	244.80	241.93
	最高水位	水位(m)	251.40	251.20	252.50	252.30	251.90	248.70	225.10	230.20	238.70	241.60	245.00	245.50	252.50
		日期	22	21	30	1	1	1	1	31	30	20	30	14	3 月 30 日
	最低水位	水位(m)	250.60	250.00	248.00	250.20	249.00	226.60	218.80	220.10	230.60	239.10	241.00	243.40	218.80
		日期	8	29	14	16	31	30	23	12	1	1	1	31	7 月 23 日
2009 年	平均水位(m)		242.01	239.50	239.76	244.38	247.43	245.24	218.21	220.11	237.40	242.42	239.82	240.29	238.05
	最高水位	水位(m)	243.23	241.02	243.05	246.70	247.96	250.34	225.37	226.54	243.55	243.56	240.66	240.41	250.34
		日期	1	7	31	30	21	16	1	31	29	1	3	5	6 月 16 日
	最低水位	水位(m)	240.45	237.23	237.33	242.80	246.79	226.15	216.00	217.54	228.38	240.53	239.01	240.15	216.00
		日期	31	28	1	7	1	30	13	19	1	31	13	26	7 月 13 日
2010 年	平均水位(m)		239.36	240.54	238.94	243.30	247.54	245.88	218.04	220.38	239.97	248.56	248.86	250.92	240.19
	最高水位	水位(m)	240.14	241.69	240.54	247.38	248.82	250.83	228.01	231.10	247.53	249.57	249.75	251.71	251.71
		日期	1	23	1	30	11	18	1	31	27	18	30	25	12 月 25 日
	最低水位	水位(m)	238.98	239.39	238.03	240.04	246.48	231.12	213.86	211.65	231.18	247.26	248.18	249.76	211.65
		日期	18	2	27	1	31	30	18	19	1	1	4	1	8 月 19 日
2011 年	平均水位(m)		250.51	250.81	248.62	250.44	248.60	245.30	220.32	224.25	246.67	263.42	264.69	266.86	248.37
	最高水位	水位(m)	250.80	251.30	250.54	250.67	249.78	248.69	225.67	229.02	263.18	263.88	265.68	267.83	267.83
		日期	31	16	31	22	1	9	1	31	30	19	30	12	12 月 12 日
	最低水位	水位(m)	250.14	249.59	247.56	249.98	248.00	228.55	215.01	219.85	229.57	263.07	263.47	265.15	215.01
		日期	10	28	16	30	26	30	4	2	1	11	1	31	7 月 4 日

续表 1-5

年份	项目		1月	2月	3月	4月	5月	6月	7月	8月	9月	10月	11月	12月	1~12月
2012年	平均水位(m)		263.35	263.90	263.96	264.50	258.66	246.46	220.01	227.05	255.47	265.25	269.50	266.27	255.37
	最高水位	水位(m)	264.88	265.30	265.12	265.55	262.40	253.16	223.95	240.16	262.99	268.14	270.10	268.39	270.10
		日期	1	28	1	5	1	1	21	31	27	31	19	1	11月19日
	最低水位	水位(m)	262.30	262.39	263.20	262.61	253.58	226.77	213.87	211.55	240.98	262.70	268.30	263.99	211.55
		日期	31	1	19	30	31	30	4	5	1	2	1	31	8月5日
2013年	平均水位(m)		262.68	262.96	263.25	259.87	252.63	245.80	224.43	233.63	248.21	255.54	253.78	255.58	251.53
	最高水位	水位(m)	263.75	263.18	264.08	262.68	255.95	251.37	231.91	239.74	256.00	256.83	254.35	256.57	264.08
		日期	1	20	26	1	1	4	30	31	30	6	7	19	3月26日
	最低水位	水位(m)	262.10	262.68	262.73	256.32	250.50	228.66	212.10	229.59	240.26	253.85	253.28	253.70	212.10
		日期	20	1	13	30	27	30	4	5	1	30	25	1	7月4日
2014年	平均水位(m)		256.78	259.85	257.64	250.20	246.64	242.21	227.42	227.16	245.26	263.98	267.75	269.01	251.16
	最高水位	水位(m)	257.93	260.89	260.87	253.33	248.57	245.52	235.11	233.13	258.61	266.89	268.93	269.85	269.85
		日期	31	23	1	1	1	1	1	31	30	31	30	12	12月12日
	最低水位	水位(m)	256.00	258.07	253.74	248.76	245.35	236.89	222.11	224.09	233.66	259.11	266.98	267.85	222.11
		日期	7	1	31	30	23	30	5	8	1	1	1	31	7月5日
2015年	平均水位(m)		268.00	269.78	266.53	262.90	258.49	250.25	233.58	229.88	233.81	241.15	245.90	251.22	250.96
	最高水位	水位(m)	269.22	270.02	269.35	263.59	261.91	254.00	244.57	231.05	238.63	243.55	247.94	253.13	270.02
		日期	31	23	1	1	1	1	1	31	30	31	30	28	2月23日
	最低水位	水位(m)	267.48	269.35	263.81	262.11	254.26	245.31	229.27	229.18	230.98	238.77	243.79	248.02	229.18
		日期	9	1	31	30	31	30	24	14	4	1	1	1	8月14日

2001 年小浪底水库坝前平均水位为 221.76 m。2001 年水库来水严重偏枯，为了满足下游工农业用水，3 月水库开始补水下泄，于 7 月 26 日坝前水位达到当年最低 191.44 m，为小浪底运行以来最低水位。8 月初大汶河来水较多，小浪底水库逐渐恢复蓄水，坝前水位持续抬升，12 月 14 日达到当年最高 236.24 m。如图 1-3 所示。

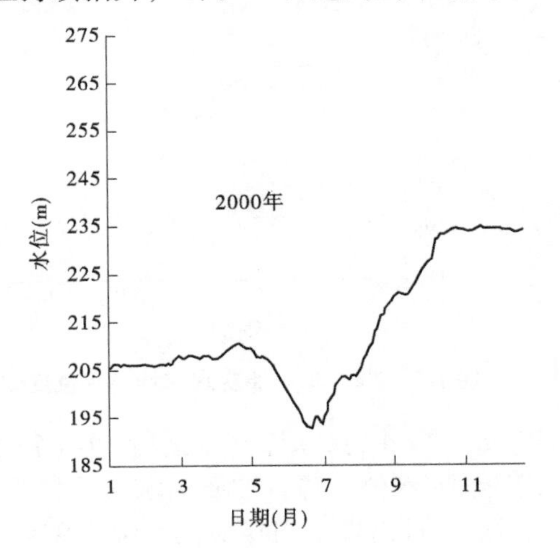

图 1-2　2000 年小浪底水库坝前水位变化

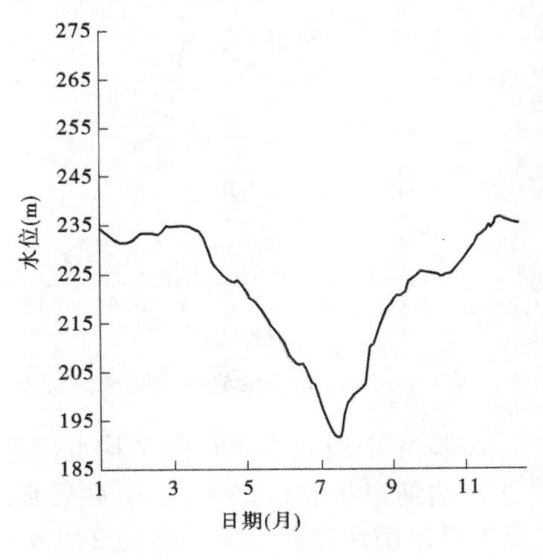

图 1-3　2001 年小浪底水库坝前水位变化

2002 年小浪底水库坝前平均水位为 224.76 m。1～2 月，小浪底水库水位持续抬升，3 月 1 日水位达当年最高 240.81 m。之后水库为了满足下游用水需求，降低水位补水。5、6 月黄河上中游来水量相对较丰，水库在满足下游用水的基础上，逐渐蓄水运行，至 7 月 2 日水位升至 236.56 m。7 月 4～15 日，利用汛限水位以上蓄水和河道来水，小浪底水库进行了黄河首次调水调沙试验，试验结束时，坝前水位下降至汛限水位 225 m 左右，此后黄河持续干旱少雨，坝前水位一直下降至最低水位 208.24 m(9 月 15 日)后才开始逐渐回升。如图 1-4 所示。

2003 年小浪底水库坝前平均水位为 236.40 m。1 月水库逐步蓄水运行，至 4 月 8 日库水位升高至 230.71 m。此后水库降低水位补水运行。7 月 13 日水位达到当年最低 217.92 m。2003 年 8 月下旬至 10 月中旬，黄河泾渭洛河和三花间出现了历史上罕见的秋汛，50 余 d 的持续性降雨，干支流相继出现 17 次洪水，其中渭河发生了"首尾相连"的 6 次洪水过程。为了下游滩区防洪安全，小浪底水库控制泄流，库水位持续抬高，至 10 月 15 日达到 265.56 m 的最高水位，此后库水位开始下降。如图 1-5 所示。

2004 年小浪底水库坝前平均水位为 246.22 m。1 月蓄水运行，3 月 30 日水位达当年最高 261.97 m。4 月水库补水下泄，至 6 月 19 日库水位为 268.76 m，水库开始进行第三次调水调沙试验，库水位逐渐降低，至 7 月 13 日水位降低至 225 m 以下，8 月 30 日出现当年最低水位 218.79 m。9 月以后水库开始蓄水抬高水位。如图 1-6 所示。

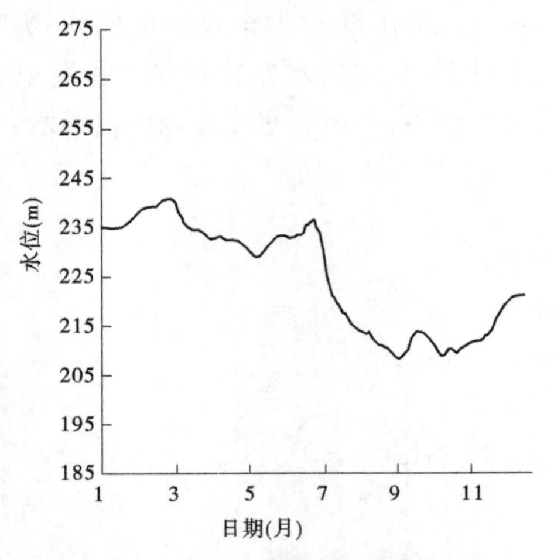

图 1-4　2002 年小浪底水库坝前水位变化

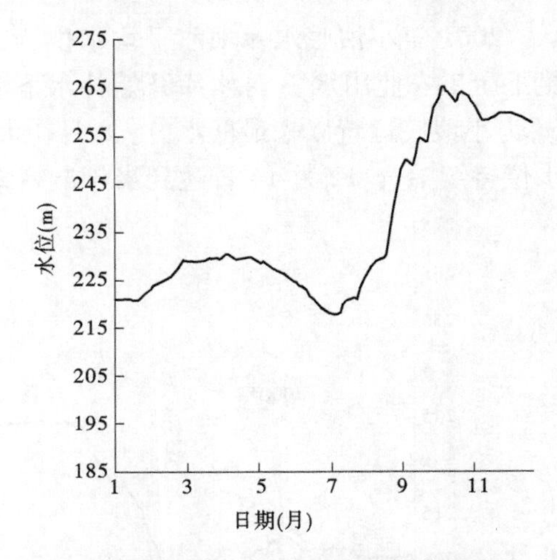

图 1-5　2003 年小浪底水库坝前水位变化

2005 年小浪底水库坝前平均水位为 247.91 m。1 ~4 月，水库蓄水运行，库水位于 4 月 9 日达到当年最高 259.51 m，此后水库补水下泄，库水位下降。按照国家防总的要求，7 月 1 日以前水位降至汛限水位 225 m 以下。7 月 21 日出现了当年最低水位 219.45 m。8 月下旬 ~10 月中旬水库上游连续出现了 3 次 2 000 m^3/s 以上的洪峰过程，而出库流量基本控制在 1 500 m^3/s 以下，坝前水位持续上涨。如图 1-7 所示。

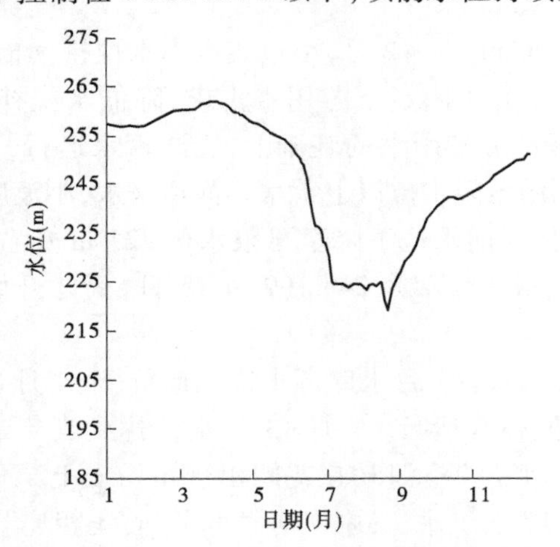

图 1-6　2004 年小浪底水库坝前水位变化

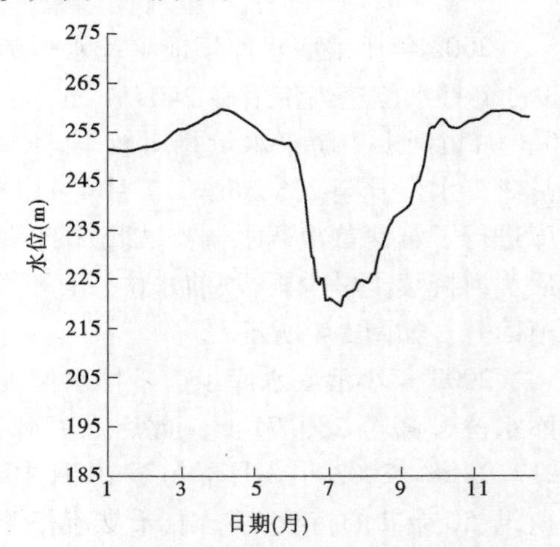

图 1-7　2005 年小浪底水库坝前水位变化

2006 年小浪底水库坝前平均水位为 246.68 m。1 ~3 月水库水位缓慢抬升，3 月 31 日水位达当年最高 263.26 m。7 月 1 日以前水位降至汛限水位 225 m 以下。8 月 11 日出现当年最低水位 220.96 m。8 月中旬以后库区水位逐渐抬高，10 月上旬升至 245 m，之后维持在 245 m 左右。如图 1-8 所示。

2007 年小浪底水库坝前平均水位为 243.79 m。1 ~3 月水库蓄水运行水位抬升，3 月 27 日水位达当年最高 256.15 m。7 月 1 日以前水位降至汛限水位 225 m 以下。7 月底入库流量在 2 000 m^3/s 以上，使得坝前水位短暂超出汛限水位 2 m 左右，之后坝前水位继续维持在汛限水位 225 m 以下,8 月 7 日出现当年最低水位 218.83 m。8 月中旬以后库区水位逐渐抬高,10 月 10 日坝前水位升至 245 m。如图 1-9 所示。

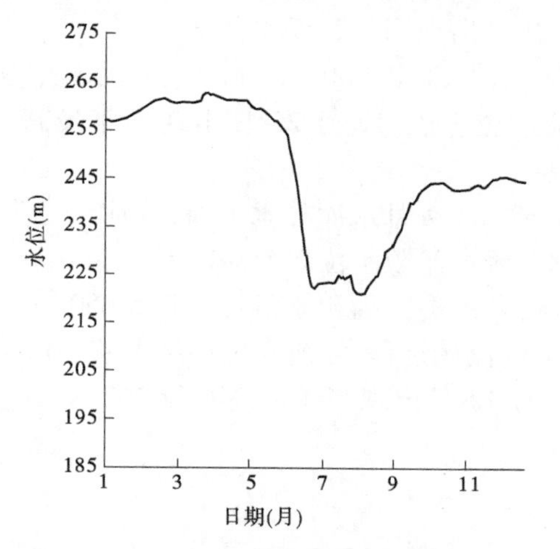

图 1-8 2006 年小浪底水库坝前水位变化

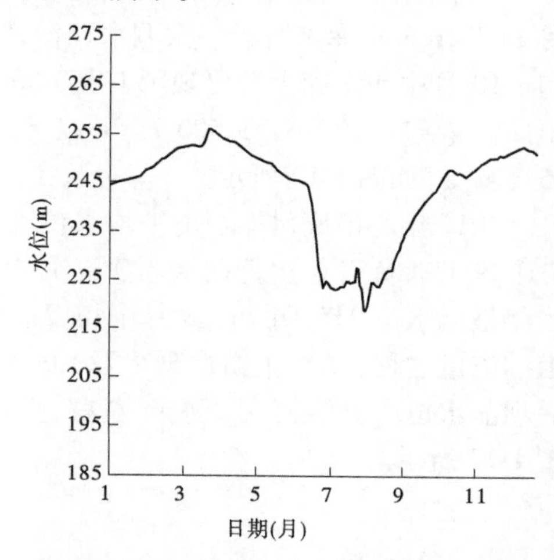

图 1-9 2007 年小浪底水库坝前水位变化

2008 年小浪底水库坝前平均水位为 241.93 m。1 ~ 3 月水库坝前水位维持在 250 m 左右,3 月 30 日水位达当年最高 252.50 m。7 月 1 日水位降至汛限水位 225 m 以下。7 月 23 日出现当年最低水位 218.80 m。8 月中旬以后库区水位逐渐抬高,由于上游来水相对较枯,直到 11 月 30 日坝前水位才升至 245 m。如图 1-10 所示。

2009 年小浪底水库坝前平均水位为 238.05 m。3 ~ 5 月水库在满足用水需求后,坝前水位仍缓慢抬升,6 月 16 日水位达当年最高 250.34 m。6 月 19 日水库开始进行调水调沙,7 月 1 日水位降至汛限水位 225 m 以下。7 月 13 日出现当年最低水位 216.00 m。8 月中旬以后库区水位逐渐抬高,10 月以后来水较枯,坝前水位一直维持在 240 m 左右。如图 1-11 所示。

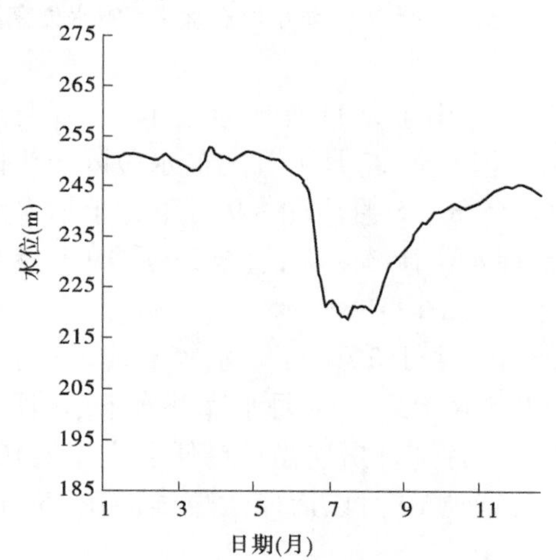

图 1-10 2008 年小浪底水库坝前水位变化

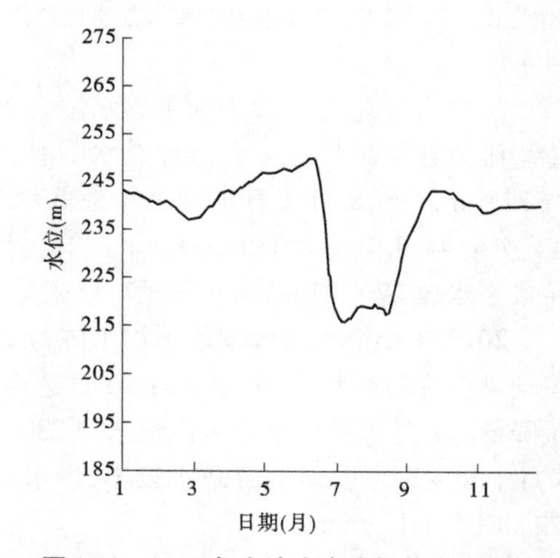

图 1-11 2009 年小浪底水库坝前水位变化

2010 年小浪底水库坝前平均水位为 240.19 m。4 月以后上游来水相对较大,水库在满足用水需求后,坝前水位缓慢抬升。6 月 19 日水库开始进行调水调沙,库水位下降,于 7 月 1 日水位降至汛限水位 225 m 以下。6 月 19 日~7 月 7 日、7 月 24 日~8 月 3 日、8 月 11~21 日水库进行了三次调水调沙,8 月 19 日出现当年最低水位 211.65 m。8 月下旬~10 月中旬水库上游出现了 1 次 3 000 m^3/s 以上、3 次 2 000 m^3/s 以上的洪峰过程,而出库流量基本控制在 1 500 m^3/s 以下,坝前水位上涨,12 月 25 日出现当年最高水位 251.71 m,如图 1-12 所示。

2011 年小浪底水库坝前平均水位为 248.37 m。4 月水库补水下泄,坝前水位降低。6 月 19 日水库开始进行调水调沙,7 月 1 日水位降至汛限水位 225 m 以下,7 月 4 日出现当年最低水位 215.01 m。8 月中旬以后来水较丰,9 月上游出现洪峰流量 5 650 m^3/s 以上的流量过程,12 月上游出现 1 720 m^3/s 以上的流量过程,坝前水位持续上涨。10 月以后坝前水位一直维持在 264 m 左右,直至 12 月 12 日出现当年最高水位 267.83 m。如图 1-13 所示。

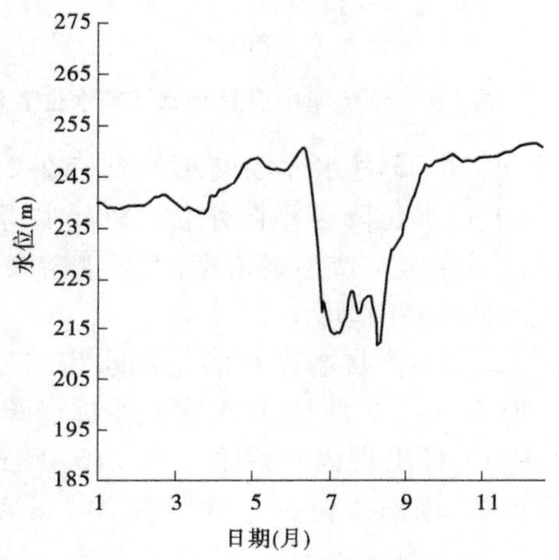

图 1-12 2010 年小浪底水库坝前水位变化

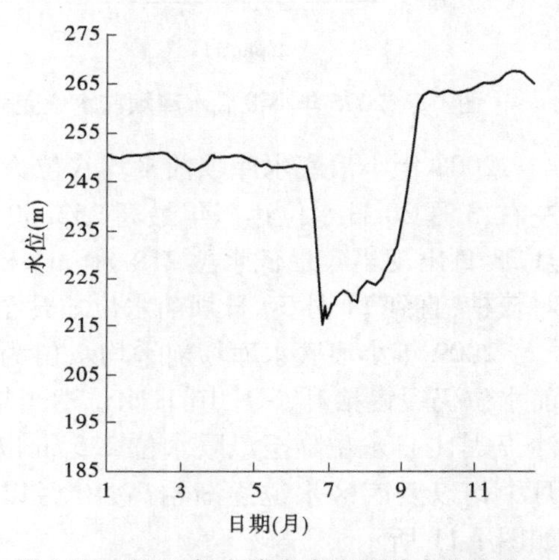

图 1-13 2011 年小浪底水库坝前水位变化

2012 年小浪底水库坝前平均水位为 255.37 m。由于 2011 年来水较丰,1~3 月库水位均维持在较高状态,4 月水库补水下泄,坝前水位降低。7 月 1 日之前水位降至汛限水位 225 m 以下,8 月 5 日出现当年最低水位 211.55 m。8 月中旬~9 月下旬上游来水较丰,连续 44 d 出现大于 2 000 m^3/s 的流量过程,库水位持续上涨,直至 11 月 19 日达到当年最高水位 270.10 m,为水库运行以来最高水位。如图 1-14 所示。

2013 年小浪底水库坝前平均水位为 251.53 m。由于 2012 年来水较丰,1~3 月库水位均维持在较高状态,并于 3 月 26 日达当年最高 264.08 m。4 月水库补水下泄,坝前水位降低。7 月 1 日水位降至汛限水位 230 m 以下,7 月 4 日出现当年最低水位 212.10 m。8 月中旬~9 月下旬上游来水较丰,库水位上涨,直到 10 月以后库水位维持在 255 m 左右。如图 1-15 所示。

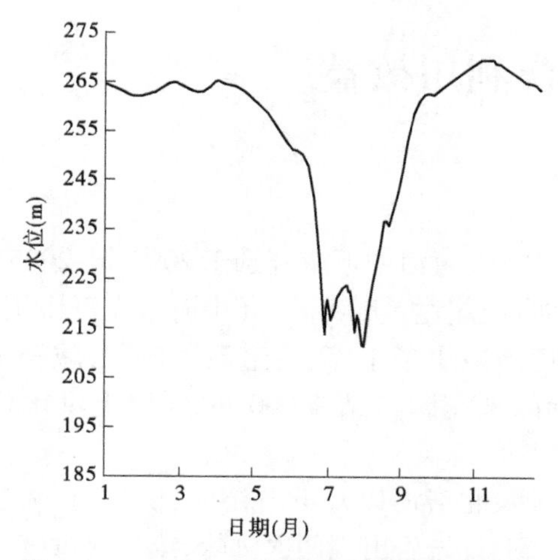

图1-14　2012年小浪底水库坝前水位变化

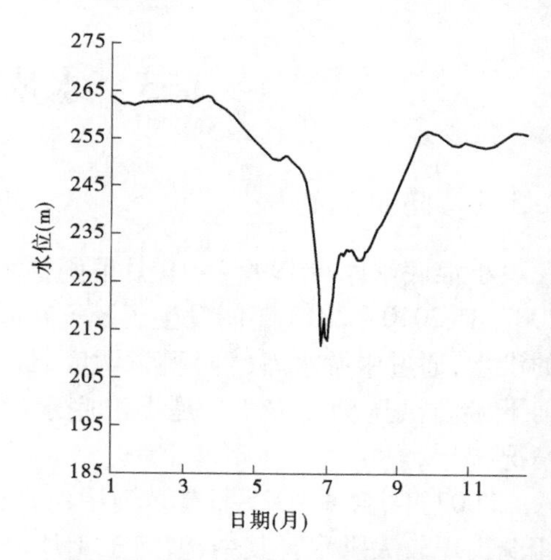

图1-15　2013年小浪底水库坝前水位变化

2014年小浪底水库坝前平均水位为251.16 m。1~3月库水位均维持在较高状态，4月水库补水下泄，坝前水位降低。6月底7月初进行调水调沙，水位逐渐降低，其中7月5日降至全年最低的222.11 m。7月和8月平均水位低于230.0 m，9月中旬入库流量大，水库提前蓄水，水位迅速抬升，至12月12日，坝前水位达到269.85 m，为全年最高水位。如图1-16所示。

2015年小浪底水库坝前平均水位为250.96 m。1~3月库水位均维持在较高状态，全年最高水位发生在2月23日，为270.02 m。4月水库补水下泄，坝前水位降低。6月29日开始汛前调水调沙调度，水位逐渐下降；至7月20日水位降至汛限水位230 m以下。7月平均水位为233.58 m，略高于汛限水位。8月平均水位为229.88 m，其中8月14日水位229.18 m为全年最低；进入9月后水库逐渐抬高运行水位，但由于入库流量小，水位上升相对缓慢，如图1-17所示。

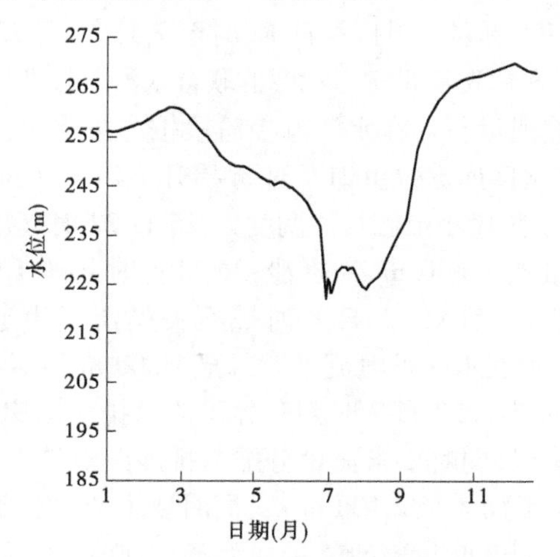

图1-16　2014年小浪底水库坝前水位变化

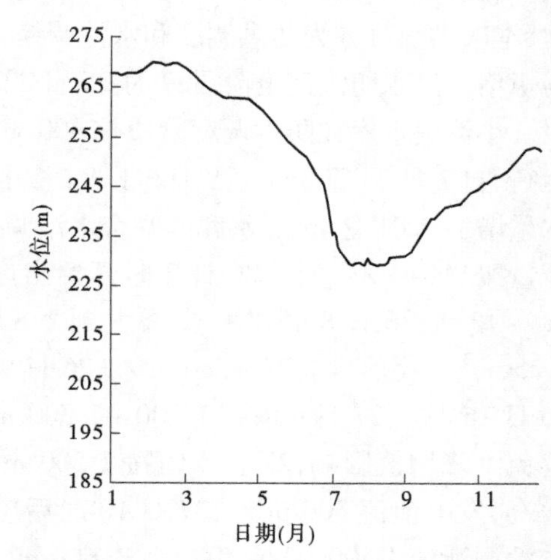

图1-17　2015年小浪底水库坝前水位变化

1.3　水库综合利用效益

1.3.1　防洪运行

小浪底水库自 1999 年 10 月下闸蓄水运行以来，黄河中下游分别于 2003 年、2005 年、2007 年、2010 ~ 2013 年间发生了 8 场花园口站量级超过 4 000 m^3/s（中游水库群作用前）的洪水，通过中游水库（群）科学调度，最大限度地减少了水库、河道泥沙淤积，减轻了黄河下游防洪压力。表 1-6 是小浪底水库运行以来花园口站 4 000 m^3/s 以上洪水调度情况统计。

2003 年，自 8 月 25 日起黄河中游泾河、渭河、北洛河以及下游沁河、伊洛河、大汶河相继出现较大洪水。其中，渭河于 8 月 26 日和 31 日先后出现两次洪峰，第二次洪峰经过华县站时，形成了 3 570 m^3/s 的洪峰流量和 342.76 m 历史最高洪水位。面对中下游频发的洪水，黄河防汛抗旱总指挥部（简称黄河防总）科学决策，通过小浪底水库蓄水运行，将大部分洪水都拦蓄在库区内，8 月 26 日 8 时库水位为 230.23 m，至 9 月 13 日 8 时洪水结束时，库水位已抬升至 250.30 m，蓄水量增加 29.9 亿 m^3，有效削减洪峰流量达 53%，使下游花园口站流量平稳上升，大大减轻了黄河下游防汛压力和漫滩损失。据分析计算，如果此次中游洪水没有水库的拦蓄，下游花园口的流量将会达到 6 310 m^3/s，远远超过黄河下游 2 000 ~ 3 000 m^3/s 的漫滩流量，不仅滩区内居住的百万群众面临搬迁、耕地受灾，而且黄河下游堤防也将承受巨大的洪水威胁。

2010 年 7 月下旬，泾渭河、伊洛河普降中到大雨，局部暴雨，泾渭河累计日平均降雨量 51.6 mm，伊洛河日降雨量分别为 43.3 mm、39.2 mm。受本次强降雨影响，伊河东湾站 24 日洪峰流量 3 750 m^3/s，为 1975 年以来最大流量，同时也是历史第二大洪峰；渭河华县站 26 日洪峰流量 2 040 m^3/s，最大含沙量 459 kg/m^3，潼关站最大含沙量 199 kg/m^3。根据汛情变化，本次洪水可分为防洪调度和水沙调控调度两个阶段，7 月 24 日 12 时至 7 月 25 日 22 时为伊洛河洪水防洪调度阶段；7 月 25 日 22 时至 8 月 3 日 8 时为水库群联合水沙调控调度阶段。小浪底水库在防洪调度阶段按 400 m^3/s 控泄运行。在水沙调控阶段按先凑泄再冲泄运行，自 7 月 24 日 8 时至 8 月 3 日 8 时，小浪底水库库水位由 217.34 m 抬升至 218.11 m，蓄水量增加 0.41 亿 m^3。水库群联合水沙调控调度阶段小浪底具体调度为：25 日 22 时起出库流量按 800 m^3/s 凑泄；26 日 2 时开始出库流量按 1 000 m^3/s 凑泄；26 日 6 时起按 1 700 m^3/s 凑泄；26 日 8 时进一步增大到 1 800 m^3/s。针对 26 日 8 时黑石关站流量由退至 1 250m^3/s 突然增大到 1 380 m^3/s，26 日 9 时小浪底水库下泄流量调减至 1 500 m^3/s 凑泄；26 日 16 时至 27 日 4 时按 1 700 ~ 1 800 m^3/s 凑泄。27 日 2 时判断异重流已排沙出库，为避免洪峰增值影响，27 日 4 时按 1 500 m^3/s 凑泄，同时要求流量分配为排沙洞泄流 1 200 m^3/s，发电泄流 300 m^3/s；27 日 10 时后凑泄流量加大至 2 100 m^3/s，同时要求流量分配为排沙洞泄流 1 500 m^3/s，发电泄流 600 m^3/s；29 日 0 时后凑泄流量加大至2 200 m^3/s，同时要求三条排沙洞全开；根据花园口流量过程，30 日 13 时调整出库流量为 2 100 m^3/s，18 时调整出库流量为 2 000 m^3/s，31 日 8 时调整出库流量为 1 900 m^3/s，8 月 1 日 16 时

表 1-6　小浪底水库运行以来花园口站 4 000 m^3/s 以上洪水调度情况统计

洪水编号	开始时间（年-月-日）	结束时间（年-月-日）	潼关实测		水库运行情况		花园口洪峰流量		孙口实测洪峰流量（m^3/s）	平滩流量（m^3/s）	
			最大含沙量（kg/m^3）	洪峰流量（m^3/s）	最大出库流量（m^3/s）	最大蓄量（亿 m^3）	中游水库作用前（m^3/s）	中游水库作用后（m^3/s）		花园口	最小值
20030907	2003-08-27	2003-10-28	265	4 220	2 340	29.9	6 310	2 980	2 810	3 800	2 080
20051003	2005-09-30	2005-10-13	36.8	4 480	1 940	18.3	6 180	2 780	2 540	5 200	3 080
20070731	2007-07-19	2007-08-19	85.2	2 070	3 070	3.3	4 360	4 270	3 740	5 800	3 630
20100725	2010-07-24	2010-07-30	199	2 750	2 270	3.26	7 800	3 100	2 740	6 500	4 000
20100825	2010-08-04	2010-08-29	364	2 810	2 560	8.67	5 290	3 040	2 830	6 500	4 000
20110920	2011-09-02	2011-10-06	13.4	5 800	1 660	56.6	7 560	3 220	3 210	6 800	4 100
20120904	2012-08-16	2012-09-18	28.9	5 350	3 520	51.6	5 320	3 350	3 380	6 900	4 100
20130724	2013-07-12	2013-08-02	160	2 730	3 810	11.4	4 930	3 830	4 010	6 900	4 100

调整出库流量为 2 100 m^3/s,2 日 8 时水沙调控过程结束,小浪底出库流量减至 1 000 m^3/s,3 日 8 时小浪底水库按 400 m^3/s 下泄,转入正常运行。陆浑、故县两水库在洪水后期进行了冲泄运行。本场洪水属高含沙洪水,按照当年黄河水利委员会(简称黄委)发布的防洪预案,水库应按照完全敞泄的方式运行,实际调度却是根据实时水情通过凑泄、冲泄组合运行,陆浑、故县两水库在洪水后期进行了冲泄运行。与完全敞泄方案相比,水库实际排沙量为 0.26 亿 t、排沙比 34.4%,较完全敞泄方案多拦沙约 1 000 万 t,下游多冲 463 万 t。从防洪安全考虑,实际调度方案黄河下游各站流量均控制在 3 000 m^3/s 以下,伊河、洛河和伊洛河干流洪水在 1 500 m^3/s 以下,能保障黄河下游和伊洛河防洪安全。完全敞泄方案花园口站最大流量达到 4 040 m^3/s,虽然就当时下游河道过流能力而言,防洪安全有保障,但如遇洪峰增值可能造成防洪形势紧张的局面,伊河、洛河流量超过 1 000 m^3/s,伊洛河干流最大流量达到 2 130 m^3/s,超过黑石关保证流量 2 050 m^3/s,防洪形势将十分严峻。综合以上分析,从保障防洪安全,实现水库河道双重减淤和水库河道泥沙联合调度的目标出发,本场洪水实时调度通过各水库联合运行,塑造了协调的水沙过程,很大程度上减少水库、河道泥沙淤积,取得了较好的效果。

2011 年 9 月,黄河中游地区受持续强降雨影响,黄河干流和渭河、北洛河、汾河、伊洛河等重要支流相继出现了多年罕见的秋汛。其中,渭河临潼站 19 日 10 时 18 分洪峰流量 5 410 m^3/s,为 1981 年以来最大流量,洪峰水位 359.02 m,为建站以来最高洪水位。加上黄河北干流区间来水叠加,9 月 21 日 15 时 30 分,黄河干流潼关站出现 5 720 m^3/s 的洪峰。9 月 19 日 8 时洪水到来前小浪底水库水位为 251.35 m,洪水期间小浪底水库按拦洪错峰运行(泄流为 400 m^3/s),待伊洛河洪水顺利下泄后,适时进行防洪预泄,控制库水位在 254 ~ 260 m,至 9 月 25 日 8 时洪水结束时,库水位已抬升至 261.98 m,蓄水量增加 21.3 亿 m^3。通过中游干支流骨干水库联合调度,使黄河花园口站洪峰流量由自然 7 560 m^3/s左右的洪水(相当于“96 · 8”洪水量级)减小到 3 220 m^3/s,大大减轻了下游地区防洪压力。

2012 年 7 ~ 10 月,受降雨影响,黄河流域出现多次洪水过程,其中编号洪峰四次,分别为龙门站 7 月 28 日 7 时 36 分洪峰流量 7 620 m^3/s(第 1 号洪峰)、龙门站 7 月 29 日 0 时 30 分洪峰流量 5 740 m^3/s(第 2 号洪峰)、兰州站 7 月 30 日 10 时 18 分洪峰流量 3 860 m^3/s(第 3 号洪峰)、潼关站 9 月 3 日 21 时 18 分洪峰流量 5 520 m^3/s(第 4 号洪峰)。洪水期小浪底水库按不超过下游平滩流量运行,通过水库调节,使花园口洪峰流量由自然的 5 320 m^3/s 削减至 3 350 m^3/s;后汛期根据来水情况,水库以蓄水为主,至 10 月 30 日库水位 267.93 m,创历史最高水位。

总结小浪底水库投入运行以来实际防洪调度运行情况,主要表现出以下几个特点:

(1)与设计阶段相比中常洪水的控制流量减小。

根据 2016 年 4 月库容曲线,水库前汛期防洪库容仍有 86.0 亿 m^3,远大于设计防洪库容 40.5 亿 m^3。显然,小浪底投入运行初期如果按照设计方式运行,防洪调度是有余地的。但由于下游河道主槽过流能力小、滩区防洪问题突出,因此近期小浪底水库防洪运行的重点是中常洪水的防洪问题,利用小浪底水库运行初期较大的库容、对中常洪水进行适当的控制运行,尽量减小黄河下游洪水漫滩概率和淹没损失,是水库近期防洪运行的主要特点。

从历年黄委发布的中下游洪水调度方案和水库实际调度情况来看，中常洪水的控制流量基本以下游河道的平滩流量为依据，目的是减小下游滩区的淹没损失。如 2003 年秋汛，黄河下游河道主槽的最小平滩流量只有 2 100 m^3/s 左右，为了减小黄河下游滩区的淹没损失，在花园口洪峰流量为 6 310 m^3/s（中游水库群作用前）左右的洪水量级下，小浪底水库基本一直按照控制下游不超过平滩流量运行，最大限度地减少了滩区的淹没损失。

（2）对高含沙洪水进行水沙调控，极大程度地减少了水库、河道泥沙淤积。

2010 年汛期黄河中游发生了高含沙洪水。根据黄委发布的预案，小浪底水库应进行敞泄运行，但实际调度从保障防洪安全，实现水库河道双重减淤和水库河道泥沙联合调度的目标出发，根据实时水情，小浪底水库采用预泄、控泄、凑泄、冲泄的组合运行方式，与陆浑、故县等水库联合调度，塑造了协调的水沙过程，很大程度上减少水库、河道泥沙淤积。

（3）在确保防洪安全的前提下，兼顾洪水资源利用。

随着人类经济社会的不断发展，黄河流域的需水量不断增加。面对黄河水资源减少和日益突出的供需矛盾，小浪底水库实时调度逐渐体现洪水资源化的思想，尤其是对后汛期洪水的资源化利用。如 2012 年，在确保防洪安全和水库河道减淤的前提下，小浪底水库有计划拦洪蓄洪，至 10 月 30 日库水位 267.93 m，创历史最高水位，蓄水量 84.2 亿 m^3，最大限度地储备了洪水资源，实现洪水资源利用新的突破。

综上所述，小浪底水库运行以来，在洪水量级不大、防洪库容较大的情况下，尽量减小下游滩区的淹没损失，同时，考虑黄河水资源供需矛盾日益深化的现状，防洪调度在确保防洪安全的前提下，兼顾洪水资源利用，符合新时期以人为本、人水和谐的治水思想，在黄河防洪抗旱中发挥了重大作用。

1.3.2　防凌运行

小浪底水库自 2000 年 12 月开始防凌调度运行，黄河下游进入小浪底水库防凌运行为主的阶段。表 1-7 统计了小浪底水库运行以来凌汛期水库蓄水情况及下游河道封冻情况。可见，2000 ~ 2015 年凌汛主要阶段，有 9 年水库以放水为主，有 6 年水库以蓄水为主，最大蓄水量 16.2 亿 m^3。水库动用的防凌库容未超过规定的要求，水位处于规定运行范围内。

2000 ~ 2015 年间，下游河道 10 年封河；其中 1 年为“两封两开”，1 年为“三封三开”。在这 15 年间，凌汛期黄河下游年均封河长度 114 km，仅为 1950 ~ 2000 年平均封河长度 254 km 的 45%，河道易封易开；未封冻年份占 33%，而 1950 ~ 2000 年 50 年未封冻年份仅占 14%。在封冻年份中，封、开河期均比较平稳，未出现比较严重的冰塞、冰坝壅水险情。

2001 ~ 2007 年间小浪底水库处于初期运行阶段，2007 ~ 2015 年间水库处于拦沙后期第一阶段，在这两个时期，水库防凌库容较大，下游河道的流量得到更加直接的调节，出库水温比建坝前明显增高，基本解除了黄河下游的凌汛威胁。

2000 ~ 2001 年凌汛期，黄河下游气温较常年偏低，防凌形势严峻，在封河前期，小浪底水库持续以 500 m^3/s 的流量向下游补水，使封河形势得到缓解，开创了严寒之年下游不封河的先例。

表 1-7 小浪底水库运行以来凌汛期水库蓄水情况及下游河道封冻情况

凌汛期	凌汛期总蓄水量（亿 m³）	下游河道封冻情况				
		首封日期（月-日）	开河日期（月-日）	封河历时(d)	封河长度(km)	封河上首
2000～2001	-4	未封冻				
2001～2002	11.2	01-03	02-21	50	124.2	
2002～2003	16.2	12-09	12-18	10	10.25	垦利县义和险工 1 号坝
		12-24	02-18	57	330.6	菏泽牡丹区河道上界
2003～2004	-3	12-25	01-27	34	1.5	济阳县托头船破冰
2004～2005	15.3	12-27	02-28	64	233.3	
2005～2006	5.1	12-22	12-22	1	3.15	垦利县护林控导 2 号坝
		01-06	01-29	55	57.4	滨州市滨城区王庄子险工
		02-04	02-16	13	43.72	滨州市滨城区
2006～2007	10.5	01-07	02-05	30	45.35	卞庄险工 5 号坝
2007～2008	-3.9	01-21	02-22	33	134.82	德州豆腐窝险工
2008～2009	-13.1	12-22	02-10	51	173.87	济南天桥泺口险口
2009～2010	-1.3	12-27	02-21	57	255.37	鄄城郭集控导
2010～2011	-3.2	12-16	02-23	70	302.32	菏泽鄄城县杨集上延工程
2011～2012	-2.2	未封冻				
2012～2013	-15.7	未封冻				
2013～2014	11.6	未封冻				
2014～2015	-13.0	未封冻				

2001 ~ 2003 两个凌汛年度，由于流域性的缺水，小浪底水库在确保用水安全和黄河下游不断流的情况下，通过合理控泄流量，使下游河道内流量虽小但较平稳，封河期各河段均为平封，开河时也是热力因素为主的文开，极大地减轻了冰情的灾害。

2003 ~ 2004 年济南、北镇站 1 月上旬平均气温为 1970 年以来同期最低值，黄河下游出现"两封两开"且最大封冻长度达 330.6 km 的严重凌情。小浪底水库通过控泄流量至 120 ~ 170 m^3/s 范围内，实现了全线"文开河"。

2005 ~ 2006 年凌汛期虽然发生了罕见的"三封三开"现象，也未出现严重凌汛灾害，充分显示了小浪底水库防凌运行对减小凌汛成灾的效果。

2011 ~ 2012 年凌汛期黄河下游河段冬季气温偏低，冷空气势力偏强，但由于受小浪底水库运行影响，下游河道流量大，输冰能力较强，虽然流凌密度最高达 70%，但未形成封河。成为黄河下游有资料记录以来第九个未封冻年份，也是小浪底水库运行以来第二个未封冻年份。

2012 ~ 2013 年凌汛期黄河下游出现了两次流凌过程。由于 2012 年汛期上中游来水偏多，小浪底水库拦洪削峰，同时，为检验小浪底水库 270 m 高程以上蓄水运行条件，11 月中旬一直维持在 270 m 以上运行。进入凌汛前，小浪底水库蓄水量较大、水位较高。在确保下游防凌安全的前提下，为探索水库调度措施控制下游凌情变化的有效性，针对强冷空气过程，黄河防总加强调度，实时调整水库下泄流量，整个凌汛期小浪底水库出库流量维持在 550 ~ 1 500 m^3/s。下游河道流量较大，输冰能力较强，虽然流凌密度最高达 75%，但未形成封河。

总体来看，在小浪底水库作用下，黄河下游流量调控能力明显增强，出库水温升高使零温断面下移，凌情明显减轻。同时，水库防凌调度考虑了沿程引水对河道流量的影响，与沿程引水工程建立了密切的调控关系，保证了凌汛期内下游沿程水量平衡递减。另外，因来水整体偏少，供水配水量较大，冬季气温偏高，加之调水调沙运行等，逐步改善了主槽冰下过流能力，为控制与避免形成较严重凌汛壅水漫滩灾害提供了保证。加之河道工程(浮桥)管理以及人工破冰措施得到加强，近 15 年来黄河下游凌情总体形势比较平稳，封河期与开河期没有形成较严重冰塞、冰坝及其壅水漫滩造成灾害的情况。

1.3.3　减淤运行

1.3.3.1　水库拦沙及下游河道冲淤

小浪底水库运行以来，至 2016 年 4 月，库区断面法累计淤积泥沙 30.87 亿 m^3，其中干流淤积 24.99 亿 m^3，占总淤积量的 81%；支流淤积 5.88 亿 m^3，占总淤积量的 19%。淤积泥沙主要集中在 HH38 断面以下(距坝 64.83 km)，占全部淤积泥沙的 96.2%。淤积泥沙约占设计拦沙库容的 41%，已经入拦沙后期运行，根据"小浪底水库拦沙期防洪减淤运行方式研究成果"，目前水库处于拦沙后期第一阶段。

根据下游河道断面法冲淤量计算结果，小浪底水库运行以来(2000 年 5 月 ~ 2016 年 4 月)，黄河下游各个河段都发生了冲刷，利津以上河段冲刷 26.130 亿 t。下游河道历年各河段断面法冲淤量见表 1-8。下游河道累计冲刷量见图 1-18，下游河道沿程冲刷量见图 1-19。

表1-8 2000年5月～2016年4月下游河道冲淤量(断面法) (单位:亿t)

时段(年-月)	河段				
	花园口以上	花园口—高村	高村—艾山	艾山—利津	利津以上
2000-05～2000-10	-0.008	-0.281	0.083	-0.094	-0.301
2000-10～2001-05	-0.439	-0.560	-0.065	0.146	-0.918
2001-05～2001-10	-0.204	-0.056	0.130	-0.137	-0.267
2001-10～2002-05	-0.201	-0.417	0.005	-0.018	-0.631
2002-05～2002-10	-0.197	-0.137	-0.285	-0.311	-0.931
2002-10～2003-05	0.021	-0.334	0.079	-0.110	-0.344
2003-05～2003-11	-1.365	-0.551	-0.483	-0.869	-3.267
2003-11～2004-04	-0.166	-0.669	0.010	0.113	-0.713
2004-04～2004-07	-0.198	-0.128	-0.224	-0.385	-0.936
2004-07～2004-10	-0.010	-0.191	0.070	-0.073	-0.203
2004-10～2005-04	-0.109	-0.193	-0.098	0.047	-0.353
2005-04～2005-10	-0.220	-0.582	-0.332	-0.503	-1.638
2005-10～2006-04	-0.480	-0.545	0.028	0.149	-0.848
2006-04～2006-10	-0.073	-0.449	-0.329	-0.099	-0.950
2006-10～2007-04	-0.126	-0.350	-0.011	0.020	-0.467
2007-04～2007-10	-0.494	-0.493	-0.434	-0.430	-1.851
2007-10～2008-04	-0.152	-0.238	0.007	0.020	-0.363
2008-04～2008-10	-0.160	-0.133	-0.272	-0.090	-0.654
2008-10～2009-04	0.088	-0.321	-0.148	0.078	-0.303
2009-04～2009-10	-0.220	-0.353	-0.218	-0.192	-0.983
2009-10～2010-04	-0.077	-0.271	0.004	0.083	-0.261
2010-04～2010-10	-0.329	-0.315	-0.245	-0.358	-1.247
2010-10～2011-04	-0.058	-0.358	-0.119	0.022	-0.512
2011-04～2011-10	-0.411	-0.340	-0.154	-0.224	-1.130
2011-10～2012-04	-0.129	-0.476	0.042	0.201	-0.362
2012-04～2012-10	0.162	-0.391	-0.337	-0.464	-1.030
2012-10～2013-04	-0.696	-0.261	0.097	0.180	-0.680
2013-04～2013-10	-0.042	-0.308	-0.274	-0.487	-1.111
2013-10～2014-04	-0.495	-0.469	0.007	0.009	-0.947
2014-04～2014-10	0.185	-0.246	-0.174	-0.095	-0.330

续表 1-8

时段(年-月)	河段				
	花园口以上	花园口—高村	高村—艾山	艾山—利津	利津以上
2014-10 ~ 2015-04	-0.136	-0.464	-0.010	0.078	-0.532
2015-04 ~ 2015-10	-0.127	-0.305	-0.153	0.007	-0.578
2015-10 ~ 2016-04	-0.172	-0.350	0.055	-0.021	-0.489
汛期合计	-3.711	-5.259	-3.631	-4.804	-17.407
非汛期合计	-3.327	-6.276	-0.117	0.997	-8.723
全年合计	-7.038	-11.535	-3.748	-3.807	-26.130

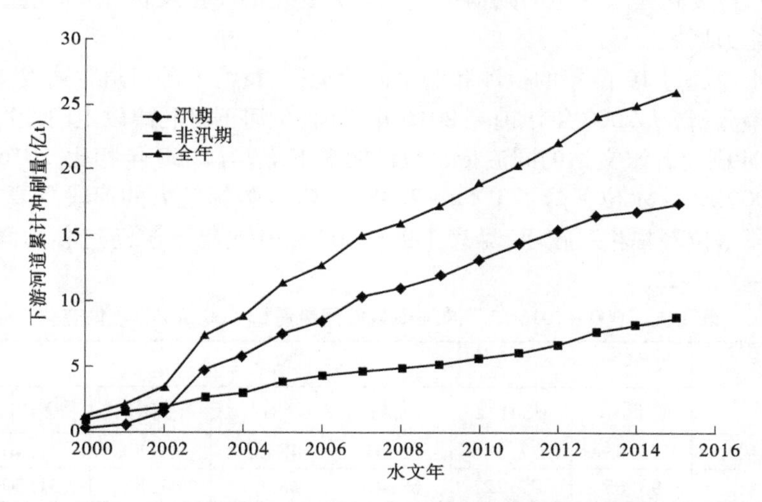

图 1-18　2000 年 5 月 ~2016 年 4 月下游河道累计冲刷量

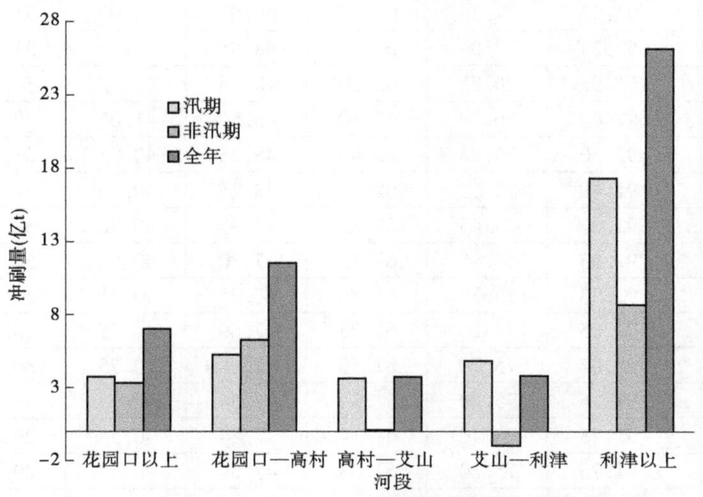

图 1-19　2000 年 5 月 ~2016 年 4 月下游河道沿程冲刷量

从冲刷量的沿程分布来看，主要集中在高村以上河段，高村以下河段冲刷相对较少。其中，高村以上河段冲刷18.573亿t，占利津以上河段冲刷总量的71.1%；高村—艾山河段冲刷3.748亿t，占下游河道冲刷总量的14.3%；艾山—利津河段冲刷3.807亿t，占冲刷总量的14.6%。

从冲刷量的时间分布来看，冲刷主要发生在汛期。汛期下游河道共冲刷17.407亿t，各河段均为冲刷；非汛期下游河道共冲刷8.723亿t，艾山以上河段均呈现出冲刷，其中冲刷主要发生在花园口—高村河段，冲刷量6.276亿t，占非汛期冲刷总量的71.9%，冲刷向下游逐渐减弱，艾山—利津河段则淤积0.997亿t。

1.3.3.2 下游河道主槽过流能力变化

(1)同流量水位变化。

同流量水位变化是对一定时期河槽过流能力变化的间接反映，即同流量水位降低，说明河槽过流能力增大。

小浪底水库经过10余年的拦沙和调水调沙运行，黄河下游河道普遍发生冲刷。据断面法测验结果分析，从2000年汛前到2016年汛前，黄河下游利津以上河段冲刷总量达到26.13亿t。冲刷使各水文站的同流量水位都明显下降，与2000年相比，2016年各主要水文站断面3 000 m^3/s水位下降了1.11～2.38 m，水位降幅较大的河段主要在高村以上，孙口以下河段水位降幅相对较小，见表1-9。2000～2016年下游河道各站同流量水位变化见图1-20～图1-22。

表1-9 2000～2016年下游河道各站同流量(3 000 m^3/s)水位变化 (单位：m)

年份	站名						
	花园口	夹河滩	高村	孙口	艾山	泺口	利津
2000	93.83	77.38	63.51	48.65	41.80	31.40	14.24
2001	93.65	77.22	63.40	48.65	41.85	31.50	14.24
2002	93.53	77.12	63.40	48.65	41.85	31.50	14.24
2003	93.53	77.36	63.70	49.07	42.05	31.40	14.24
2004	93.24	77.00	63.44	48.95	41.75	31.12	13.95
2005	92.98	76.85	63.00	48.65	41.43	30.85	13.70
2006	92.70	76.70	62.60	48.50	41.05	30.50	13.40
2007	92.50	75.85	62.40	48.25	40.95	30.35	13.40
2008	92.40	75.58	62.30	48.25	40.95	30.35	13.30
2009	92.23	75.45	62.05	48.13	40.80	30.15	13.00
2010	92.23	75.45	61.85	47.80	40.80	30.15	13.00
2011	92.23	75.35	61.75	47.75	40.75	30.15	13.00
2012	92.05	75.20	61.75	47.60	40.75	30.15	13.00
2013	92.05	75.20	61.50	47.60	40.75	30.15	13.00
2014	91.75	75.20	61.34	47.54	40.55	29.85	12.88
2015	91.75	75.10	61.34	47.54	40.55	29.85	12.88
2016	91.75	75.00	61.34	47.54	40.55	29.85	12.88
水位变化(2016－2000)	－2.08	－2.38	－2.17	－1.11	－1.25	－1.55	－1.36

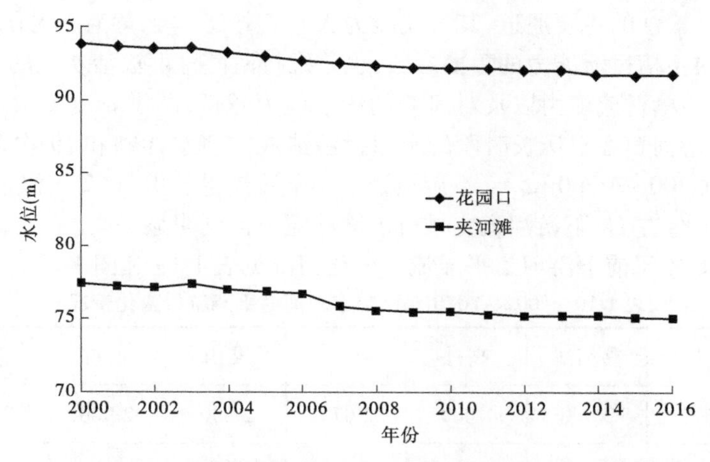

图 1-20　2000～2016 年下游河道各站同流量(3 000 m/s)水位变化(花园口、夹河滩)

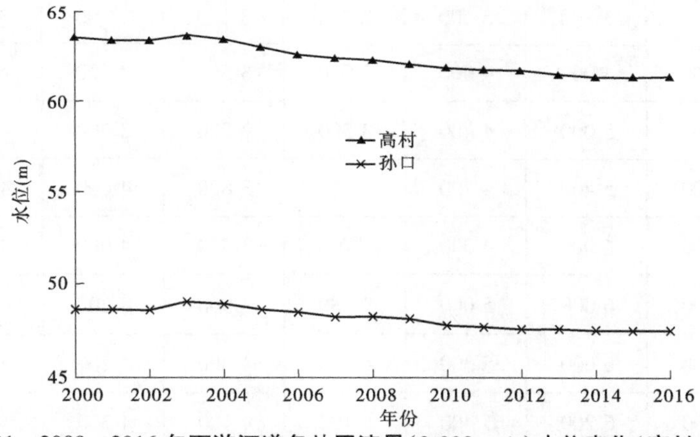

图 1-21　2000～2016 年下游河道各站同流量(3 000 m/s)水位变化(高村、孙口)

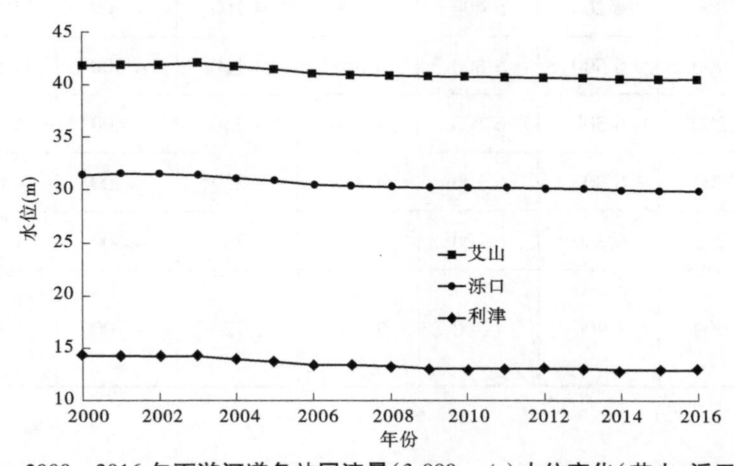

图 1-22　2000～2016 年下游河道各站同流量(3 000 m/s)水位变化(艾山、泺口、利津)

(2)平滩流量变化。

主槽是排洪输沙的主要通道,其过流能力大小直接影响到黄河下游的防洪安全。平滩流量则是反映主槽过流能力的重要参数,也是维持河槽排洪输沙功能的关键技术指标。平滩流量越小,主槽过流能力以及对河势的约束能力越低,防洪难度越大。经分析,2002年汛初以来,下游河道在经历长时段的水库拦沙造成的清水冲刷和19次调水调沙冲刷,平滩流量增加1 700 ~4 300 m^3/s,下游河道最小平滩流量已由2002年汛前的1 800 m^3/s增加至4 200 m^3/s左右,下游河道主槽行洪输沙能力得到明显提高。

2002 ~2016年汛前下游河道平滩流量变化情况见表1-10和图1-23。

表1-10　2002 ~2016年汛前下游河道平滩流量变化情况　(单位:m^3/s)

年份	花园口	夹河滩	高村	孙口	艾山	泺口	利津	最小值
2002	3 600	2 900	1 800	2 070	2 530	2 900	3 000	1 800
2003	3 800	2 900	2 420	2 080	2 710	3 100	3 150	2 080
2004	4 700	3 800	3 600	2 730	3 100	3 600	3 800	2 730
2005	5 200	4 000	4 000	3 080	3 500	3 800	4 000	3 080
2006	5 500	5 000	4 400	3 500	3 700	3 900	4 000	3 500
2007	5 800	5 400	4 700	3 650	3 800	4 000	4 000	3 630
2008	6 300	6 000	4 900	3 700	3 800	4 000	4 100	3 810
2009	6 500	6 000	5 000	3 880	3 900	4 200	4 300	3 880
2010	6 500	6 000	5 300	4 000	4 000	4 200	4 400	4 000
2011	6 800	6 200	5 400	4 100	4 100	4 300	4 400	4 100
2012	6 900	6 200	5 400	4 200	4 100	4 300	4 500	4 100
2013	6 900	6 500	5 800	4 300	4 150	4 300	4 500	4 100
2014	7 200	6 500	6 100	4 350	4 250	4 600	4 650	4 200
2015	7 200	6 800	6 100	4 350	4 250	4 600	4 650	4 200
2016	7 200	6 800	6 100	4 350	4 250	4 600	4 650	4 200
累计增加(2016 - 2002)	3 600	3 900	4 300	2 280	1 720	1 700	1 650	2 400

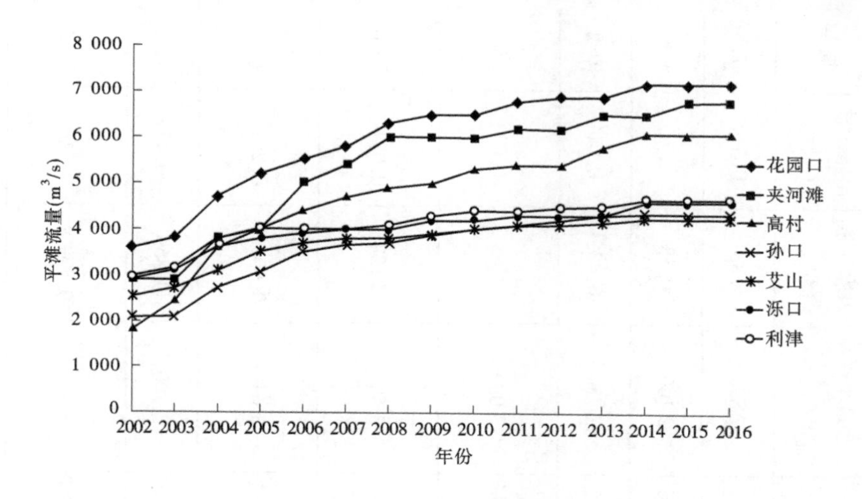

图1-23　2000～2016年下游河道各站平滩流量变化

1.3.3.3　调水调沙运行情况

小浪底水库自2002年开始，共进行了19次调水调沙调度，统计见表1-11和表1-12，其中，2002年、2003年、2004年为调水调沙试验，自2005年起为生产实践。19次调水调沙调度中，有6次为汛期调水调沙调度，其余为汛前调水调沙调度。

19次调水调沙调度，累计进入下游河道水量为716.02亿m^3，沙量为6.24亿t，下游河道累计冲刷沙量4.08亿t；单次调水调沙进入下游河道水量为37.69亿m^3，沙量为0.33亿t，下游河道冲刷沙量0.21亿t。

下游河道冲刷主要集中在花园口—利津河段，下游河道最小平滩流量由原来的1 800 m^3/s逐渐恢复至4 200 m^3/s。

1.3.4　供水、灌溉运行

2000～2015年黄河下游沿程历年供水、灌溉引水量过程见图1-24。

黄河下游多年平均引水量为90.24亿m^3，2000～2002年引水量为75.6亿～97.9亿m^3，2003～2004年引水量有所减少，2005～2011年引水量呈上涨趋势，2011年以后引水量则趋于稳定。2000～2015年的3～6月小浪底累计补水326.24亿m^3（扣除6月调水调沙期补水量）。

小浪底水库在满足黄河下游工农业生产、生活和生态用水需求的同时，还为引黄济津、引黄济淀、引黄入冀等紧急调水的成功实施提供有力的保障条件。2000～2015年，已累计8次引黄济津合计引水量54.83亿m^3，4次引黄济淀合计引水量21.91亿m^3，11次引黄入冀合计引水量28.36亿m^3。

表 1-11 黄河历次调水调沙相关特征值

时间	模式	小浪底水库蓄水（亿 m^3）	区间来水（亿 m^3）	调控流量（m^3/s）	调控含沙量（kg/m^3）	进入下游水量（亿 m^3）	入海水量（亿 m^3）	入海沙量（亿 t）	河道冲淤量（亿 t）	调水调沙后下游最小平滩流量（m^3/s）	小浪底入库沙量（亿 t）	小浪底出库沙量（亿 t）	排沙比（%）
2002 年	小浪底单库调节为主	43.41	0.55	2 600	20	26.61	22.94	0.664	-0.334	1 890	1.831	0.319	17.4
2003 年	基于空间尺度水沙对接	56.1	7.66	2 400	30	25.91	27.19	1.207	-0.456	2 100	0.58	0.74	128
2004 年	干流水库群水沙联合调度	66.5	1.098	2 700	40	47.89	48.01	0.697	-0.665	2 730	0.432	0.044	10.2
2005 年汛前	万家寨、三门峡、小浪底三库联合调度	61.6	0.33	3 000 ~ 3 300	40	52.44	42.04	0.612 6	-0.646 7	3 080	0.45	0.023	5
2006 年汛前	三门峡、小浪底两库联合调度为主	68.9	0.47	3 500 ~ 3 700	40	55.40	48.13	0.648 3	-0.601 1	3 500	0.23	0.084 1	36.6
2007 年汛前	万家寨、三门峡、小浪底三库联合调度	43.53	0.45	2 600 ~ 4 000	40	41.21	36.28	0.524 0	-0.288 0	3 630	0.601 2	0.261 1	43.4
2007 年汛期	基于空间尺度水沙对接	16.61	5.57	3 600	40	25.59	25.48	0.449 3	-0.000 3	3 700	0.869	0.459	52.8
2008 年汛前	万家寨、三门峡、小浪底三库联合调度	40.64	0.31	2 600 ~ 4 000	40	44.2	40.75	0.598 0	-0.201 0	3 810	0.579 8	0.516 5	89.1

注:2009 年以前用《黄河调水调沙理论与实践》报告数据,2009 年以后用水文整编数据。

续表 1-11

时间	模式	小浪底水库蓄水（亿 m^3）	区间来水（亿 m^3）	调控流量（m^3/s）	调控含沙量（kg/m^3）	进入下游水量（亿 m^3）	入海水量（亿 m^3）	入海沙量（亿 t）	河道冲淤量（亿 t）	调水调沙后下游最小平滩流量（m^3/s）	小浪底入库沙量（亿 t）	小浪底出库沙量（亿 t）	排沙比（%）
2009 年汛前	万家寨、三门峡、小浪底三库联合调度	47.02	0.80	2 600 ~ 4 000	40	45.70	34.88	0.345 2	-0.386 9	3 880	0.503 9	0.037	7.34
2010 年第一次	万家寨、三门峡、小浪底三库联合调度	48.48	1.31	2 600 ~ 4 000	40	52.80	45.64	0.700 5	-0.208 2	4 000	0.408	0.559	137
2010 年第二次	基于空间尺度水沙对接四库联调	8.84	6.78	2 600 ~ 3 000	40	21.73	20.46	0.311	-0.050	4 000	0.754	0.261	34.6
2010 年第三次	万家寨、三门峡、小浪底三库联合调度	11.39	1.35	2 600	40	20.36	24.60	0.434	0.052 9	4 000	0.904	0.487	53.8
2011 年汛前	万家寨、三门峡、小浪底三库联合调度	43.59	0.563	4 000	40	49.28	37.93	0.427 3	-0.114 8	4 100	0.260	0.378	145.4
2012 年汛前	万家寨、三门峡、小浪底三库联合调度	42.79	1.13	4 000	40	60.35	50.50	0.631 5	-0.046 7	4 100	0.444	0.657	148
2012 年第二次	三门峡、小浪底两库联合调度	6.80	0.44	2 600 ~ 3 000	40	13.69	12.14	0.096	0.01	4 100	0.923	0.788	85.4

续表 1-11

时间	模式	小浪底水库蓄水（亿 m^3）	区间来水（亿 m^3）	调控流量（m^3/s）	调控含沙量（kg/m^3）	进入下游水量（亿 m^3）	入海水量（亿 m^3）	入海沙量（亿 t）	河道冲淤量（亿 t）	调水调沙后下游最小平滩流量（m^3/s）	小浪底入库沙量（亿 t）	小浪底出库沙量（亿 t）	排沙比（%）
2012 年第三次	三门峡、小浪底两库联合调度	18.66	0.87	2 600 ~ 3 000	40	20.42	23.87	0.491	−0.042	4 100	0.136	0.03	22.3
2013 年汛前	万家寨、三门峡、小浪底三库联合调度	39.30	1.20	4 000	40	59.00	52.20	0.558 7	0.051 9	4 100	0.387	0.645	167
2014 年汛前	万家寨、三门峡、小浪底三库联合调度	20.70	0.24	4 000	40	23.39	20.91	0.198 7	0.038 7	4 200	0.616	0.259	42
2015 年	三门峡、小浪底两库联合调度	33.37	2.0	2 600 ~ 4 000	40	30.2	26.1	0.164	−0.193 0	4 200	0.101	0	0
合计			33.12			716.17	640.05	9.758	−4.080		11.010	6.548	59.5

表1-12 历次调水调沙进入下游的水沙量及河道冲淤量统计

序号	开始时间(年-月-日)	历时(d)	进入下游(小黑武)		下游引水引沙		河道冲淤量(亿t)				
			水量(亿 m^3)	沙量(亿t)	水量(亿 m^3)	沙量(亿t)	花园口以上	花园口—高村	高村—艾山	艾山—利津	利津以上
1	2002-07-04	11	26.61	0.319			-0.131	-0.06	0.054	-0.197	-0.334
2	2003-09-06	12.4	25.91	0.751			-0.105	-0.153	-0.163	-0.035	-0.456
3	2004-06-19	24	47.89	0.044	2.30	0.012	-0.17	-0.146	-0.198	-0.151	-0.665
4	2005-06-09	22	52.44	0.023	7.46	0.060	-0.219	-0.204	-0.169	-0.056	-0.647
5	2006-06-09	20	55.4	0.084	6.51	0.039	-0.101	-0.184	-0.192	-0.123	-0.601
6	2007-06-19	14	41.21	0.261 1	4.98	0.025	-0.052	-0.06	-0.101	-0.075	-0.288
7	2007-07-28	11	25.59	0.459			0.094 4	0.013 0	-0.075 6	-0.032 1	-0.000 3
8	2008-06-19	14.8	44.2	0.462	4.43	0.036	0.019	-0.051	-0.119	-0.05	-0.201
9	2009-06-17	17	45.7	0.036	8.94	0.041	-0.093	-0.101	-0.114	-0.079	-0.387
10	2010-06-19	18.75	52.8	0.559	10.81	0.080	0.026	-0.035	-0.104	-0.095	-0.208
11	2010-07-25	7.42	21.73	0.261			0.051	-0.04	-0.043	-0.018	-0.05
12	2010-08-10	10.25	20.36	0.486 6			0.17	-0.033	-0.047	-0.038	0.053
13	2011-06-19	18	49.28	0.378	12.07	0.072	-0.017	-0.011	-0.057	-0.029	-0.115
14	2012-06-19	23	60.35	0.657	14.55	0.073	0.215	-0.062	-0.107	-0.093	-0.047
15	2012-07-23	5.92	13.69	0.105 9			-0.016	0.026	-0.007	0.007	0.01
16	2012-07-29	10.08	20.42	0.448 8			0.002	-0.015	-0.017	-0.012	-0.042
17	2013-06-19	19.63	59.00	0.645	8.07	0.036	0.244	-0.103	-0.080	-0.009	0.052
18	2014-06-29	9.67	23.24	0.263 5	5.54	0.022	0.087	-0.027	-0.03	0.009	0.039
19	2015-06-29	13	30.2	0	11.11	0.035	-0.025	-0.086	-0.045	-0.037	-0.193
19次调水调沙合计			716.02	6.24			-0.021	-1.332	-1.615	-1.113	-4.080

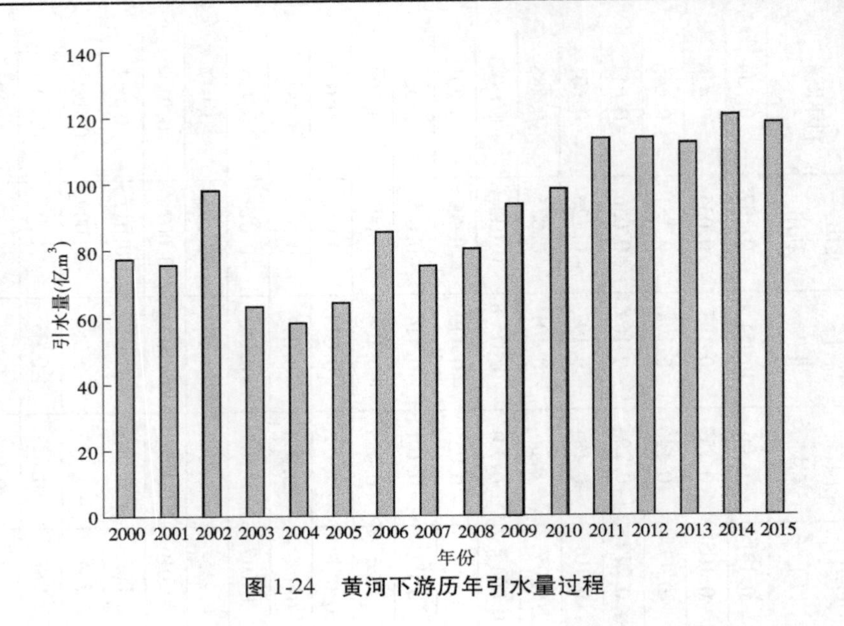

图 1-24　黄河下游历年引水量过程

1.3.5　发电运行

小浪底水库电站安装有 6 台 30 万 kW 发电机组，总装机容量 180 万 kW，单机满发流量 296 m^3/s，最低发电水位 1# ~4#为 210 m，5# ~6#为 205 m。小浪底水库开发任务以防洪、减淤为主，同样遵循"电调"服从"水调"原则。目前，前汛期汛限水位为 230 m，后汛期汛限水位为 248 m，8 月 21 日起水库水位向后汛期水位过渡，9 月 21 日起水库水位向非汛期水位过渡。非汛期 12 月 ~ 次年 2 月防凌调度优先，3 ~6 月则以下游供水、灌溉及汛前调水调沙运行为主，兼顾发电调度。

小浪底水库历年发电情况统计见表 1-13。由表 1-13 可以看出，2000 ~ 2016 年，累计发电量为 862.86 亿kW · h，多年平均发电量为 50.76 亿 kW · h。

表 1-13　中游主要水库历年发电情况统计　　（单位：亿 kW · h）

年份	小浪底
2000	6.13
2001	21.09
2002	32.72
2003	34.82
2004	50.01
2005	50.26
2006	58.06
2007	58.87
2008	55.44

续表 1-13

年份	小浪底
2009	50.14
2010	51.77
2011	62.26
2012	90.02
2013	77.79
2014	58.36
2015	64.17
2016	40.95
平均	50.76

1.3.6 改善生态运行

(1)小浪底水库运行以前黄河下游断流状况。

黄河下游经常性断流始于1972年,从1972~1999年的28年中,黄河下游利津站有21年发生断流,累计断流1 050 d。其中,1997年断流最为严重,利津站断流226 d。黄河断流不仅严重影响黄河下游两岸供水、灌溉,造成重大区域经济损失,同时长时间断流将对河道生态环境造成巨大危害。黄河下游长时间断流将导致河口海岸的侵蚀倒退,将严重影响下游河道鱼类、鸟类等的生存和繁殖,破坏脆弱的生态系统,甚至造成生态系统、生物种群和遗传基因多样性的遗失。而这种遗失是迄今为止任何高科技手段都无法补偿的。

引起断流的原因有:①黄河水资源总体贫乏,而流域内经济社会发展用水量越来越大;②20世纪70年代以来平均降雨量较五六十年代总体偏少,导致天然径流减少;③水土保持治理的开展,在减少入黄泥沙的同时,也拦截部分水量;④用水浪费和缺乏有效的水资源管理调度措施促使黄河下游断流形势进一步加剧;⑤小浪底水库建成以前,黄河中游缺乏大型水库调节,调控能力弱。

因此,要解决黄河下游河道断流问题,需要从多个方面入手,而借助大型水库调节则是其中重要的途径。

(2)水库防断流效果分析。

小浪底水库运行以来,凭借其巨大的调蓄库容优势,通过水库调度,更加合理分配黄河下游水资源,非汛期下游河道水量较运行前有所增加,水体功能得到一定的满足,下游河道未出现断流现象。2000~2015年,小浪底入库年均水量为220.82亿m^3,相对于1972~1999年年均来水量318.53亿m^3明显偏少,自小浪底水库投入运行以来,黄河下游用水量是逐年增加的,但经水库调蓄后,下游河道并未出现断流现象,防断流效果非常明显。以2002年为例,入库水量仅120.3亿m^3,比1997年的135.0亿m^3更枯,但2002

年下游河道利津断面并未发生断流，与 1997 年断流 226 d 相比，水库防断流作用巨大，效果明显。

(3)河口三角洲地区的水生态环境得到明显改善。

根据以往研究成果，维持生态环境所需最小极端流量(利津断面)，非汛期 11 月～次年 3 月约 100 m^3/s，4 月为 75 m^3/s，5～6 月为 150 m^3/s，汛期 7～10 月为 220 m^3/s(不含输沙水量)。根据 2000～2015 年实测资料统计，利津断面 11 月～次年 3 月流量小于 100 m^3/s 的天数累计 419 d，其中，2000～2003 年为 313 d，占累计天数的 75%，年均 78.3 d，2004 年以后累计发生 106 d，年均 8.8 d。4 月利津断面流量小于 75 m^3/s 的天数累计 95 d，其中 2000～2003 年累计 87 d，占 92%，年均 21.8 d，2004 年以后很少发生。5～6 月利津断面流量小于 150 m^3/s 的天数累计 333 d，其中 2000～2003 年累计 244 d，占 73%，年均 61 d，2004 年以后累计发生 89 d，年均 7.4 d。7～10 月利津断面流量小于 220 m^3/s 的天数累计 535 d，其中 2000～2003 年累计 352 d，占 66%，年均 88 d，2004 年以后累计发生 183 d，年均 15.3 d。见表 1-14。

表 1-14　不满足利津断面最小生态流量天数统计　(单位:d)

年份	11 月～次年 3 月		4 月		5～6 月		7～10 月	
	<100 m^3/s 天数		<75 m^3/s 天数		<150 m^3/s 天数		<220 m^3/s 天数	
	累计	年均	累计	年均	累计	年均	累计	年均
2000～2015	419	26.2	95	5.9	333	20.8	535	33.4
2000～2003	313	78.3	87	21.8	244	61.0	352	88
2004～2015	106	8.8	8	0.7	89	7.4	183	15.3

可见，小浪底水库运行以来，实现了黄河下游不断流的初步目标，2003 年以前，对利津断面最小生态流量需求满足度相对较低，2004 年以后，最小生态流量要求满足度得以逐渐提高。

自 2008 年开始，调水调沙考虑生态调度目标，并采用了相应的调度方案。其中，2008 年河口湿地核心区水面面积增加 3 345 亩(1 亩 = 1/15 hm^2，后同)，入海口水面面积增加 1.8 万亩；2009 年湿地核心区水面面积增加 5.22 万亩，入海口水面面积增加 4.37 万亩，地下水位抬高 0.15 m；2010 年实现刁口河流路全线过水三角洲生态调度向现行流路南岸湿地补水 2 041 万 m^3，湿地水面面积较调水调沙前增加 4.87 万亩；2011 年向湿地补水 2 248.1万 m^3，湿地水面面积增加了 3.55 万亩，刁口河流路再次实现全线过水，累计进水 3 625万 m^3。见表 1-15。

表 1-15　汛前调水调沙生态补水情况统计

年份	2008	2009	2010	2011	2012	2013	2014	2015	均值
补水量(万 m^3)	1 356	1 508	2 041	2 248	3 036	2 156	803	1 679	1 853
湿地水面面积增加值(亩)	3 345	52 200	48 700	35 500	50 849	74 080	90 480	11 828	45 873

根据最新调查，河口地区共有植物 393 种，其中野大豆为二级保护植物；鸟类 283 种，其中，国家一级保护鸟类 9 种，二级保护鸟类 41 种；鱼类 193 种，其中，国家一级保护鱼类 7 种，二级保护鱼类 7 种。

（4）综合生态效益。

通过小浪底水库调度，不仅实现了黄河不断流的目标，还使得下游河段水环境质量得到了改善与提高，保证了下游沿黄城乡居民生活用水，兼顾了工农业用水；河口湿地面积得以不断恢复，并维持了区域生物的多样性，在一定程度上保证了下游河流生态系统功能的发挥，使黄河真正起到了连通流域内各种生态系统板块及海洋的“廊道”。

第2章　小浪底水库库区泥沙冲淤特性及淤积形态

2.1　库区水流泥沙运动变化

2.1.1　库区水流流态及相应输沙流态的类型

库区里的水流形态大致可以分为两种：一种是由于挡水建筑物起到壅高水位的作用，库区水面形成壅水曲线，沿流程水深逐渐增大，流速则逐渐降低，这种水流流态称为壅水流态；另一种是由于挡水建筑物不起壅水作用，或者说基本上不起壅水作用，库区水面线接近天然情况，可以近似地按均匀流来对待，这种水流流态称为均匀流态。由于水流的流态不同，其输沙特征也是不一样的。

2.1.1.1　均匀明流输沙

均匀明流输沙流态下，水流可以挟带一定数量的泥沙，当来沙的数量与水流可以挟带泥沙数量不一致时，水库就会发生淤积或冲刷。当来水泥沙含量大于水流可挟带的泥沙数量时，水库会发生沿程淤积，挟带的泥沙颗粒沿程分选；反之，当入库水流含沙量小于水流可挟带的泥沙数量时，水库则发生沿程冲刷。

水库泄空蓄水后，库区相当于天然河道，库区水面线接近天然的情况，根据韩其为院士研究成果，敞泄排沙的含沙量的结构形式为

$$S = S_{0.1} + \left\{S_{0.1}(1-\beta_0) + \left[1 - \frac{S_{0.1}}{S_*(\omega_1)}\right]S_*(\omega_1^*)(1-\beta)\right\} \tag{2-1}$$

出库含沙量包括两部分：进库站的含沙量经过衰减后到达坝前的部分 $S_{0.1}$，以及由于挟沙能力沿程变化的部分（大括号中），后者又包括了进库含沙量衰减后转为挟沙能力以及由床面泥沙提供的挟沙能力。而 β_0、β 则反映了水库的水力泥沙因素。式(2-1)又可改写为

$$S - S_*(\omega^*) = S_{0.1}(1-\beta_0) - \beta\left[1 - \frac{S_{0.1}}{S_*(\omega_1)}\right]S_*(\omega_1^*) \tag{2-2}$$

可见在敞泄排沙时，右边为负出现冲刷；否则，出现淤积。

2.1.1.2　壅水输沙流态

在壅水输沙流态下，水库蓄水体、水深的大小及入库水沙条件不同表现为不同的输沙特征，据此又分为壅水明流输沙流态、异重流输沙流态和浑水水库输沙流态。

1）壅水明流输沙流态

这种流态的特征是：当浑水水流进入库区壅水段后，泥沙扩散到水流的全断面，过水断面的各处都有一定的流速，也有一定的含沙量；又因为是壅水流态，流速是沿程递减的，

所以水流可以挟带的沙量也是沿程递减的,泥沙出现沿程分选,淤积物沿程上粗下细。

2)异重流输沙流态

异重流输沙流态的特点是:入库水流含沙较浓,且细颗粒泥沙含量比较大,当浑水进入壅水段后,浑水可能不与壅水段的清水掺混扩散,而是潜入到清水的下面,沿库底向下游继续运动。潜入清水的异重流浑水层,其流速沿水深由上而下先增大后减小,在浑水层中下的位置流速相对比较大,而含沙量则是越靠近底部越大。由于水库的边界条件、壅水距离及入库水沙条件不同,有的异重流运行比较远,可以到达坝前排出库外,有的中途就停止。

3)浑水水库输沙流态

浑水水库输沙流态比较特殊,多数情况下为异重流到达坝前不能及时排出库外而引起滞蓄形成。由于异重流所含的泥沙颗粒比较细,若含沙量较高,则浑水水库中泥沙沉降方式与明流输沙中分散颗粒沉降过程明显不同,沉降特性比较独特,一般表现为沉降速度极为缓慢。

2.1.2　库区水流输沙流态变化分析

根据主要不同时期的坝前运行水位和汛前实测淤积纵剖面,求得2000~2015年小浪库库区水平回水长度见表2-1。

表2-1　小浪底库区水平回水长度

年份	7~8月		9~10月		1~6月+11~12月	
	平均(km)	范围(km)	平均(km)	范围(km)	平均(km)	范围(km)
2000	73.3	71.3~84.2	89.5	84.4~95.0	75.5	71.1~95.2
2001	55.2	51.9~59.6	86.9	59.6~89.5	90.2	56.7~95.8
2002	85.1	60.4~96.0	60.3	58.3~70.3	91.3	58.9~103.0
2003	88.7	83.4~97.0	119.3	97.0~122.3	94.6	84.4~121.9
2004	59.9	55.5~59.9	70.1	56.4~71.5	119.6	70.3~121.4
2005	89.0	67.2~93.3	107.7	93.3~119.1	110.3	89.3~119.9
2006	47.2	45.4~67.4	80.2	67.4~106.3	110.2	47.0~121.1
2007	39.9	32.9~53.9	101.9	68.4~107.7	108.3	44.9~119.0
2008	34.3	27.2~68.4	97.0	68.6~103.0	107.7	49.8~109.5
2009	24.4	23.6~70.7	101.6	88.7~106.2	105.2	70.4~108.9
2010	26.0	20.1~83.9	106.3	88.6~108.5	106.3	83.9~109.4
2011	50.4	23.0~71.8	118.9	72.3~121.6	111.3	71.3~122.7
2012	50.8	15.6~95.6	120.5	102.5~123.0	121.0	56.4~123.4
2013	69.2	14.9~90.9	107.5	91.1~119.3	119.4	69.1~121.6
2014	52.8	23.2~91.0	119.0	90.3~122.7	119.5	93.4~124.3
2015	71.4	69.5~106.2	83.7	70.9~105.6	120.3	105.9~124.3

从年内变化来看,7～8月为前汛期,坝前平均运行水位低,平均回水距离短;9～10月为后汛期,平均水位有所抬高,水平回水距离也相应增大;调节期(11月～次年6月),平均运行水位更高,水平回水距离更远。

以2016年4月地形为例,不同库段主要输沙流态分布见图2-1。水库水平回水末端以上的库段,脱离回水的影响,水流处于基本天然状态,其输沙流态可视为均匀明流输沙流态;水流进入回水范围后,水深逐步增加,水流受到顶托逐渐形成壅水水面,水流输沙流态由均匀明流输沙流态逐渐转变为壅水明流输沙流态;随着水深逐渐增加,当入库水流含沙量较高,且细颗粒泥沙比例较大时,就有可能发生异重流输沙流态,而当异重流达到坝前,未能及时排沙出库时,则可能在近坝段形成浑水水库输沙流态。

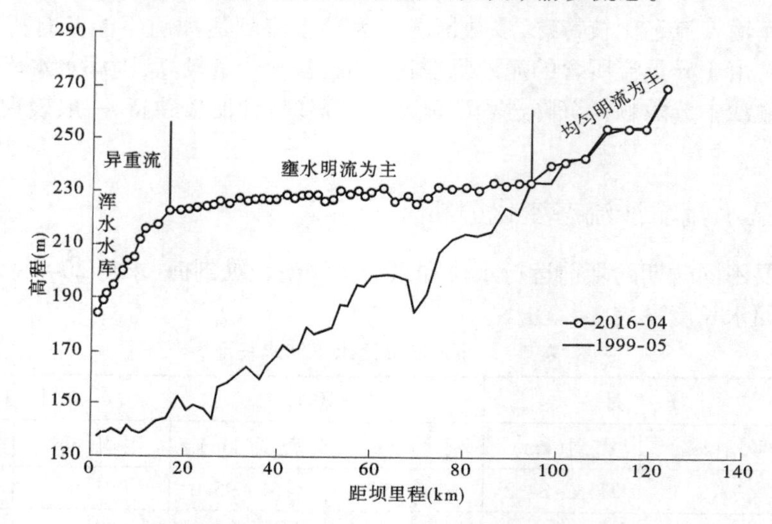

图2-1　小浪底库区不同库段主要输沙流态分布

总体来看,均匀明流输沙流态多发生在回水末端以上,而壅水输沙流态则主要发生在回水范围内,其中,壅水明流输沙流态多发生在回水范围的上段,特别是淤积三角洲的顶坡段;异重流则主要发生在淤积三角洲的前坡段,浑水水库输沙流态则主要出现在坝前段。各种输沙流态发生位置的变化不仅与运行水位高低有关,还与入库水流动力、含沙量、水库淤积形态等关系密切。

2.2　库区异重流输沙特性分析

两种或两种以上的流体,因密度差异而产生的相对运动,称为异重流。由于挟带泥沙的浑水水流密度较库区清水大,进入库区后潜入库底,在水库清水之下沿库底向前运动,形成水库异重流。小浪底水库投入运行后,拦沙初期蓄水体大,水库排沙以异重流排沙为主,水库运行于2007年进入拦沙后期第一阶段。水库运行以来的2003～2015年共进行了15次异重流测验,其中2003年和2005年各2次,其他年份各一次。

2.2.1　异重流的产生与传播

2.2.1.1　异重流的产生

表 2-2 给出了 2003 ~ 2015 年历次异重流测验的基本情况。异重流的产生要具有一定的入库流量和一定的入库含沙量，历次异重流入库平均流量为 1 037 ~ 2 390 m³/s，入库平均含沙量为 17.84 ~ 239.68 kg/m³。随着时间的推移，库区淤积三角洲逐渐下移，异重流潜入点的位置也会逐渐向下移动，越来越靠近坝前。其中，2003 年第 1 次异重流的潜入点位置位于距坝 64.83 ~ 57.00 km 附近，2006 年第 1 次异重流的潜入点位置已下移至距坝 44.53 ~ 41.10 km，2015 年第 1 次异重流潜入点位置下移至距坝 20.39 ~ 18.75 km。

表 2-2　历次异重流测验的基本情况

序号	异重流测次	发生时间（月-日）	潜入点位置距坝里程（km）	入库平均流量（m³/s）	入库平均含沙量（kg/m³）	坝前平均水位（m）
1	2003 年第 1 次	08-02 ~ 08-08	HH38—HH34 64.83 ~ 57.00	1 037	107.65	223.97
2	2003 年第 2 次	08-27 ~ 09-16	HH39—HH38 68.0 ~ 64.83	2 390	82.34	243.76
3	2004 年第 1 次	07-05 ~ 07-11	HH36—HH25 60.13 ~ 41.10	1 125	63.61	232.06
4	2005 年第 1 次	06-28 ~ 06-30	HH32—HH28 53.44 ~ 46.2	2 001	239.68	227.43
5	2005 年第 2 次	07-05 ~ 07-07	—	1 123	220.66	224.43
6	2006 年第 1 次	06-25 ~ 06-27	HH27—HH25 44.53 ~ 41.10	1 986	41.33	228.79
7	2007 年第 1 次	06-27 ~ 07-03	HH18—HH17 29.35 ~ 27.19	1 670	60.96	226.51
8	2008 年第 1 次	06-28 ~ 07-04	HH15—HH14 24.43 ~ 22.10	1 326	92.45	224.99
9	2009 年第 1 次	06-29 ~ 07-03	HH14—HH13 22.10 ~ 20.39	1 064	118.59	224.87
10	2010 年第 1 次	07-04 ~ 07-09	HH12—HH11 18.75 ~ 16.39	1 252	64.47	218.55
11	2011 年第 1 次	07-04 ~ 07-08	HH10—HH09 13.99 ~ 11.42	1 504	42.29	216.98
12	2012 年第 1 次	07-03 ~ 07-09	HH10—HH09 13.99 ~ 11.42	2 002	35.77	220.99
13	2013 年第 1 次	07-03 ~ 07-09	HH06—HH05 7.74 ~ 6.54	1 918	32.45	214.69
14	2014 年第 1 次	07-05 ~ 07-09	HH10—HH06 13.99 ~ 7.74	1 887	78.19	224.33
15	2015 年第 1 次	07-08 ~ 07-10	HH13—HH12 20.39 ~ 18.75	1 868	17.84	235.73

在一次异重流发生过程中,其潜入点的位置也会随着入库流量变化、河床阻力变化以及坝前水位的升降而上下移动。以 2004 年和 2013 年的异重流为例,异重流潜入点位置变化情况分别见表 2-3 和表 2-4。

表 2-3　2004 年第 1 次异重流发生期间潜入点位置变化情况统计

时间	潜入点断面位置	距坝里程(km)
7 月 5 日上午	HH36 断面	60.13
7 月 5 日 17:25	HH35—HH36 断面之间	58.51 ~60.13
7 月 6 日上午	HH35	58.51
7 月 6 日下午	HH36 下游	60.13
7 月 7 日上午	HH33	55.02
7 月 7 日 14 时	HH31	51.78
7 月 7 日 16 时	HH25—HH29 有花水	41.1 ~48.0
7 月 7 日晚上	HH29 以下花水消失	48
7 月 8 日上午	HH33—HH34 断面之间	55.02 ~57.0
7 月 12 日 0 时	HH33—HH34 断面之间	55.02 ~57.1

表 2-4　2013 年第 1 次异重流发生期间潜入点位置变化情况统计

时间	潜入点断面位置	距坝里程(km)
7 月 4 日	HH06	7.74
7 月 5 日	HH05	6.54
7 月 6 日	HH06—HH05	6.68
7 月 7 日	HH06	7.74
7 月 8 日	HH06—HH05	6.86

2004 年 7 月 5 日下午至 6 日上午,入库流量差别不大,平均约为 1 800 m^3/s,出库流量较大,为 2 600 m^3/s,坝前水位逐渐由 7 月 5 日 14 时的 233.52 m 降至 7 月 6 日上午 8 时的 233.18 m,异重流潜入点由 HH35—HH36 断面之间下移至 HH35 断面附近。至 6 日下午,入库流量与上午相比变化不大,但由于库区淤积三角洲经过一天的冲刷,河床粗化,水流阻力增加,流速减小;而异重流潜入点需满足条件 $Fr = \frac{U}{\sqrt{gh}} = 0.78$($Fr$ 为弗劳德数,U 为断面平均流速,h 为断面平均水深,g 为重力加速度),当 U 减小,则 h 必须减小,因此潜入点位置又逐渐上移至 HH36 断面附近。7 日水位由 0 时的 233.04 m 降至 12 时的 232.91 m 后逐渐回升,至 24 时升至 233.43 m,库水位的变化对异重流潜入点的变化影响是先略微下移,后逐渐上移,且影响能力有限(水位变化幅度不大),因此全天异重流潜入点变化主要受入库流量大小的影响;上午入库平均流量接近 2 500 m^3/s,比 6 日平均入库流量增大约 25%,异重流的潜入点位置下移至 HH33 断面;12 时至 18 时,入库流量平均值超过 4 300 m^3/s,潜入点位置进一步下移至 HH29—HH25 断面之间;18 时至 24 时,入库平均流量减小到不足 2 000 m^3/s,潜入点又上移至 HH29 断面以上,8 日上午,入库平均流量不足 1 000 m^3/s,异重流潜入点位置上移至 HH33—HH34 断面之间。

2013 年 7 月 4 日距坝 7.74 km 的 HH06 断面监测到异重流潜入,当天入库平均流量为2 530 m^3/s,出库平均流量2 390 m^3/s,坝前平均水位212.10 m。5日,入库平均流量增加为3 410 m^3/s,比前一天入库平均流量增大约35%,出库平均流量3 170 m^3/s,坝前水位抬升至213.70 m,由于水位变化幅度不大,异重流潜入点变化主要受入库流量大小的影响,潜入位置下移至距坝6.54 km处。6日,坝前水位抬升至216.09 m,水库回水末端上延,异重流潜入点上移至距坝6.68 km处。7日,随着坝前水位进一步抬升至217.40 m和入库平均流量减小,异重流潜入点进一步上移至距坝7.74 km处。随后坝前水位之间降低至8日的213.70 m,水库回水末端下移,异重流潜入点也下移至距坝6.86 km处。

总体来看,水位变化对潜入点位置的影响表现为:坝前水位抬升,水库回水末端上延,异重流潜入点也会跟着上移;反之,潜入点下移,位置变化距离大小与水位升降的幅度成正比例关系。河床阻力变化对潜入点位置的影响表现为:河床受到冲刷,阻力增加,流速减小,潜入点上移;反之下移。入库流量变化对潜入点的影响表现为:流量增大,动力增强,平均流速大,潜入点下移;反之,潜入点上移。水位和入库流量的变化对潜入点位置的影响一般要大于河床阻力变化所产生的影响。

2.2.1.2　异重流的传播

异重流在水下沿库底或在浑水水库中的某一位置运行,不像河道中的明流,因此传播时间的分析比较困难,再加上水库运行及测验资料局限性等一些客观因素的影响,进一步增加了分析难度。但是异重流的传播时间关系到水库排沙时机的确定,关系到如何有效利用异重流排沙来减缓水库淤积、节约水资源、形成天然铺盖、控制下游水沙组合等一系列实际问题,并与水库运行有着密切的关系,因此很有必要就这一问题进行研究。在现有实测资料的基础上,根据各断面实测主流线异重流平均流速,求得异重流在各断面间的传播时间,而后得出全库区异重流的传播总时间。

表2-5为小浪底水库各次异重流的传播时间计算表。从表中看出,拦沙初期2003～2007年历次测验的异重流从潜入点运行至坝前的时间为11.59～29.18 h,若考虑洪水从三门峡站传播至潜入点的时间,则入库洪水自三门峡站到坝前全部传播时间为21.89～42.31 h。随着时间的推移,异重流潜入点的位置逐渐向下移动,越来越靠近坝前,异重流从潜入点运行至坝前的时间逐渐减少,2008～2015年为2.7～11.57 h;考虑洪水从三门峡站传播至潜入点的时间,2008～2015年入库洪水自三门峡站到坝前全部传播时间为15.66～37.89 h。

异重流传播时间快慢与入库流量大小有关,入库流量大,异重流传播较快,入库流量小,异重流传播较慢;而传播总时间长短除受入库流量大小的影响外,还与潜入点位置有关,在入库流量相同的前提下,潜入点位置越靠近大坝传播时间越短。

传播时间估算成果的合理性分析:以2003年第1次异重流为例,采用含沙量沿程演进的方法进行判断,实测HH34断面,主流线平均含沙量最大值为8月2日10时18分实测的169 kg/m^3,相应的桐树岭断面主流线平均含沙量最大值为8月3日9时48分实测的82.70 kg/m^3,据此推测异重流由HH34断面到桐树岭断面的传播时间约23.5 h,加上异重流从桐树岭断面运行至大坝所需的4.6 h,总共需要28 h,这与采用主流线平均流速估算值约27 h相近,成果是合理的。

表 2-5　小浪底水库各次异重流的传播时间计算

测次日期		2003-08-02		2003-08-28		2004-07-07		2005-06-28		2006-06-26		2007-06-28		2008-06-29	
流量(m^3/s)		2 180		2 420		1 820		1 260		2 510		2 620		2 470	
断面名称	距坝里程(km)	主流流速(m/s)	传播时间(h)	主流流速(m/s)	传播时间(h)	主流流速(m/s)	传播时间(h)	主流流速(m/s)	传播时间(h)	主流流速(m/s)	传播时间(h)	主流流速(m/s)	传播时间(h)	主流流速(m/s)	传播时间(h)
三门峡	126.00	3.19		3.35	7.23	2.61		2.5		3		3.45		3.04	
河堤	62.50		9	1.53			10.19								
34	57.00	1.06							13.13		12.35				
33	55.02		2.43		6.61	1.26	1.83						10.81		15.94
29	48.00	1				0.87		0.8	3.77						
23	37.55		5.01				6.65	0.74		0.98	3.01				
17	27.19	1.31	1.75	1.44	1.73	0.87	2.88		9.35	0.93	2.88	1.63	1.73		
13	20.39	0.85		0.74		0.44		0.28		0.38		0.55		0.64	
11	16.39		2.88		3.48		5.66		7.02		7.22		3.56		3.53
9	11.42	0.88	1.75	0.69	2.24	0.44	3.39	0.43	3.11	0.31		0.85	2.15	0.77	2.34
5	6.54	0.67		0.52		0.36		0.44				0.41		0.39	
4	4.55		3.88		4.46		3.58		4.31		10.4		2.99		3.63
桐树岭	1.32	0.08	9.4	0.13	3.19	0.45	0.86	0.23	1.62			0.56	0.65	0.41	0.89
坝址	0	0		0.1		0.4				0.3					
潜入点至坝址合计			27.11		21.71		24.85		29.18		23.51		11.59		11.56
三门峡至坝址合计			36.11		28.94		35.04		42.31		35.86		21.89		26.33

续表2-5

测次日期		2009-06-30		2010-07-04		2011-07-04		2012-07-04		2013-07-03		2014-07-06		2015-07-09	
流量(m^3/s)		2 360		3 910		2 810		2 300		2 530		2 760		2 530	
断面名称	距坝里程(km)	主流流速(m/s)	传播时间(h)	主流流速(m/s)	传播时间(h)	主流流速(m/s)	传播时间(h)	主流流速(m/s)	传播时间(h)	主流流速(m/s)	传播时间(h)	主流流速(m/s)	传播时间(h)	主流流速(m/s)	传播时间(h)
三门峡	126.00	3.44	13.40	3.69	11.99	3.35	13.54	3.24	12.99	1.65	32.37	2.90	15.80	1.83	26.31
河堤	62.50														
34	57.00														
33	55.02														
29	48.00														
23	37.55														
17	27.19														
13	20.39	0.94	2.80											0.40	2.47
11	16.39			1.39	1.00									0.50	9.11
9	11.42	0.84	2.17	1.36	1.26	1.35	1.03	1.66	1.37			1.13	1.58		
5	6.54	0.41	1.84	0.8	1.77	1.28	1.21			0.40	0.81				
4	4.55	0.19	2.53					1.12	0.89	0.96	0.91	1.28	0.99		
桐树岭	1.32	0.52	1.41	0.84	0.44	1.11	0.33	0.90	0.41	1.02	0.36	0.54	0.68		
坝址	0														
潜入点至坝址合计			11.21		4.99		3.08		2.94		2.70		2.86		11.57
三门峡至坝址合计			24.14		16.45		16.12		15.66		34.45		19.04		37.89

2.2.2 异重流水沙因子沿程变化特性

异重流水沙因子垂线分布沿程变化情况见图 2-2 ~ 图 2-15。

2.2.2.1 流速沿程变化

(1)流速垂线分布形态沿程变化。

从各测次异重流水沙因子垂线分布沿程变化图来看,垂线流速分布存在两种主要形态:第一种,靠近水面的清水层出现负流速(水流向水库上游流动),且流速值沿垂线方向自上而下逐渐减小至0,然后流速沿正方向迅速增大至最大值处再减小,例如图 2-2 中 HH34 断面和 HH29 断面主流线垂向流速的分布形态;第二种,沿垂线方向不存在负向流速,上层清水流速很小,至清浑水交界面附近流速开始迅速增大至最大值后再减小,如图 2-2中 HH17 断面和 HH13 断面主流线垂线流速分布形态。

出现第一种流速垂线分布形态的原因是异重流沿底部运动时,由于交界面的切应力,常常带动上层清水,浑水与清水在潜入点处汇合后潜入库底,在清水中形成较弱的环流,表层清水自下而上向潜入点位置流动而出现负流速现象。一般情况下,在异重流潜入的初期或入库流量明显增大的时候,潜入的浑水水体因挤占部分清水水体的空间,加剧了清水环流的强度,使得表层清水负向流动变得明显。靠近潜入点的断面,异重流流速大,清浑水交界面剪切应力也大,带动的清水多,加上过水断面相对坝前而言过水面积小,因此表层清水向潜入点流动的速度就越大;而靠近大坝的断面离潜入点位置较远,异重流流速经沿程衰减而变得越来越小,加上坝前水深大,过水断面宽,负流速则相对较弱,且坝前泄水建筑物的开启往往可以将异重流及其带动的清水一起排出,清水水体的环流运动受阻,上层清水的负流速现象将会进一步减弱甚至消失。在库区异重流形成相对稳定的运行通道后,若入库流量也相对较稳定,浑水水体不再进一步挤占清水水体的空间,清水水体的环流运动就相对较弱,加上坝前的泄水影响,负流速现象就会减弱甚至消失。

在图 2-2、图 2-4、图 2-6、图 2-7、图 2-10、图 2-11 中,流速垂线分布形态沿程发生变化,靠近潜入点的断面流速垂线分布属于上述第一种流速垂线分布形态,表层清水负流速沿程逐渐减小,最终过渡到第二种流速垂线分布形态直至大坝。图 2-3、图 2-5、图 2-8、图 2-9、图 2-12 ~ 图 2-15 中,流速垂线分布形态沿程基本为上述第二种流速垂线分布形态,仅个别断面出现第一种流速分布形态,其负流速值较小或不明显。

(2)垂线最大流速发生位置沿程变化。

水库异重流形成的根本原因是浑水与清水的密度差异,含沙水流密度较大,潜入清水水体下层运行,因此底层流速较大,异重流主流线垂线最大流速位于浑水层靠近库底的位置。各测次异重流各断面主流线垂线最大流速测点相对水深沿程变化统计见表 2-6。2004 年以后各次异重流主流线垂线最大流速的相对水深为 0.78 ~ 0.99,说明最大流速发生的位置靠近库底。2003 年的两次异重流主流线垂线最大流速相对水深却沿程逐渐减小,在桐树岭断面分别为 0.49 和 0.76,分析其原因为:一是异重流运行至大坝附近能量损失较多,流速减小,加上大坝泄水建筑物分层布置,坝区附近流场复杂,垂线流速分布容易受其影响所致,一般情况下,当排沙洞开启时,坝前断面垂线最大流速多分布在相对水深较大处;而关闭排沙洞,多开明流洞和发电洞时,最大流速位置就会上提,例如

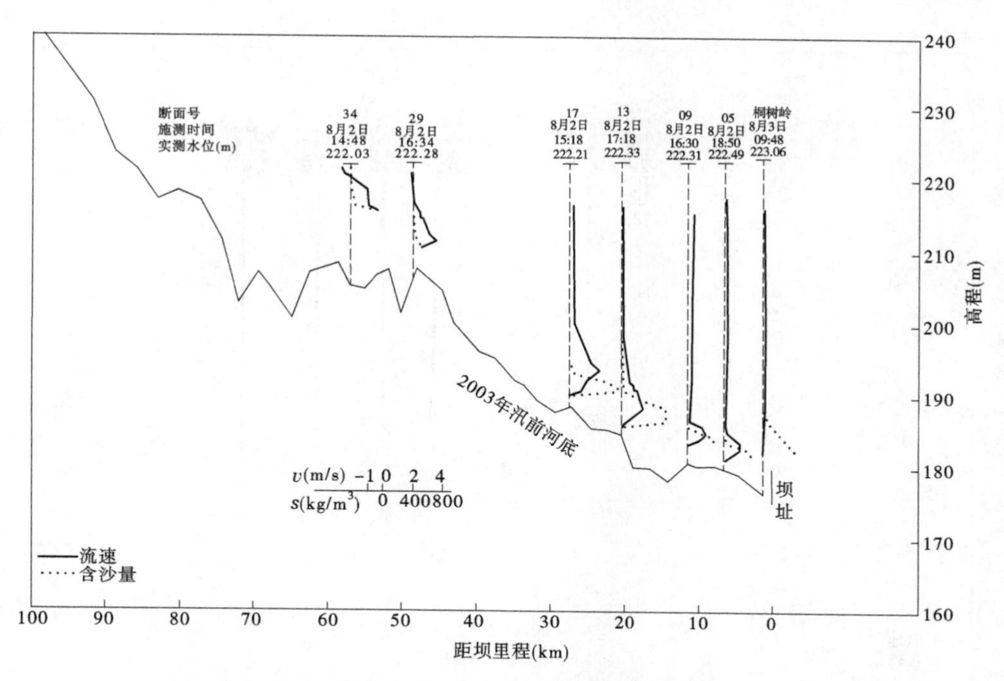

图 2-2　2003 年第 1 次异重流水沙因子沿程分布

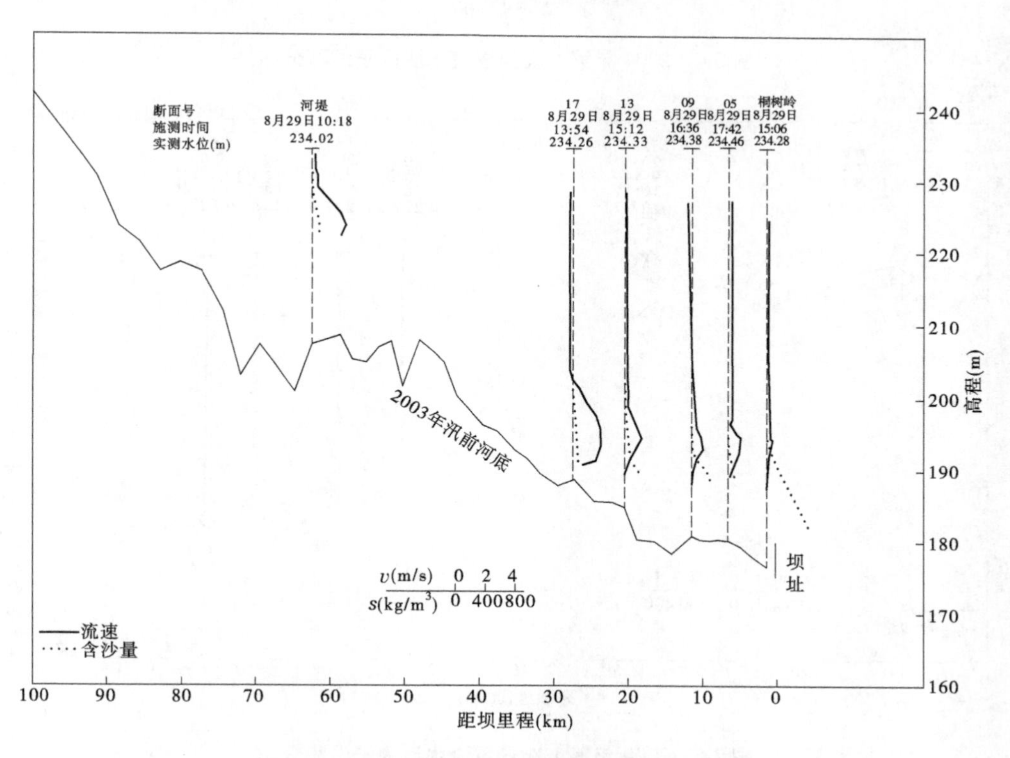

图 2-3　2003 年第 2 次异重流水沙因子沿程分布

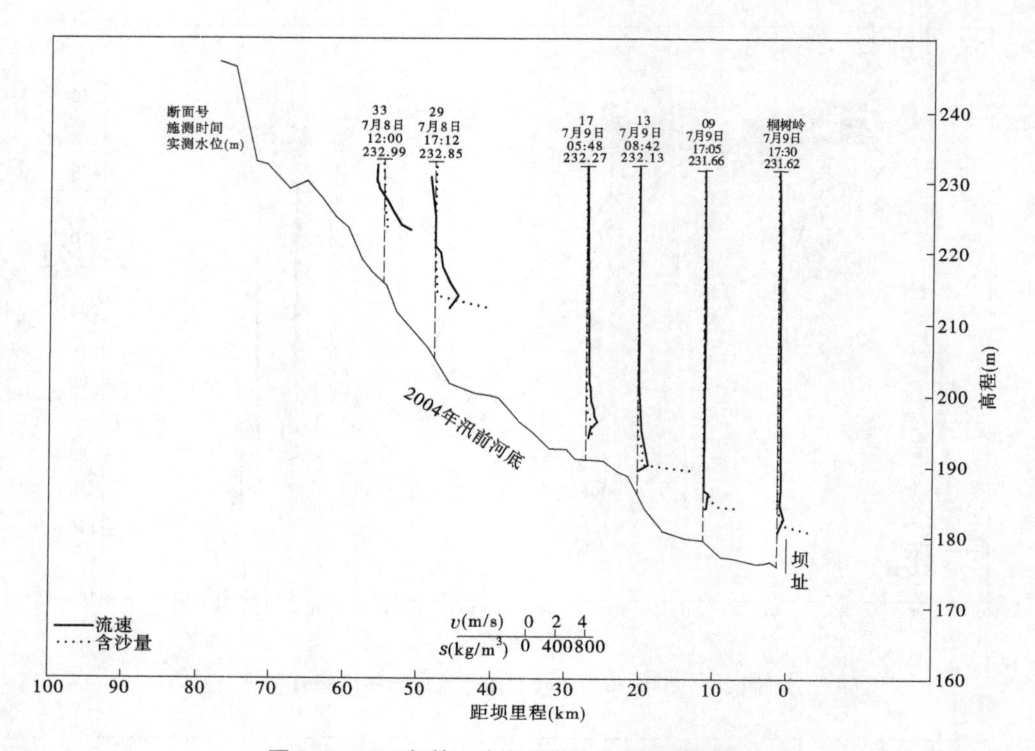

图 2-4　2004 年第 1 次异重流水沙因子沿程分布

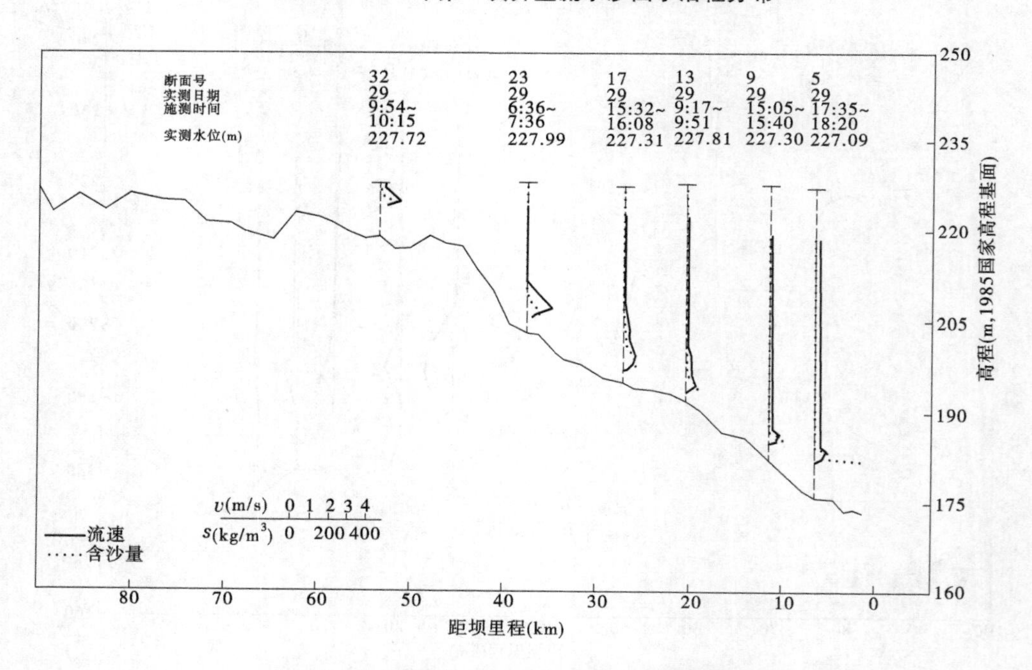

图 2-5　2005 年第 1 次异重流水沙因子沿程分布

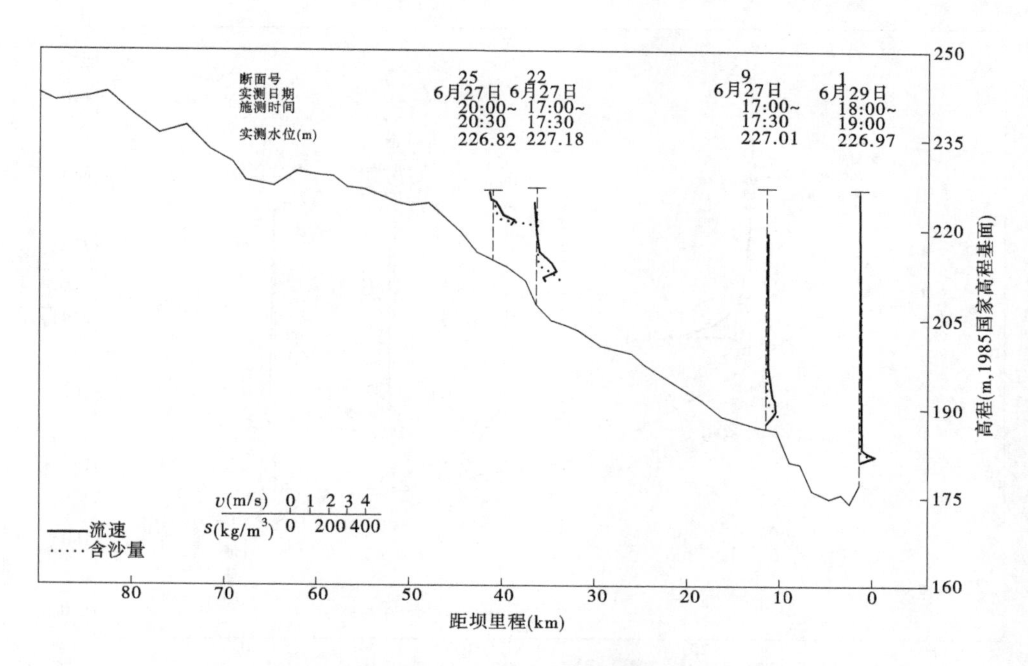

图 2-6 2006 年第 1 次异重流水沙因子沿程分布

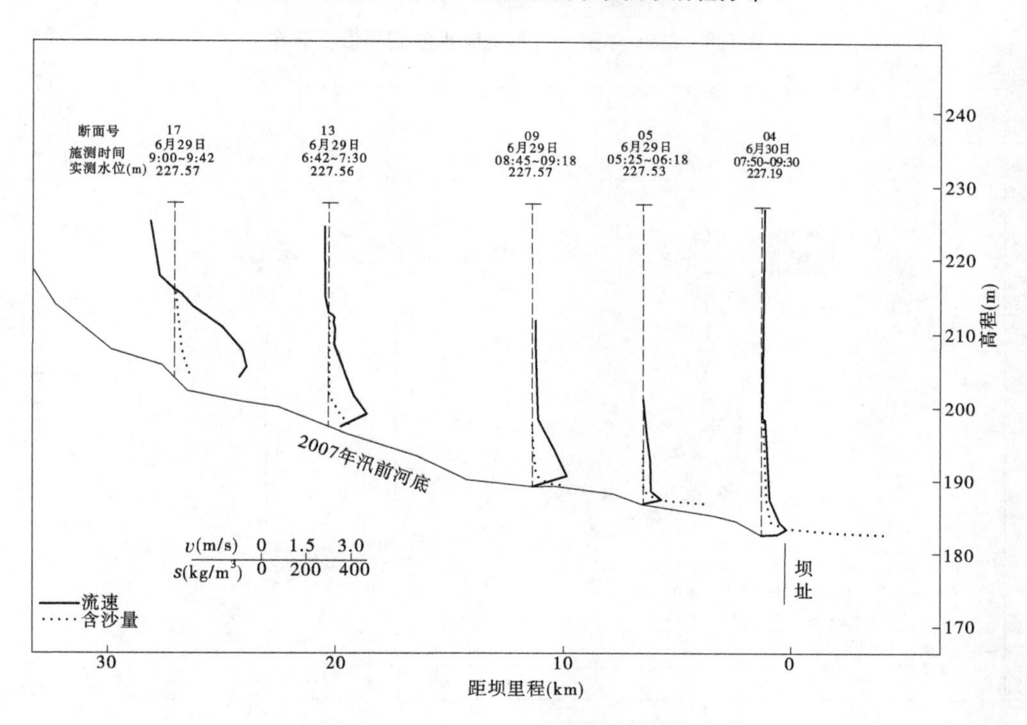

图 2-7 2007 年第 1 次异重流水沙因子沿程分布

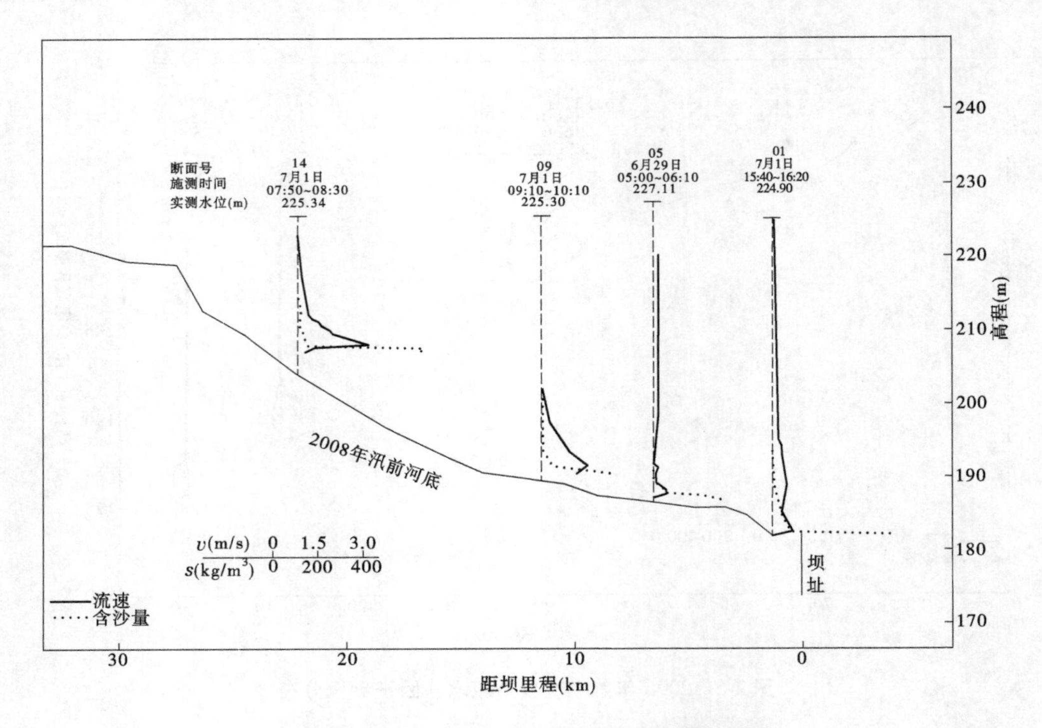

图 2-8　2008 年第 1 次异重流水沙因子沿程分布

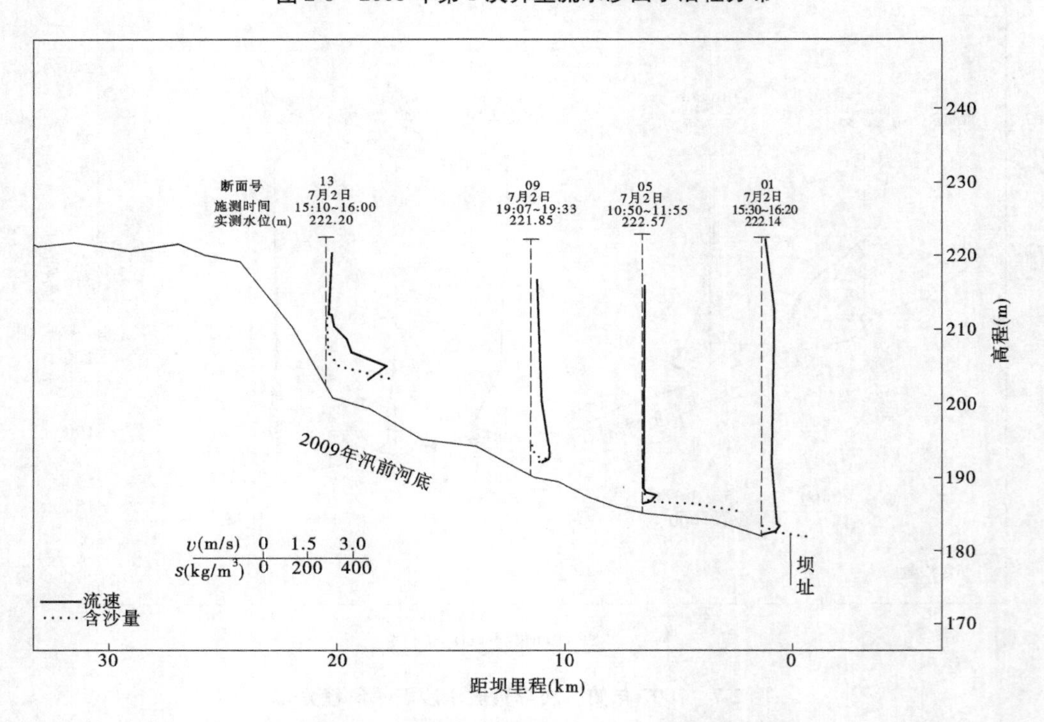

图 2-9　2009 年第 1 次异重流水沙因子沿程分布

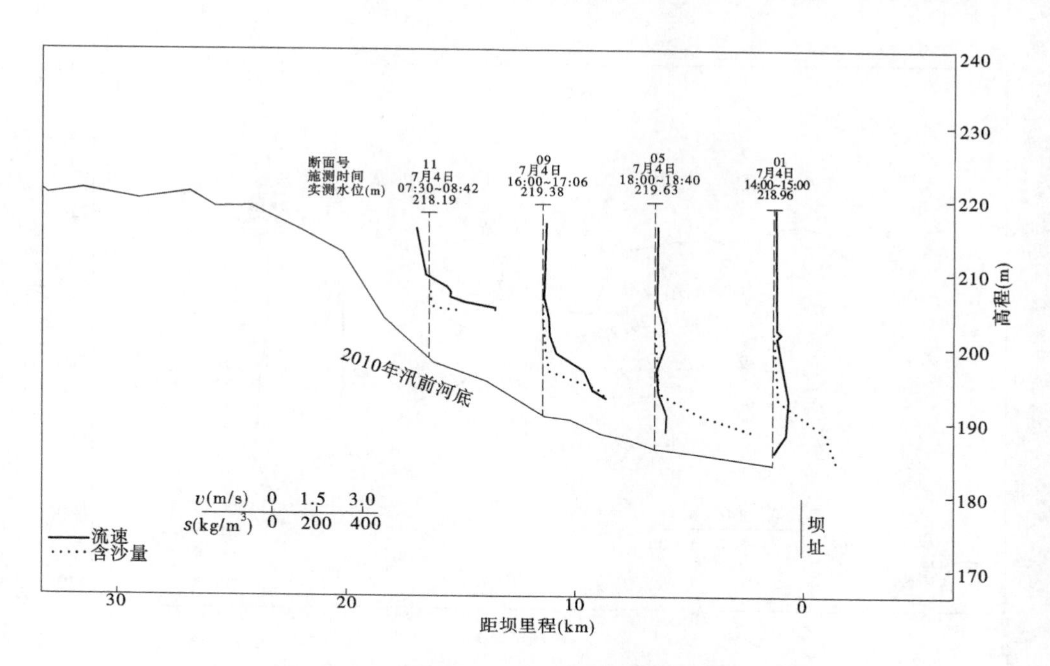

图 2-10　2010 年第 1 次异重流水沙因子沿程分布

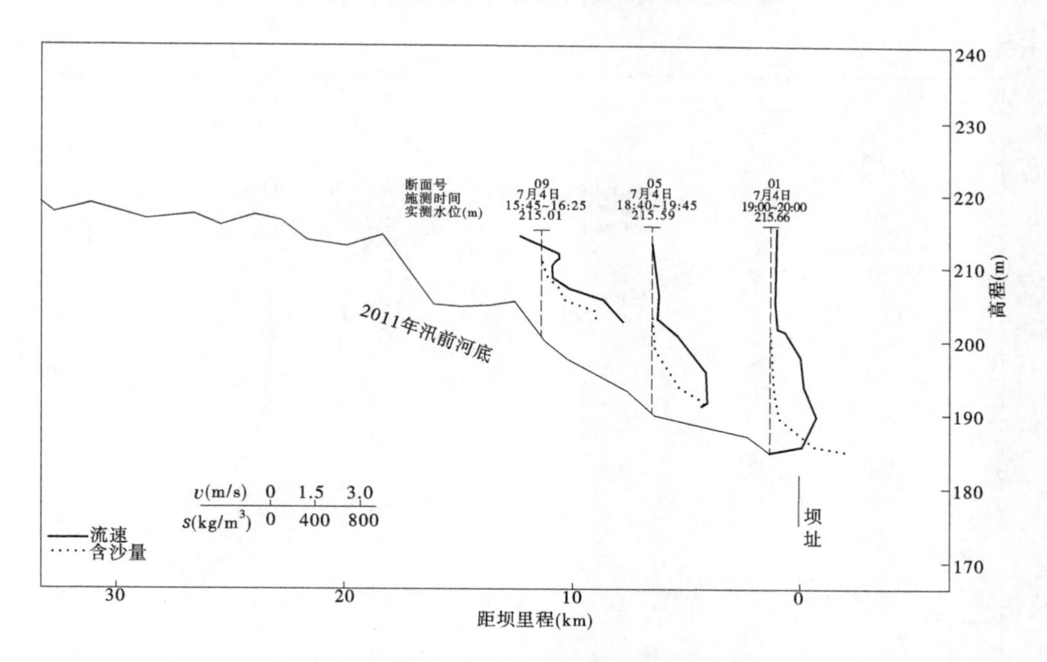

图 2-11　2011 年第 1 次异重流水沙因子沿程分布

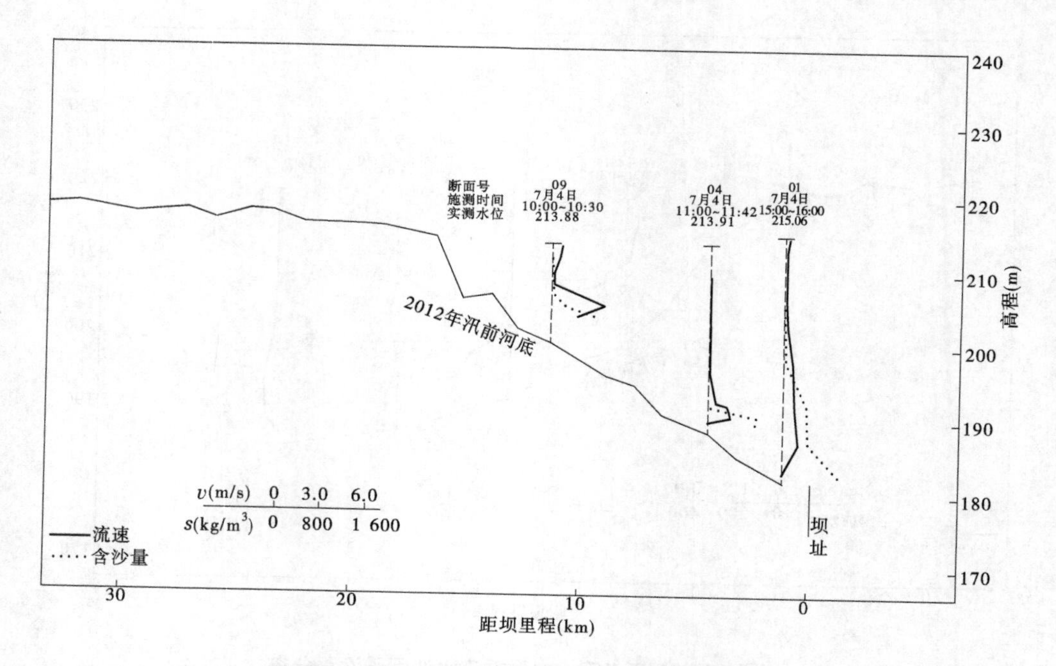

图 2-12　2012 年第 1 次异重流水沙因子沿程分布

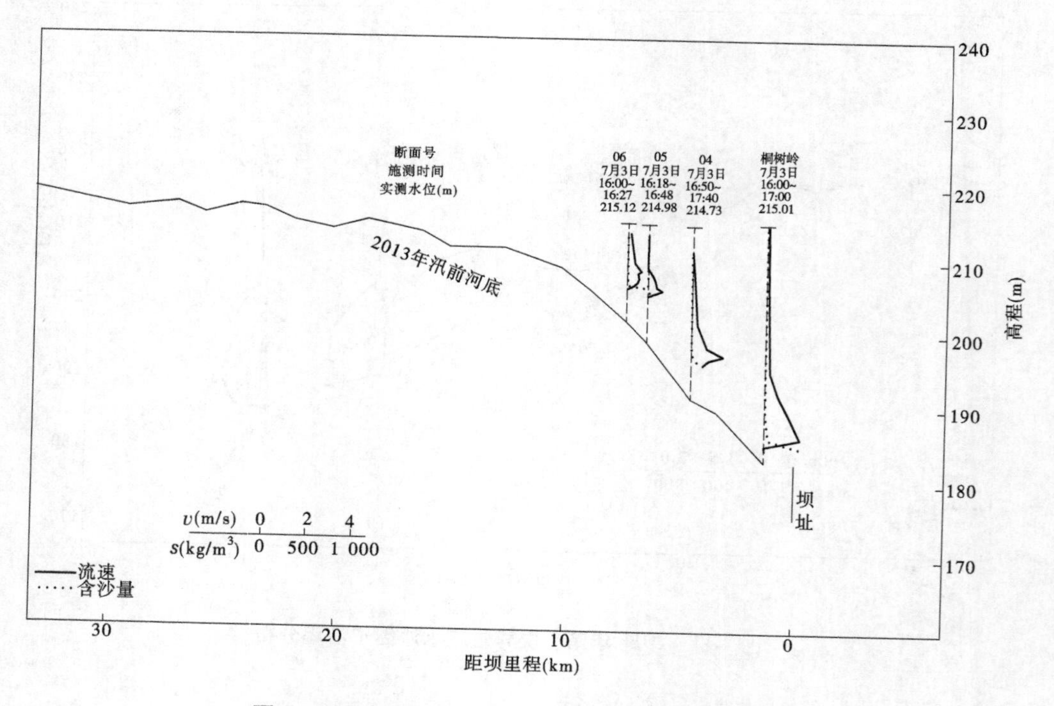

图 2-13　2013 年第 1 次异重流水沙因子沿程分布

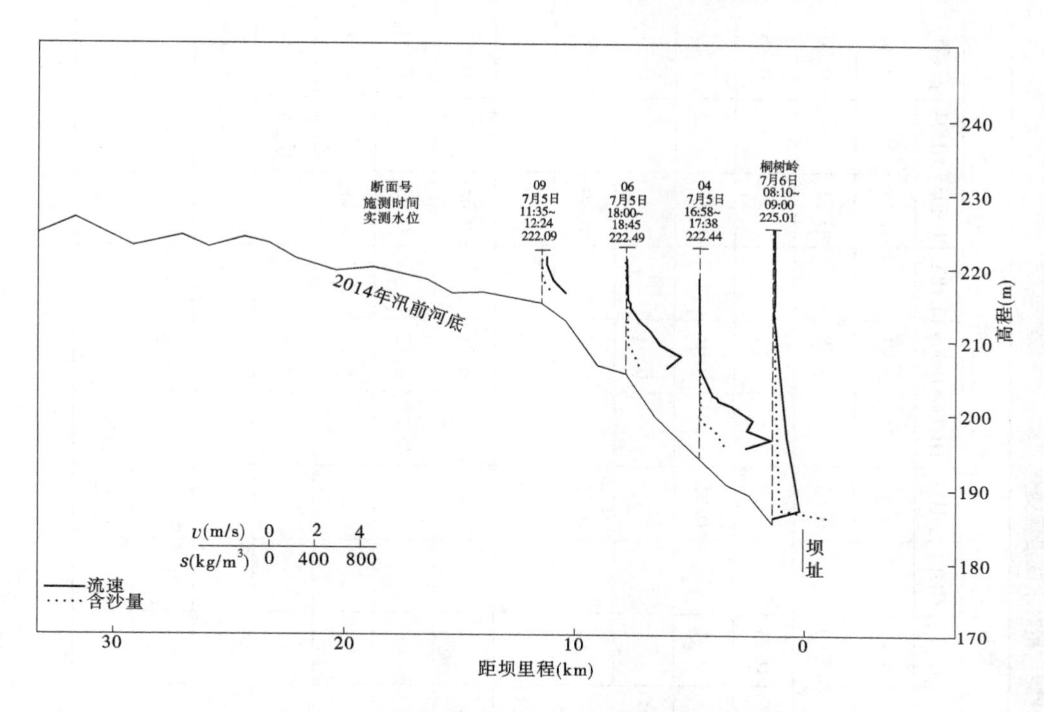

图 2-14　2014 年第 1 次异重流水沙因子沿程分布

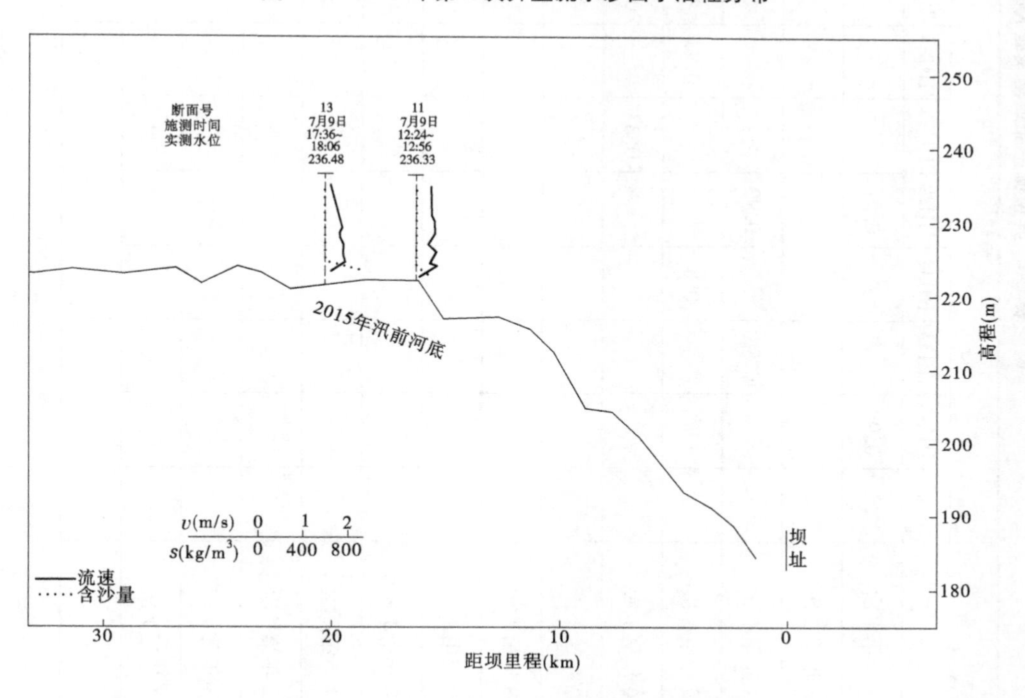

图 2-15　2015 年第 1 次异重流水沙因子沿程分布

表 2-6　异重流主流线垂线最大流速测点相对水深沿程变化

测次	断面																
	河堤	HH34	HH33	HH32	HH29	HH25	HH23	HH22	HH17	HH14	HH13	HH11	HH09	HH06	HH05	HH04	桐树岭
2003 年第 1 次		0.98			0.91				0.89		0.93		0.83		0.75		0.49
2003 年第 2 次	0.85								0.89		0.85		0.75		0.73		0.76
2004 年第 1 次			0.93		0.90				0.94		0.97		0.89				0.96
2005 年第 1 次				0.8			0.93		0.91		0.95		0.91		0.84		
2006 年第 1 次						0.83		0.89					0.91				0.97
2007 年第 1 次									0.92		0.93		0.90		0.89		0.98
2008 年第 1 次										0.95			0.96		0.92		0.95
2009 年第 1 次											0.91		0.96		0.94		0.93
2010 年第 1 次												0.97	0.92		0.93		0.90
2011 年第 1 次													0.99		0.98		0.83
2012 年第 1 次													0.85			0.96	0.85
2013 年第 1 次														0.78		0.85	0.99
2014 年第 1 次													0.80	0.90		0.88	0.97
2015 年第 1 次											0.79	0.95					

2003 年第 1 次异重流。二是在靠近大坝的库段，存在浑水水库，经过沉降析出，含沙量大于新入库的异重流，使得异重流难以潜入库底，而在浑水水库的上部运行，因此垂线最大流速位置不再靠近库底，如 2003 年第 2 次异重流，垂线最大流速位置在相对水深 0.80 左右。

(3)垂线平均流速沿程递减。

表 2-7 给出了历次测验的异重流主流线垂线平均流速沿程变化情况。由表 2-7 可知，由于水库淤积，异重流潜入点以下库段沿程坡降减小、水深加大，异重流能量的损失，使得各断面流速沿程递减，尤其 HH09 断面以下水深增加较大，流速减小明显。拦沙初期异重流进入八里胡同（以 HH17 断面为代表）后，由于八里胡同库段过水断面较上游断面狭窄，导致了主流线垂线平均流速在该河段有所增加。

2.2.2.2　含沙量沿程变化

各断面异重流主流线含沙量垂线分布形式沿程基本一致，在清浑水交界面附近，异重流含沙量较低，含沙量梯度也较小，交界面以下含沙量沿垂线逐渐增大，最大含沙量发生在底部。

异重流主流线垂线平均含沙量沿程变化统计见表 2-8。异重流沿程运行需要克服各种阻力，能量逐渐衰减，泥沙沿程分选落淤，含沙量也沿程减小。如 2006 年的第 1 次异重流，HH25 断面垂线平均含沙量为 75.4 kg/m³，运行至 HH09 断面时，含沙量减少至 46.3 kg/m³。而从表 2-8 中数据看，存在下断面垂线平均含沙量高于上断面的情况，这主要是受异重流测验资料的限制，即当异重流由上断面运行至下断面时，实际时间与测验时间不对应造成的。例如 2003 年第 1 次异重流过程，HH17 断面和 HH13 断面的主流线平均含沙量分别为 244 kg/m³ 和 339 kg/m³，比上游 HH29 断面的 44.4 kg/m³ 大很多。分析原因是 HH17 断面和 HH13 断面测点时刻对应的入库洪水时刻为 8 月 1 日 23 时左右，相应含沙量大于 590 kg/m³，而 HH29 断面测点时间对应的入库洪水时刻为 8 月 2 日 5 时，相应含沙量为 325 kg/m³，入库含沙量差别大导致异重流下断面含沙量高于上断面。而对于坝前桐树岭断面含沙量大于上游断面的情况则相对特殊，除可能受测验时间与实际不对应的影响外，还有可能与水库调度、闸门开启情况有关。坝前桐树岭断面由于离大坝较近，受排沙洞闸门启闭的影响较大，若排沙洞闸门在异重流到来时及时开启，则异重流容易被排出库外，加上清浑水掺混作用，其含沙量会明显降低，若排沙洞不能及时打开，则会形成浑水水库，后续异重流的叠加以及浑水水库自上沉降作用都会使得桐树岭断面含沙量相对于上游断面不降反增。

2.2.2.3　泥沙粒径沿程变化

各测次异重流主流线垂线泥沙粒径沿程变化范围见表 2-9。由于粗沙沉降速度快，

表 2-7　异重流主流线垂线平均流速沿程变化情况

（单位：m/s）

测次	断面															
	河堤	HH34	HH33	HH32	HH29	HH25	HH23	HH22	HH17	HH14	HH13	HH11	HH09	HH06	HH05	HH04	桐树岭
2003 年第 1 次		1.06			1.00				1.31		0.85		0.88		0.67		0.08
2003 年第 2 次	1.44								1.44		0.62		0.23		0.52		0.13
2004 年第 1 次			1.26		0.87				0.41		0.43		0.24				0.24
2005 年第 1 次				0.70			0.82		0.51		0.31		0.43		0.44		0.46
2006 年第 1 次						0.61		0.72					0.37				0.50
2007 年第 1 次									1.23		0.42		0.44		0.25		0.23
2008 年第 1 次										0.85			0.52		0.28		0.29
2009 年第 1 次											0.64		0.47		0.20		0.36
2010 年第 1 次												0.90	0.60		0.51		0.23
2011 年第 1 次													0.73		0.59		0.36
2012 年第 1 次													0.92			0.51	0.48
2013 年第 1 次														1.13		0.89	0.42
2014 年第 1 次													1.13	0.95		0.90	0.65
2015 年第 1 次											0.40	0.31					

表 2-8　异重流主流线垂线平均含沙量沿程变化统计

（单位：kg/m^3）

测次	断面															
	河堤	HH34	HH33	HH32	HH29	HH25	HH23	HH22	HH17	HH14	HH13	HH11	HH09	HH06	HH05	HH04	桐树岭
2003 年第 1 次		83.1			44.4				244		339		204		172		82.7
2003 年第 2 次	86.4								44.6		44.2		111		21.6		56.1
2004 年第 1 次			62.3		119				119		38.4		67.8				60.5
2005 年第 1 次				46.7			32.4		50.4		26.6		53.8		73.08		78.7
2006 年第 1 次						75.4		51.9					46.3				49.8
2007 年第 1 次									31.8		30.3		30.82		56.63		40.24
2008 年第 1 次										44.9			37.2		25.3		54.85
2009 年第 1 次											46.5		31.3		56.3		56.4
2010 年第 1 次												42.1	67.5		84		54.5
2011 年第 1 次													51		59		43.7
2012 年第 1 次													49.39			64.7	64.77
2013 年第 1 次														33.7		34	46.5
2014 年第 1 次													24.6	24		48.6	29.6
2015 年第 1 次											12	8.8					

表 2-9　异重流主流线垂线泥沙粒径沿程变化范围

（单位：mm）

测次	断面															
	HH34	HH33	HH32	HH29	HH25	HH22	HH23	HH17	HH14	HH13	HH11	HH09	HH06	HH05	HH04	桐树岭
2003 年第 1 次	0.008 ~ 0.039 (0.140)			0.007 ~ 0.014 (0.009)				0.006 ~ 0.037 (0.014)		0.008 ~ 0.027 (0.014)		0.005 ~ 0.006 (0.006)		0.005 ~ 0.007 (0.006)		0.005 ~ 0.007 (0.006)
2003 年第 2 次								0.006 ~ 0.010 (0.008)		0.006 ~ 0.014 (0.008)		0.006 ~ 0.010 (0.007)		0.006 ~ 0.008 (0.007)		0.005 ~ 0.007 (0.006)
2004 年第 1 次		0.007 ~ 0.023 (0.015)		0.007 ~ 0.056 (0.010)				0.007 ~ 0.011 (0.010)		0.006 ~ 0.007 (0.007)		0.005 ~ 0.011 (0.007)				0.005 ~ 0.006 (0.006)
2005 年第 1 次			0.007 ~ 0.018 (0.012)				0.007 ~ 0.011 (0.010)	0.006 ~ 0.009 (0.009)		0.005 ~ 0.007 (0.006)		0.005 ~ 0.009 (0.008)		0.005 ~ 0.007 (0.007)		0.005 ~ 0.006 (0.006)
2006 年第 1 次					0.008 ~ 0.036 (0.028)	0.008 ~ 0.026 (0.018)						0.007 ~ 0.021 (0.008)				0.005 ~ 0.007 (0.007)
2007 年第 1 次								0.017 ~ 0.029 (0.022)		0.010 ~ 0.021 (0.015)		0.008 ~ 0.017 (0.012)		0.008 ~ 0.014 (0.010)		0.007 ~ 0.013 (0.010)
2008 年第 1 次									0.011 ~ 0.054 (0.027)			0.010 ~ 0.038 (0.020)		0.009 ~ 0.016 (0.012)		0.008 ~ 0.015 (0.010)

注：表中“～”两侧数字表示主流线粒径沿垂线的变化范围，“( )”内数字表示粒径主流线垂线平均值。

续表 2-9

测次	断面															
	HH34	HH33	HH32	HH29	HH25	HH22	HH23	HH17	HH14	HH13	HH11	HH09	HH06	HH05	HH04	桐树岭
2009年第1次										0.017~0.050(0.030)		0.006~0.020(0.013)		0.009~0.016(0.012)		0.008~0.014(0.010)
2010年第1次											0.010~0.040(0.025)	0.008~0.049(0.021)		0.011~0.053(0.030)		0.007~0.017(0.011)
2011年第1次												0.011~0.032(0.020)		0.010~0.038(0.019)		0.008~0.027(0.013)
2012年第1次												0.015~0.052(0.026)			0.011~0.052(0.018)	0.010~0.028(0.014)
2013年第1次													0.012~0.026(0.021)		0.014~0.030(0.021)	0.011~0.030(0.016)
2014年第1次												0.009~0.017(0.013)	0.009~0.018(0.014)		0.009~0.031(0.016)	0.009~0.017(0.013)
2015年第1次										0.010~0.015(0.012)	0.010~0.011(0.010)					

泥沙粒径垂线分布特性表现为上细下粗。受泥沙沿程淤积分选的影响，泥沙粒径沿程逐渐变细。同时，随着水库的运行，同一位置泥沙粒径逐渐变粗；坝前桐树岭断面，2003 年第 1 次异重流主流线垂线泥沙平均中值粒径为 0.006 mm，至 2014 年为 0.013 mm。

2.2.3　异重流水沙因子沿横断面变化特性

根据异重流测验资料绘制水沙因子沿横断面变化情况，见图 2-16 ~ 图 2-34，通过分析得如下认识。

(1)沿横断面流速、含沙量垂线分布形式基本一致，且断面各垂线的流速、含沙量最大值发生的位置基本相近。主要原因是，小浪底运行以来，河堤以下河段在横向上为平行淤积抬高，没有形成明显的河槽，致使断面各垂线水沙因子分布形态接近。

(2)主流区域流速、含沙量绝对数值及沿垂线梯度较大，非主流区则较小。流量较大时，主流区流速、含沙量较大，与非主流区相比，差值较大。

(3)清浑水交界面基本呈水平。

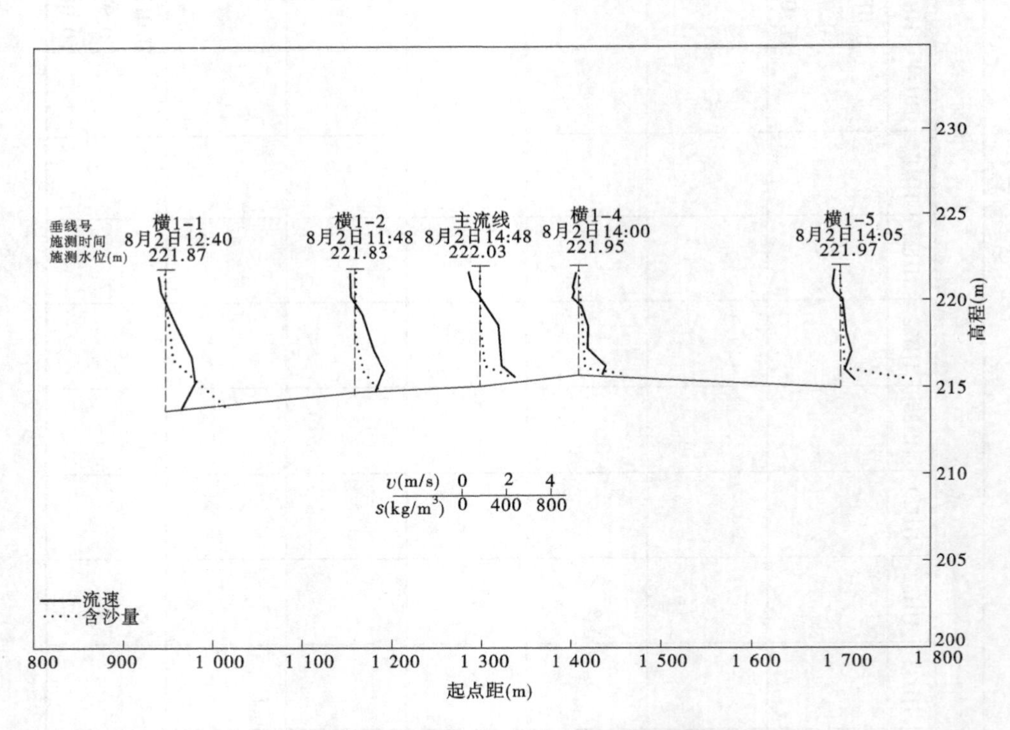

图 2-16　2003 年第 1 次异重流 HH34 断面水沙因子横向分布

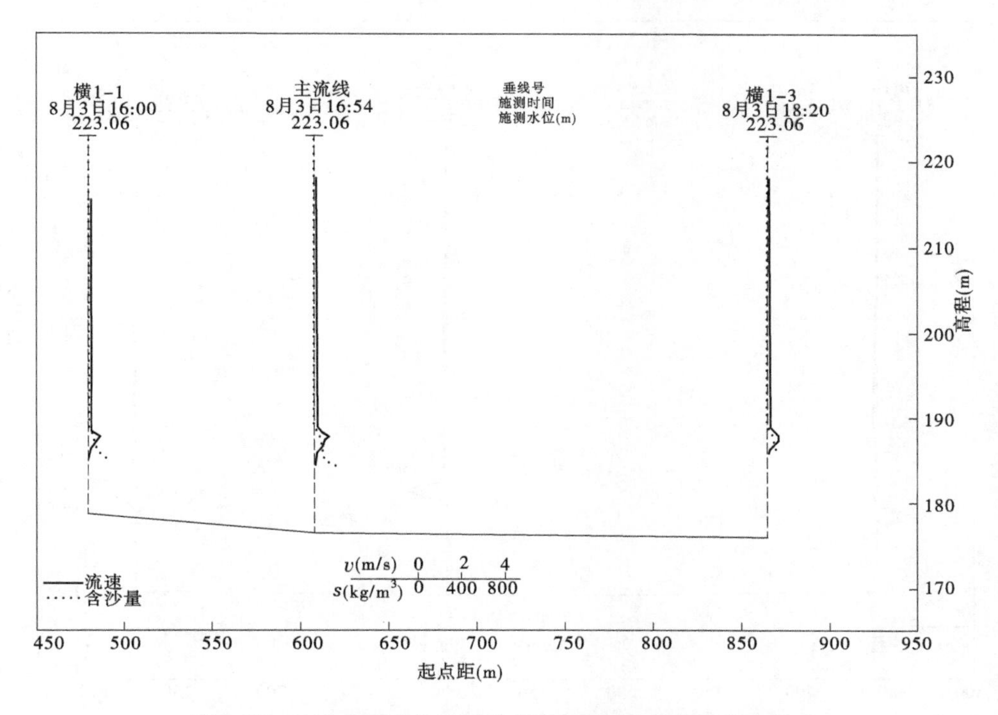

图2-17　2003年第1次异重流HH09断面水沙因子横向分布

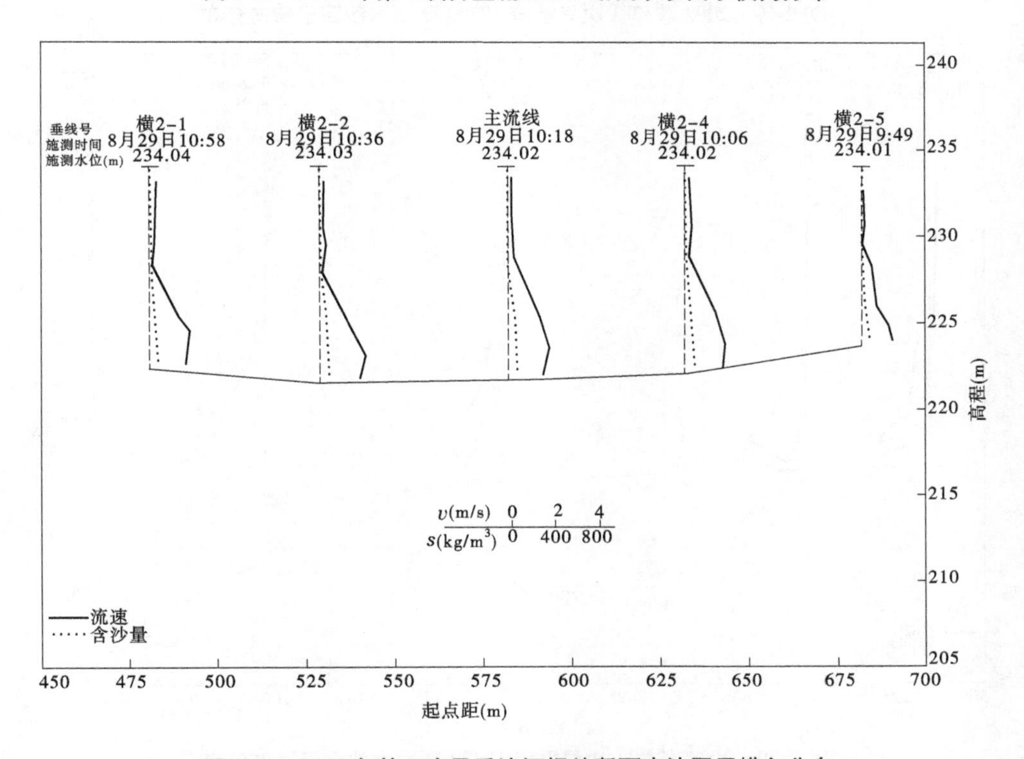

图2-18　2003年第2次异重流河堤站断面水沙因子横向分布

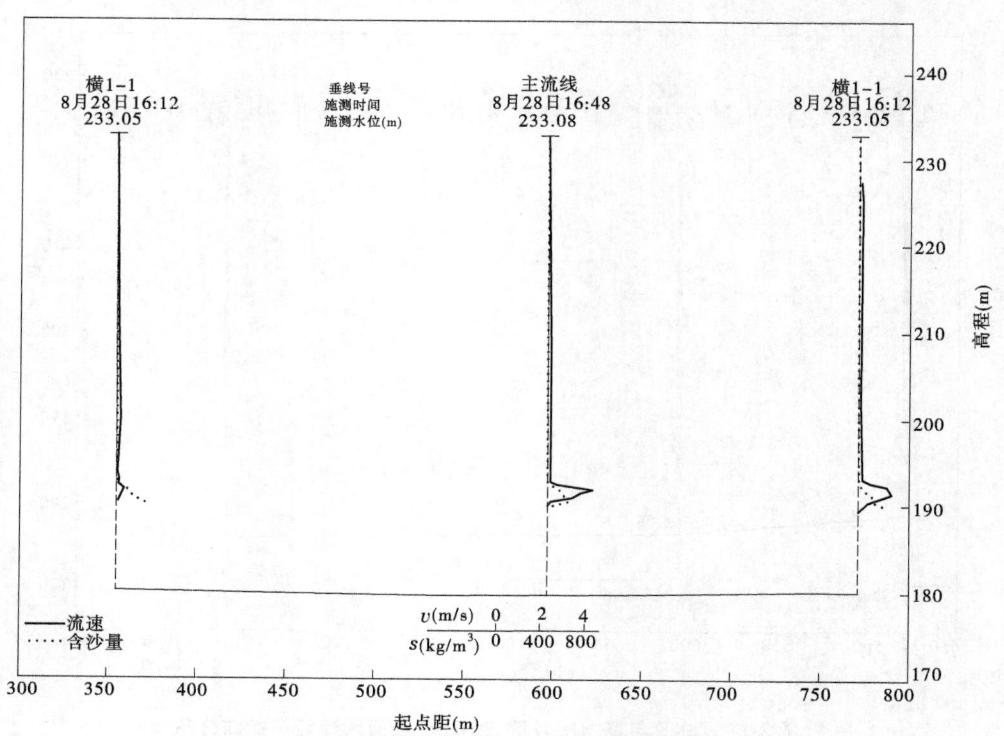

图 2-19　2003 年第 2 次异重流 HH09 断面水沙因子横向分布

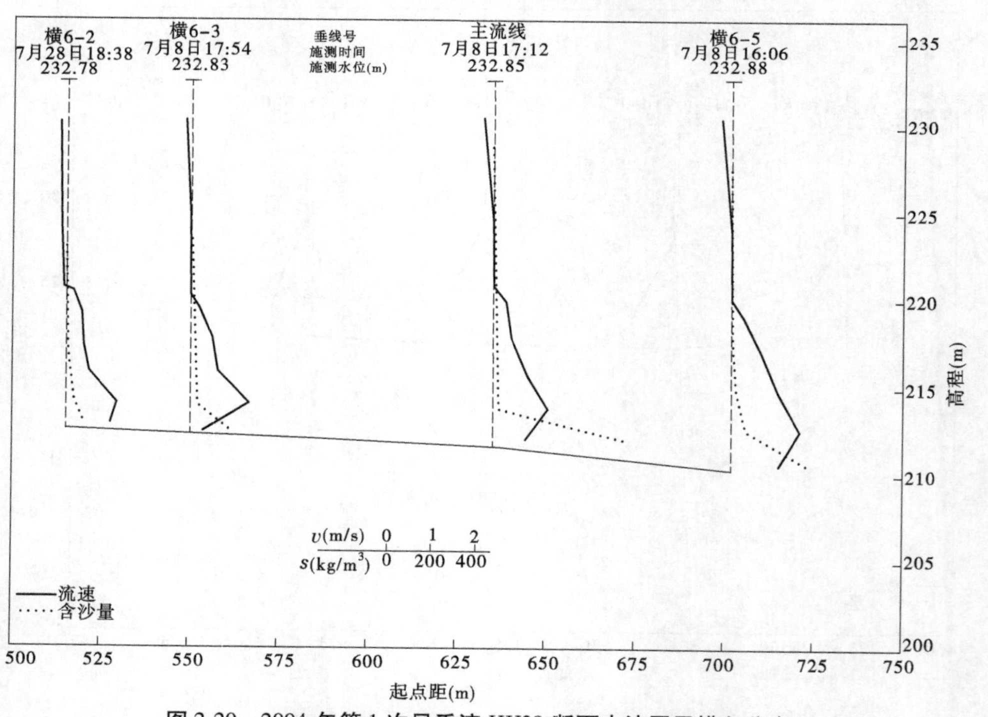

图 2-20　2004 年第 1 次异重流 HH29 断面水沙因子横向分布

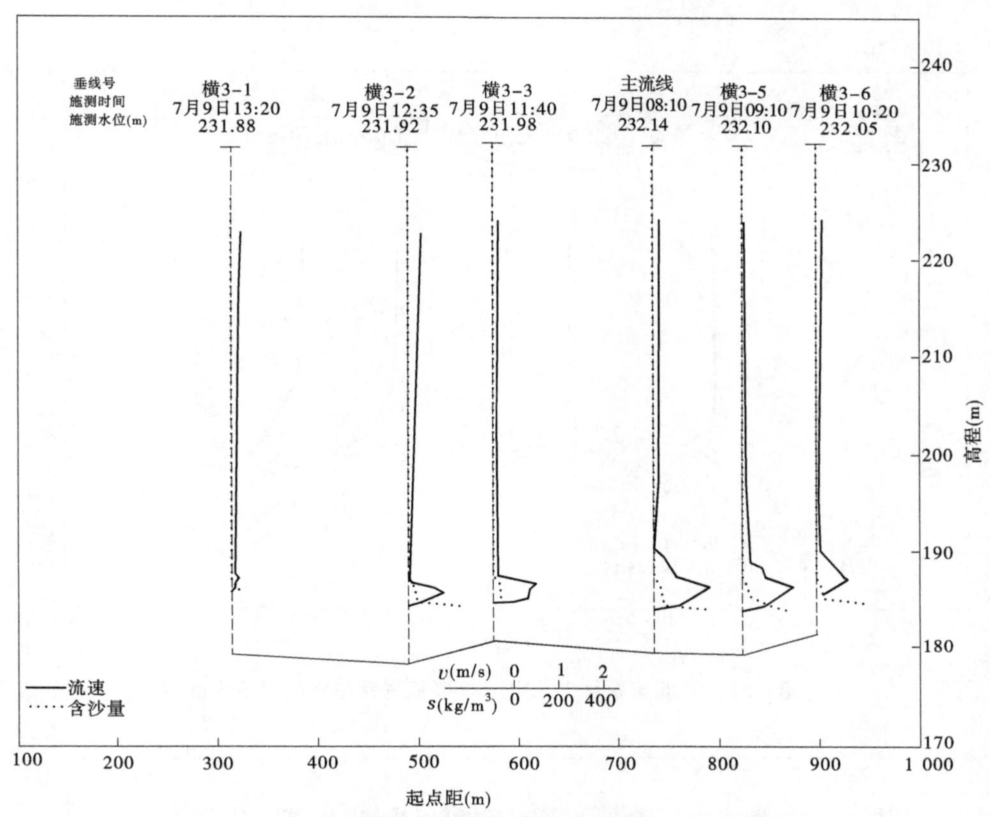

图 2-21　2004 年第 1 次异重流 HH09 断面水沙因子横向分布

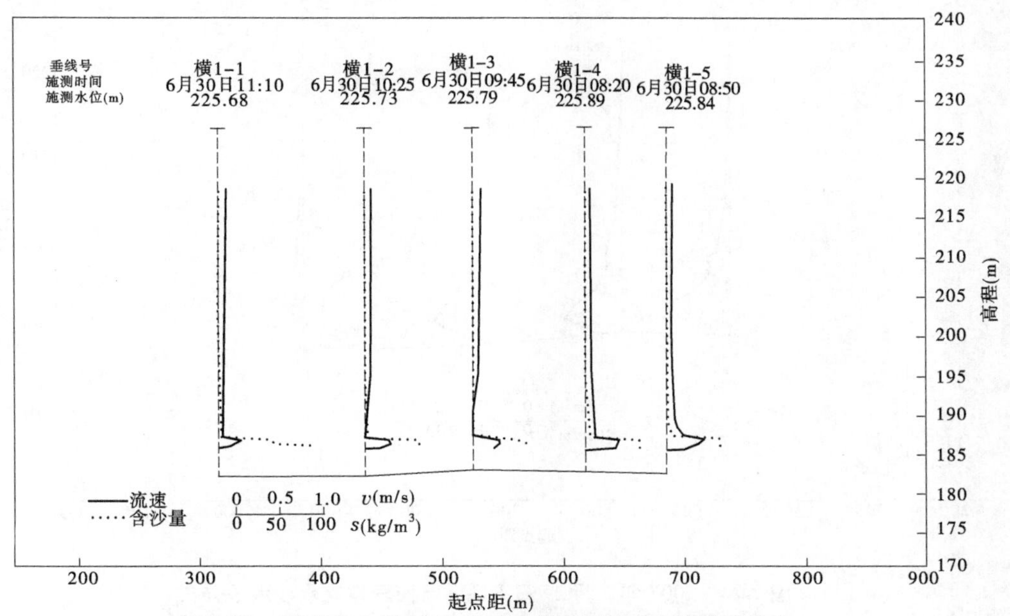

图 2-22　2005 年 6 月 30 日 HH09 断面异重流水沙因子分布

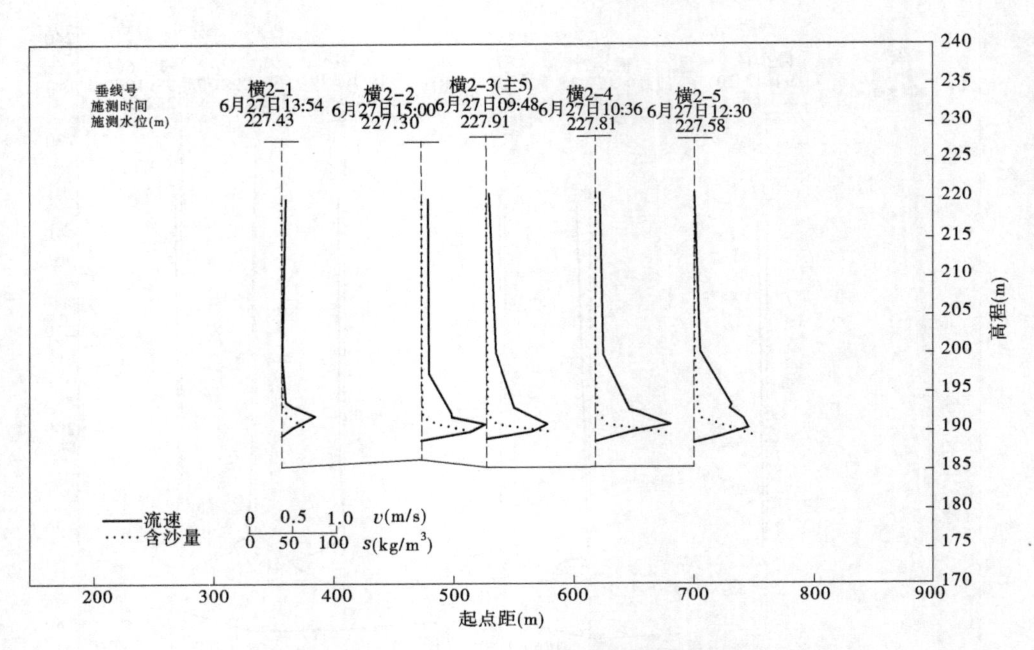

图 2-23　2006 年 6 月 27 日 HH09 断面异重流水沙因子分布

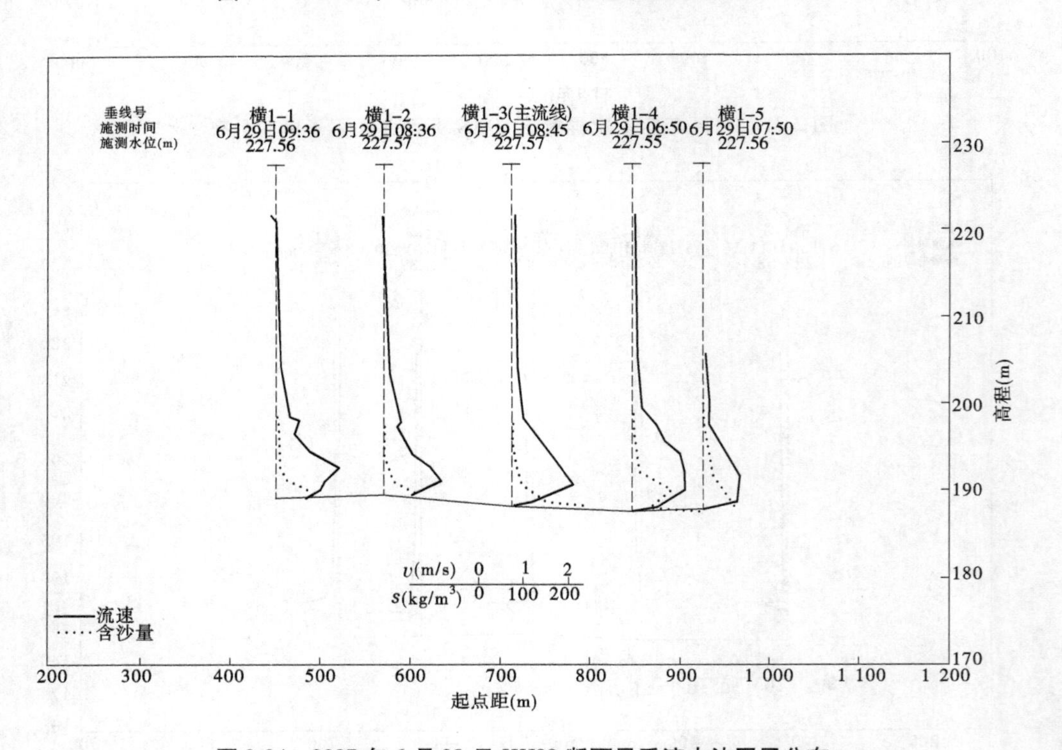

图 2-24　2007 年 6 月 29 日 HH09 断面异重流水沙因子分布

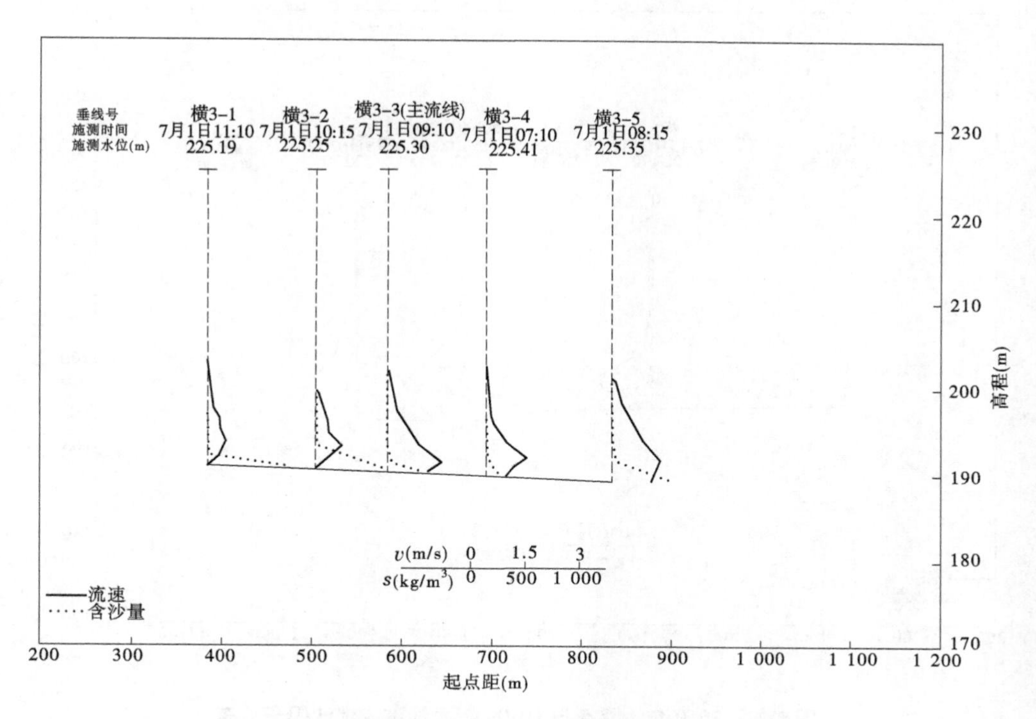

图 2-25　2008 年 7 月 1 日 HH09 断面异重流水沙因子分布

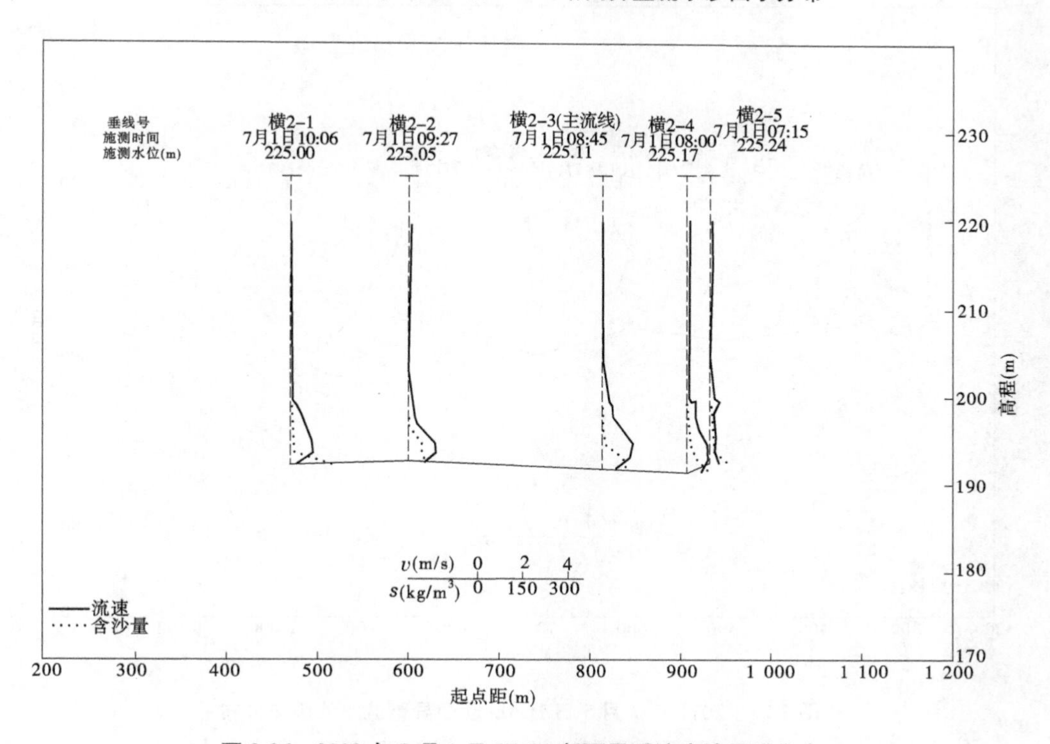

图 2-26　2009 年 7 月 1 日 HH09 断面异重流水沙因子分布

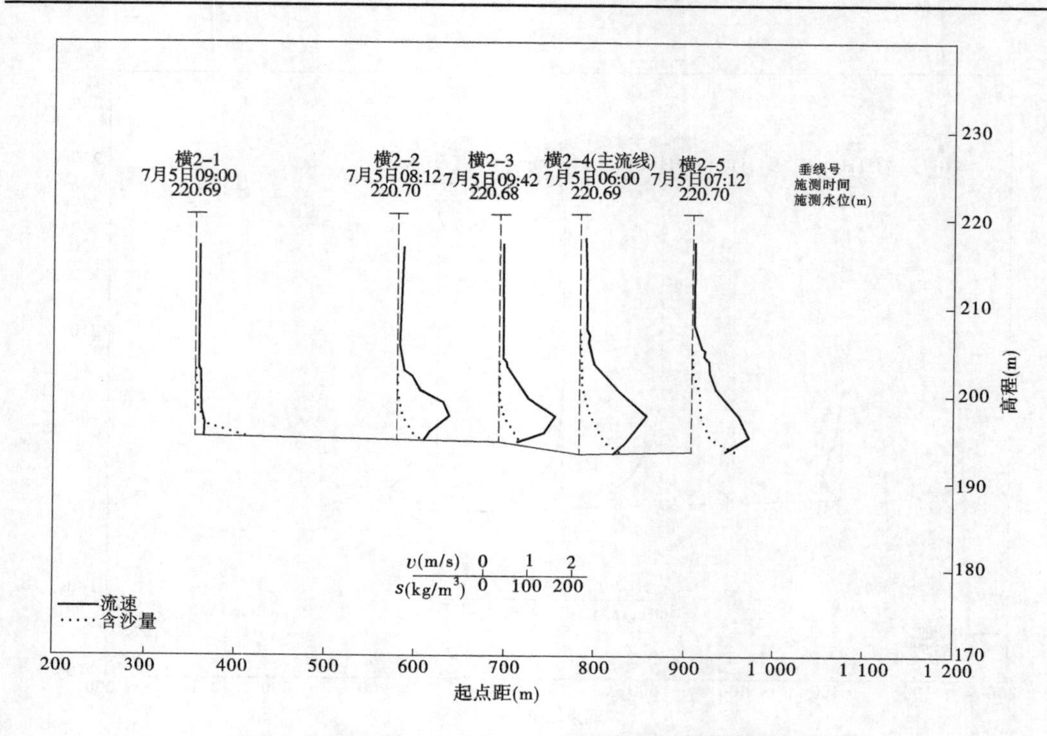

图 2-27　2010 年 7 月 5 日 HH09 断面异重流水沙因子分布

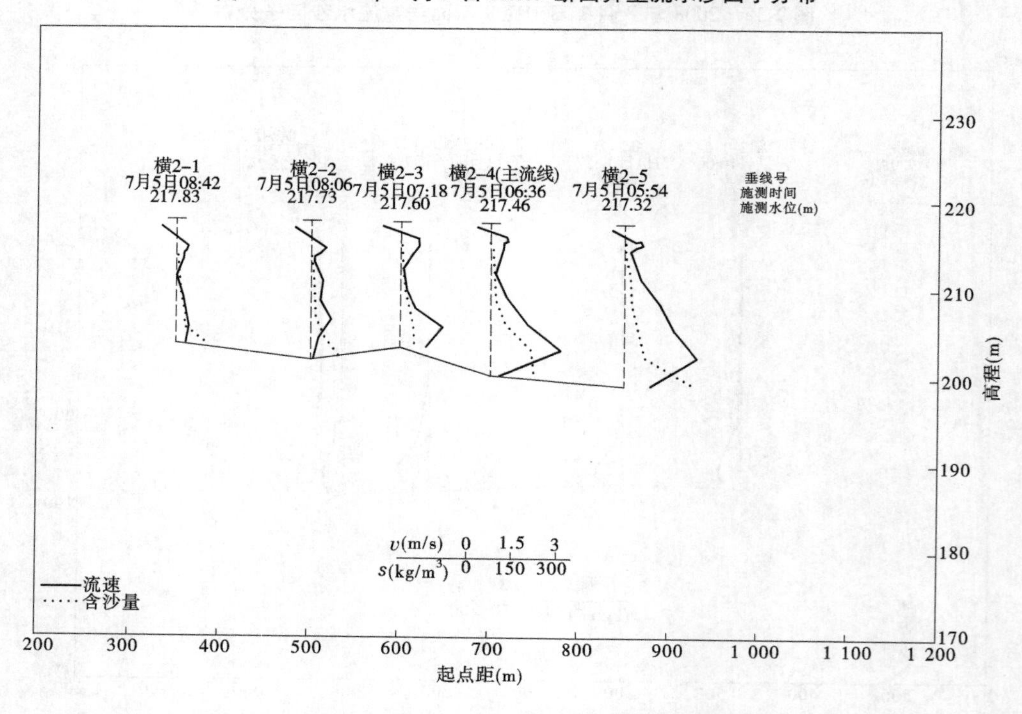

图 2-28　2011 年 7 月 5 日 HH09 断面异重流水沙因子分布

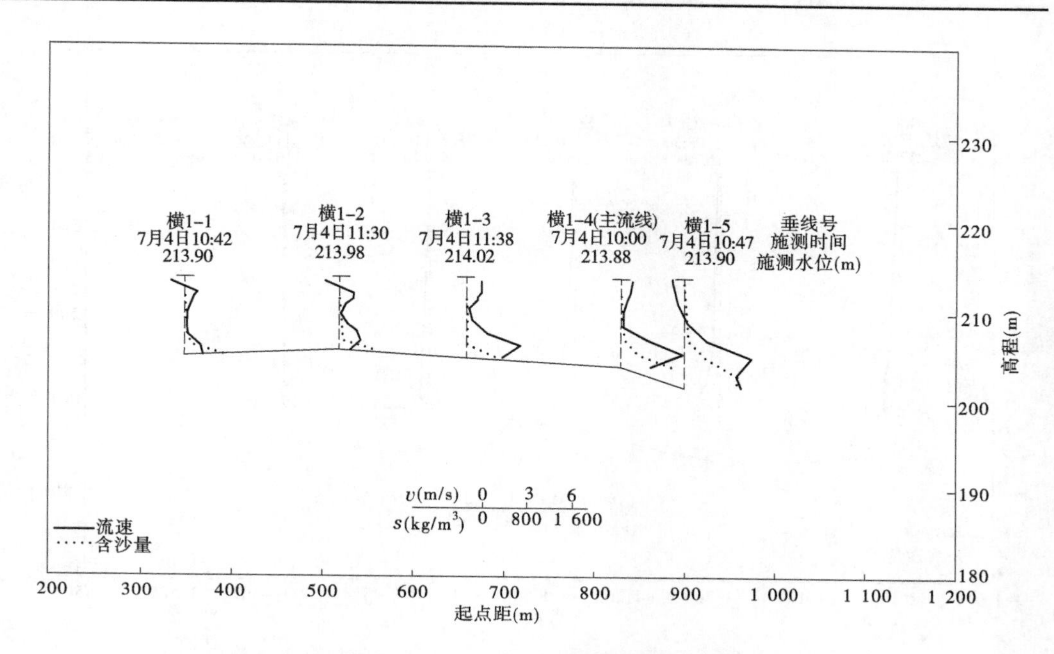

图 2-29　2012 年 7 月 4 日 HH09 断面异重流水沙因子分布

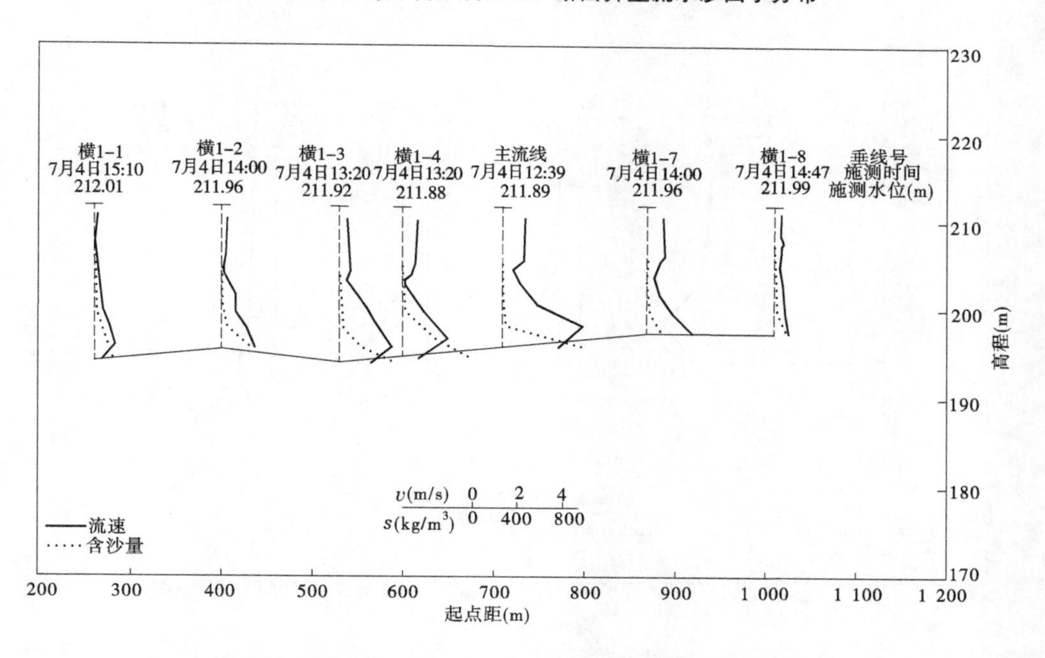

图 2-30　2013 年 7 月 4 日 HH04 断面异重流水沙因子分布

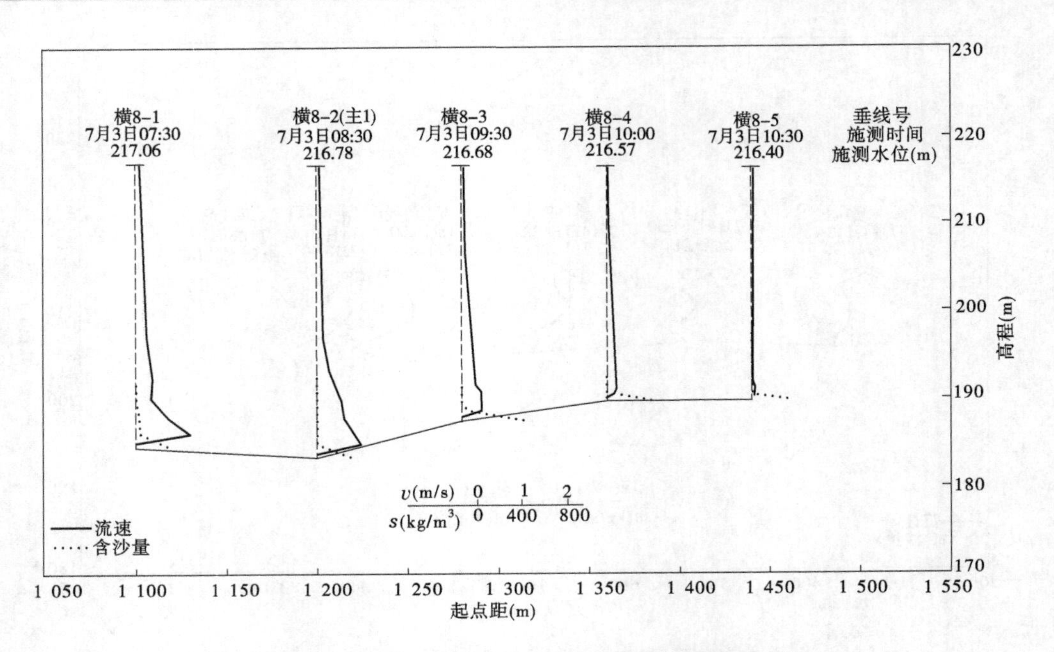

图 2-31　2013 年 7 月 3 日桐树岭断面异重流水沙因子分布

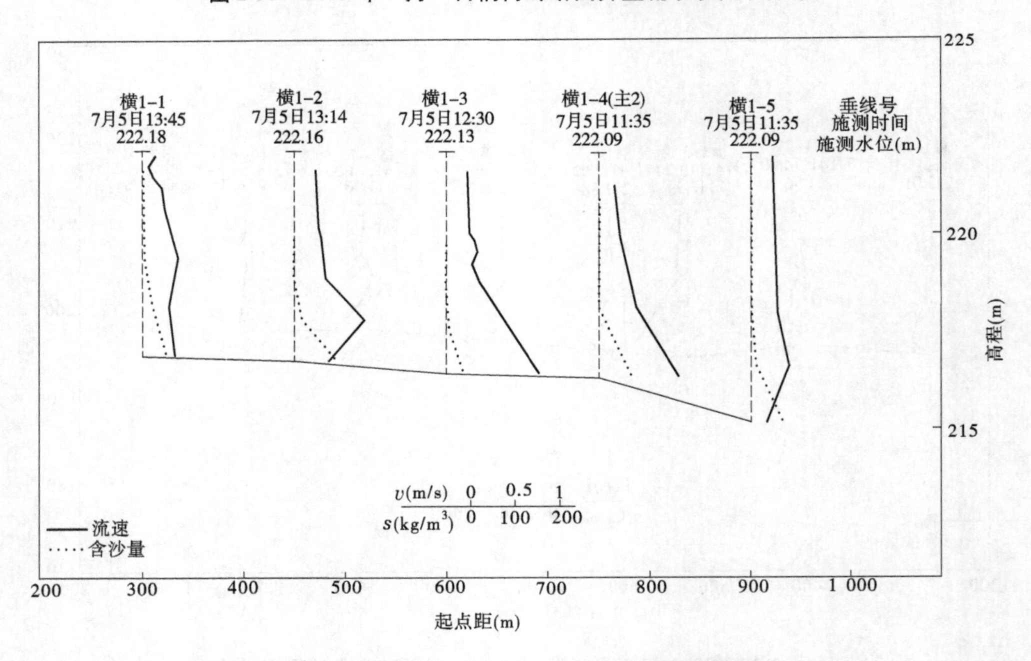

图 2-32　2014 年 7 月 5 日 HH09 断面异重流水沙因子分布

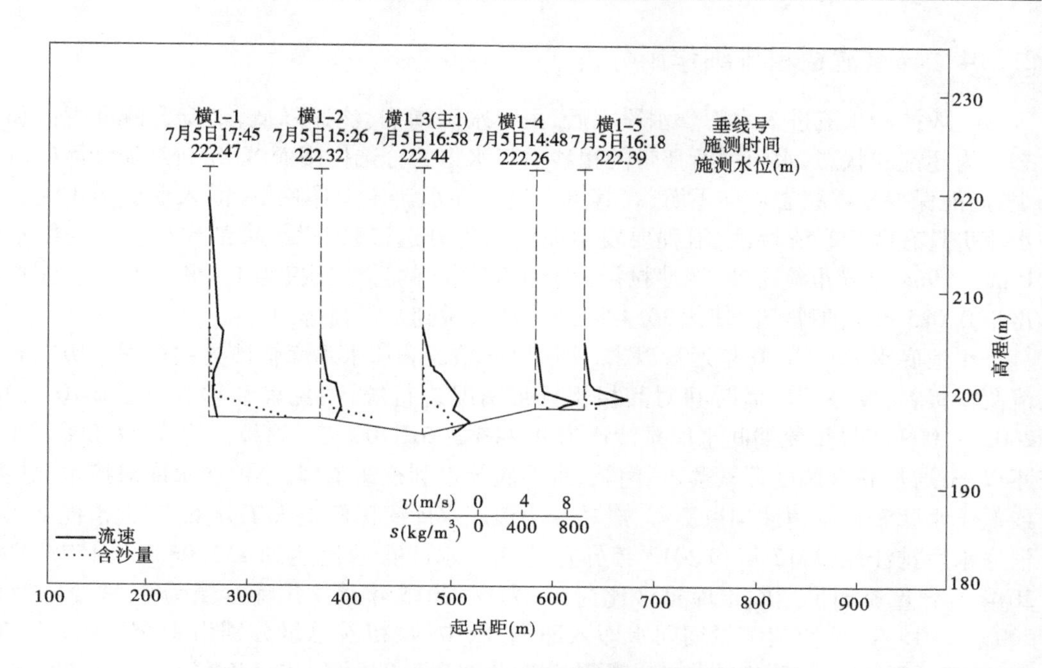

图 2-33　2014 年 7 月 5 日 HH04 断面异重流水沙因子分布

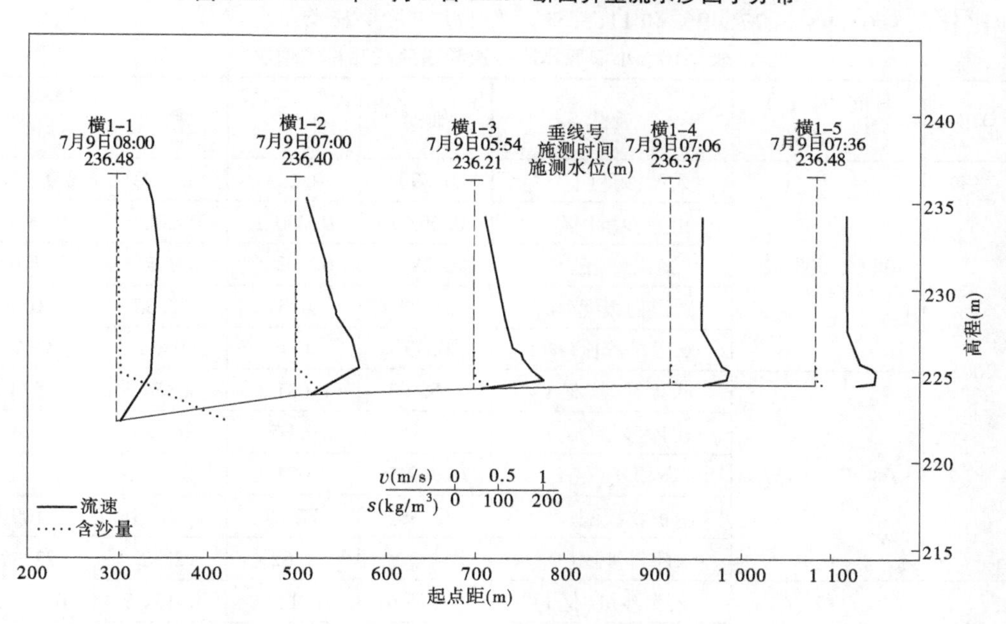

图 2-34　2015 年 7 月 9 日 HH11 断面异重流水沙因子分布

2.2.4　异重流拦粗排细作用分析

一般挟沙水流进入水库壅水段之后，由于水深增加，流速降低，水流含沙量由饱和状态变为超饱和状态，水流中所挟带的粗沙由于水力的分选作用而沉降，较细泥沙因其沉速小，尚能保持悬浮状态流向下游，在其自身重力和水流压力作用下，潜入形成异重流。其水流仍具有两相紊流特性，沿程要发生泥沙水力分选，起到拦粗排细作用。三门峡水库1960～1964年异重流排沙，泥沙粒径大于0.05 mm的排沙比仅为1.1%～3.3%；而粒径小于0.025 mm的排沙比却达30.4%～56.1%，做到了拦粗排细。

小浪底水库自2000年运行以来，库区以异重流和浑水水库输沙为主。根据历次异重流测验资料，按一天传播时间对其拦粗排细情况进行统计，见表2-10。由表2-10可知，2003～2009年异重流期间水库排沙比为0.44%～61.70%，平均排沙比为24.8%。2010年以来，通过联合调度万家寨、三门峡、小浪底等水利枢纽工程，小浪底水库对接水位接近或低于水库淤积三角洲顶点高程，成功在小浪底水库库区塑造人工异重流，大幅提高了小浪底水库排沙比，2012年和2013年异重流期间水库排沙比达到132.06%和157.71%。2014年异重流测量期间水库排沙比为37.77%；2015年水库出库沙量为0，排沙比为0。2003～2015年，异重流测量期间水库入库细沙、中沙、粗沙总量分别为4.617亿t、2.708亿t和2.859亿t，出库细沙、中沙、粗沙总量分别为3.046亿t、0.475亿t和0.331亿t，排沙比分别为65.98%、17.49%和11.55%，拦粗排细效果显著。

表2-10　小浪底水库各次异重流拦粗排细情况

年份	日期(月-日)(三门峡站)	项目	细沙	中沙	粗沙	全沙
2003	08-02～08-12	入库沙量(亿t)	0.398	0.203	0.172	0.774
		出库沙量(亿t)	0.003 1	0.000 2	0.000 1	0.003 4
		淤积量(亿t)	0.395	0.203 1	0.172 2	0.770 5
		淤积物级配(%)	51.27	26.37	22.35	100
		水库排沙比(%)	0.79	0.08	0.08	0.44
	08-27～09-17	入库沙量(亿t)	1.639 3	1.081 1	0.854 5	3.574 8
		出库沙量(亿t)	0.726	0.05	0.023	0.8
		淤积量(亿t)	0.912 8	1.031 1	0.831 3	2.775 2
		淤积物级配(%)	32.89	37.15	29.95	100
		水库排沙比(%)	44.32	4.62	2.72	22.37
2004	07-07～07-10	入库沙量(亿t)	0.146 6	0.151	0.134 9	0.432 5
		出库沙量(亿t)	0.038 4	0.003 4	0.001 4	0.043 1
		淤积量(亿t)	0.108 2	0.147 7	0.133 5	0.389 4
		淤积物级配(%)	27.78	37.92	34.3	100
		水库排沙比(%)	26.19	2.23	1.01	9.97

注：表中时间为三门峡站时间，入、出库沙量计算时考虑一天传播时间。

续表 2-10

年份	日期(月-日)(三门峡站)	项目	细沙	中沙	粗沙	全沙
2005	06-28～06-30	入库沙量(亿t)	0.16	0.118	0.136	0.414
		出库沙量(亿t)	0.019	0.001	0	0.02
		淤积量(亿t)	0.141	0.117	0.136	0.394
		淤积物级配(%)	35.79	29.7	34.52	100
		水库排沙比(%)	11.88	0.85	0	4.83
	07-05～07-07	入库沙量(亿t)	0.294	0.141	0.207	0.642
		出库沙量(亿t)	0.258	0.033	0.022	0.313
		淤积量(亿t)	0.036	0.108	0.185	0.329
		淤积物级配(%)	10.94	32.83	56.23	100
		水库排沙比(%)	87.76	23.4	10.63	48.75
2006	06-25～06-27	入库沙量(亿t)	0.087	0.059	0.071	0.217
		出库沙量(亿t)	0.058	0.008	0.003	0.069
		淤积量(亿t)	0.029	0.051	0.068	0.148
		淤积物级配(%)	19.59	34.46	45.95	100
		水库排沙比(%)	66.67	13.56	4.23	31.8
2007	06-27～07-03	入库沙量(亿t)	0.417	0.110	0.089	0.617
		出库沙量(亿t)	0.207	0.020	0.007	0.234
		淤积量(亿t)	0.211	0.090	0.082	0.383
		水库排沙比(%)	49.532	17.885	8.231	37.904
2008	06-28～07-04	入库沙量(亿t)	0.352	0.180	0.210	0.742
		出库沙量(亿t)	0.372	0.052	0.033	0.458
		淤积量(亿t)	-0.020	0.127	0.177	0.284
		水库排沙比(%)	105.74	29.09	15.84	61.70
2009	06-29～07-03	入库沙量(亿t)	0.177	0.157	0.211	0.545
		出库沙量(亿t)	0.032	0.003	0.001	0.036
		淤积量(亿t)	0.145	0.154	0.210	0.509
		水库排沙比(%)	18.19	1.75	0.41	6.58

续表 2-10

年份	日期(月-日)(三门峡站)	项目	细沙	中沙	粗沙	全沙
2010	07-04～07-09	入库沙量(亿 t)	0.167	0.103	0.148	0.418
		出库沙量(亿 t)	0.196	0.032	0.022	0.251
		淤积量(亿 t)	-0.029	0.071	0.126	0.167
		水库排沙比(%)	117.965	30.865	15.023	59.904
2011	07-04～07-08	入库沙量(亿 t)	0.130	0.054	0.091	0.275
		出库沙量(亿 t)	0.179	0.027	0.014	0.219
		淤积量(亿 t)	-0.049	0.027	0.078	0.056
		水库排沙比(%)	137.61	49.38	14.81	79.58
2012	07-03～07-09	入库沙量(亿 t)	0.207	0.079	0.147	0.433
		出库沙量(亿 t)	0.338	0.116	0.118	0.572
		淤积量(亿 t)	-0.131	-0.037	0.029	-0.139
		水库排沙比(%)	163.12	147.14	80.10	132.06
2013	07-03～07-09	入库沙量(亿 t)	0.222	0.064	0.091	0.376
		出库沙量(亿 t)	0.415	0.104	0.074	0.593
		淤积量(亿 t)	-0.194	-0.040	0.017	-0.217
		水库排沙比(%)	187.37	162.77	81.66	157.71
2014	07-05～07-09	入库沙量(亿 t)	0.186	0.187	0.265	0.638
		出库沙量(亿 t)	0.204	0.025	0.012	0.241
		淤积量(亿 t)	-0.018	0.162	0.254	0.397
		水库排沙比(%)	109.79	13.44	4.39	37.77
2015	07-08～07-10	入库沙量(亿 t)	0.034	0.021	0.031	0.086
		出库沙量(亿 t)	0	0	0	0
		淤积量(亿 t)	0.034	0.021	0.031	0.086
		水库排沙比(%)	0	0	0	0
历次合计		入库沙量(亿 t)	4.617	2.708	2.859	10.184
		出库沙量(亿 t)	3.046	0.475	0.331	3.851
		淤积量(亿 t)	1.571	2.234	2.529	6.332
		水库排沙比(%)	65.98	17.49	11.55	37.81

2.2.5　小结

（1）异重流潜入点的位置随着时间的推移，库区淤积三角洲的逐渐下移，会逐渐向下移动，越来越靠近坝前；在一次异重流发生的过程中，其潜入点的位置也会随着入库流量变化、河床阻力变化以及坝前水位的升降而上下移动。总体来看，水位变化对潜入点位置的影响表现为，坝前水位抬升，水库回水末端上延，异重流潜入点也会跟着上移；反之，潜入点下移，位置变化距离大小与水位升降的幅度成正比例关系。河床阻力变化对潜入点位置的影响表现为，河床受到冲刷，阻力增加，流速减小，潜入点上移，反之潜入点下移。入库流量变化对潜入点的影响表现为，流量增大，动力增强，平均流速大，潜入点下移，反之潜入点上移。水位和入库流量的变化对潜入点位置的影响一般要大于河床阻力变化所产生的影响。

（2）异重流传播时间快慢与入库流量大小有关，入库流量大，异重流传播较快，入库流量小，异重流传播较慢；而传播总时间长短除受入库流量大小的影响外，还与潜入点位置有关，在入库流量相同的前提下，潜入点位置越靠近大坝传播时间越短。

（3）异重流发生期间，库区主要测验断面主流线垂线流速分布存在两种形态：一种是表层存在负流速，即沿垂线方向，靠近水面的清水层出现负流速，且流速值自上而下逐渐减小至 0，然后流速沿正方向迅速增大至最大值处再减小；第二种是沿垂线方向不存在负向流速，上层清水流速很小，至清浑水交界面附近流速开始迅速增大至最大值后再减小。一般情况下，流速垂线分布形态沿程发生变化，靠近潜入点的断面流速垂线分布属于上述第一种流速垂线分布形态，沿程逐渐过渡到第二种流速垂线分布形态。但若受泄水建筑物的开启将异重流及带动的清水排出，清水水体的环流运动受阻，主流线垂线分布有可能全部为第二种形态。

（4）异重流主流线垂线最大流速多发生在相对水深为 0.78～0.99，说明最大流速发生的位置靠近库底，但一些靠近坝前的断面，可能受存在浑水水库或坝前泄水建筑物调度的影响，最大流速发生位置抬高至相对水深 0.49～0.76 处。

（5）由于水库淤积，异重流潜入点以下库段沿程坡降减小、水深加大，异重流能量的损失，使得各断面流速沿程递减。拦沙初期八里胡同库段过水断面较上游断面窄，导致主流线垂线平均流速在该河段有所增加。

（6）各断面异重流主流线含沙量垂线分布形式沿程基本一致，在清浑水交界面附近，异重流含沙量较低，含沙量梯度也较小，交界面以下含沙量沿垂线逐渐增大，最大含沙量发生在底部。异重流运行需要沿程克服各种阻力，能量逐渐衰减的，泥沙沿程分选落淤，含沙量也沿程减小。

（7）由于粗沙沉降速度快，泥沙粒径垂线分布特性表现为上细下粗。受泥沙沿程淤积分选的影响，泥沙粒径沿程逐渐变细。同时，随着水库的运行，泥沙粒径逐渐变粗；坝前桐树岭断面，2003 年第 1 次异重流主流线垂线泥沙平均中值粒径为 0.006 mm，至 2014 年为 0.013 mm。

（8）异重流横向分布情况表现为，主流区域流速、含沙量绝对数值及沿垂线梯度较大，非主流区则较小。但小浪底水库运行以来，河堤以下河段在横向上为平行淤积抬高，没有形成明显的河槽，断面各垂线水沙因子分布形态有差异，但差别不大。

(9)2003 ~ 2009 年异重流期间水库排沙比为 0.44% ~ 61.70%，平均排沙比为 24.8%。2010 年以来，通过联合调度万家寨、三门峡、小浪底等水利枢纽工程，小浪底水库对接水位接近或低于水库淤积三角洲顶点高程，成功在小浪底水库库区塑造人工异重流，大幅提高了小浪底水库排沙比，2012 年和 2013 年异重流期间水库排沙比达到 132.06% 和 157.71%。2014 年异重流测量期间水库排沙比为 37.77%；2015 年水库出库沙量为 0，排沙比为 0。2003 ~ 2015 年，异重流测量期间水库入库细沙、中沙、粗沙总量分别为 4.617 亿 t、2.708 亿 t 和 2.858 亿 t，出库细沙、中沙、粗沙总量分别为 3.046 亿 t、0.475 亿 t 和 0.331 亿 t，排沙比分别为 65.98%、17.49% 和 11.55%，拦粗排细效果显著。

2.3　库区淤积量及库容变化

2.3.1　干支流淤积及库容变化

小浪底水库 1997 年 10 月截流至 2016 年 4 月，库区断面法累计淤积泥沙 30.87 亿 m^3，其中干流淤积 24.99 亿 m^3，占总淤积量的 81%，支流淤积 5.88 亿 m^3，占总淤积量的 19%。当前库区淤积量已占水库设计拦沙库容的 41% 左右。小浪底水库库区历年库容变化及冲淤情况见表 2-11。按照水利部 2004 年批复的《小浪底水利枢纽拦沙初期运用调度规程》，当小浪底水库淤积量达 21 亿 ~ 22 亿 m^3 时转入拦沙后期。目前，水库运行处于拦沙后期第一阶段。

截至 2016 年 4 月，小浪底水库 275 m 以下库容为 96.66 亿 m^3，其中干流库容为 49.92 亿 m^3，左岸支流库容为 22.73 亿 m^3，右岸支流库容为 24.01 亿 m^3。

表 2-11　小浪底水库库区历年库容变化及冲淤统计　　（单位：亿 m^3）

年份	干流库容	总库容	年际淤积量	累计淤积量
1997 年汛前	74.91	127.54		
1998 年汛前	74.82	127.49	0.05	0.05
1999 年汛前	74.79	127.46	0.03	0.08
2000 年汛前	74.31	126.95	0.51	0.59
2001 年汛前	70.70	123.13	3.82	4.41
2002 年汛前	68.20	120.26	2.87	7.28
2003 年汛前	66.23	118.01	2.25	9.53
2004 年汛前	61.60	113.21	4.80	14.33
2005 年汛前	61.74	112.66	0.55	14.88

续表 2-11

年份	干流库容	总库容	年际淤积量	累计淤积量
2006 年汛前	59.00	109.31	3.35	18.23
2007 年汛前	56.39	105.59	3.72	21.95
2008 年汛前	55.33	104.31	1.28	23.23
2009 年汛前	54.88	103.54	0.77	24.00
2010 年汛前	53.68	101.96	1.58	25.58
2011 年汛前	53.40	101.03	0.93	26.51
2012 年汛前	53.71	102.32	-1.29	25.22
2013 年汛前	52.26	100.32	2.00	27.22
2014 年汛前	50.59	97.39	2.93	30.15
2015 年汛前	50.25	97.06	0.33	30.48
2016 年汛前	49.92	96.66	0.39	30.87

2.3.2　库区淤积沿高程分布

小浪底水库运行以来历年不同高程淤积量见表 2-12。1997 年 9 月～2016 年 4 月，小浪底水库高程 175 m 以下、175～205 m、205～225 m、225～245 m，245～255 m、255～265 m、265～275 m 的冲淤量分别为 4.42 亿 m^3、12.68 亿 m^3、12.44 亿 m^3、3.28 亿 m^3、-0.22 亿 m^3、-0.67 亿 m^3 和 -1.05 亿 m^3。水库淤积量主要在 225 m 以下，约占总淤积量的 95.7%。

表 2-12　历年不同高程淤积量　（单位：亿 m^3）

时段（年-月-日）	高程(m)						
	175 以下	175～205	205～225	225～245	245～255	255～265	265～275
1997-09-08～1999-09-27	0.45	-0.01	-0.02	0	0.01	-0.01	-0.03
1999-09-27～2000-10-28	1.94	0.84	0.92	0.05	0	-0.01	0
2000-10-28～2001-12-08	2.03	1.41	-0.25	-0.22	0.01	0.02	0.01
2001-12-08～2002-10-15	0	1.63	0.46	0.01	0	0.01	0
2002-10-15～2003-11-08	-0.07	0.68	1.83	1.68	0.70	0.10	-0.03

续表 2-12

时段（年-月-日）	高程(m)						
	175 以下	175 ~ 205	205 ~ 225	225 ~ 245	245 ~ 255	255 ~ 265	265 ~ 275
2003-11-08 ~ 2004-10-18	-0.01	1.53	1.38	-0.93	-0.67	-0.13	0
2004-10-18 ~ 2005-04-23	0.06	-0.12	-0.26	-0.06	-0.01	-0.04	0
2005-04-23 ~ 2005-11-04	0.02	1.04	1.01	1.16	0.11	0.01	0
2005-11-04 ~ 2006-04-18	0	-0.04	0	0.02	0.03	0.01	0
2006-04-18 ~ 2006-10-22	0	1.86	1.64	0.09	-0.15	-0.01	-0.01
2006-10-22 ~ 2007-10-19	0	0.97	0.88	0.42	0.03	-0.01	-0.01
2007-10-19 ~ 2008-10-17	0	0.03	0.48	-0.09	-0.04	-0.07	-0.07
2008-10-17 ~ 2009-10-19	0	0.41	0.65	0.53	0	0.06	0.06
2009-10-19 ~ 2010-10-15	0	1.68	0.98	-0.29	0	0.02	0.01
2010-10-15 ~ 2012-04-17	0	-0.56	-0.50	-0.22	-0.22	-0.63	-0.95
2012-04-17 ~ 2013-04-18	0	1.07	0.64	0.20	0.07	0.03	-0.01
2013-04-18 ~ 2014-04-23	0	0.32	2.14	0.58	-0.10	-0.01	-0
2014-04-23 ~ 2015-04-16	0	-0.05	0.29	0.08	0.05	-0.02	-0.02
2015-04-16 ~ 2016-04-18	0	-0.01	0.17	0.26	-0.04	0.02	0
1997-09-08 ~ 2016-04-18	4.42	12.68	12.44	3.28	-0.22	-0.67	-1.05

2.3.3 库区淤积沿流程分布

小浪底水库库区入汇支流较多，平面形态狭长弯曲，上窄下宽。距坝 65 km 以上为峡谷段，河谷宽度多在 200 ~ 400 m；距坝 65 km 以下宽窄相间，河谷宽度多在 1 000 m 以上，最宽处约 2 800 m。按此形态将水库划分为大坝—HH20 断面（距坝 33.48 km）、HH20—HH38 断面（距坝 64.83 km）和 HH38—HH56 断面三个区段研究淤积状况。小浪底水库多年累计冲淤量分布见表 2-13。1997 年 10 月 ~ 2016 年 4 月，小浪底水库共淤积泥沙 30.75 亿 m^3，其中，HH20 断面以下淤积泥沙 19.474 亿 m^3，HH20—HH38 断面淤积泥沙 10.113 亿 m^3，HH38 断面以上淤积泥沙 1.163 亿 m^3。HH20 断面以下淤积量占全库区淤积量的 63.3%；HH38 断面以下淤积量占全库区淤积量的 96.2%。

表 2-13　小浪底水库多年累计冲淤量分布

（单位：亿 m^3）

时段（年-月）	坝址—HH20			HH20—HH38			HH38—HH56			全库区		
	干流	支流	合计	干流	支流	合计	干流	支流	合计	干流	支流	合计
1997-10 ~ 2000-05			0. 588			0. 039			0. 006			0. 633
2000-05 ~ 2000-11			1. 890			0. 870			0. 799			3. 559
2000-11 ~ 2001-12			2. 678			0. 655			-0. 362			2. 97
2001-12 ~ 2002-10	0. 637	0. 071	0. 708	1. 418	0. 102	1. 520	-0. 116	0	-0. 116	1. 939	0. 173	2. 112
2002-10 ~ 2003-10	0. 072	0. 080	0. 152	1. 848	0. 180	2. 028	2. 704	0	2. 704	4. 624	0. 261	4. 884
2003-11 ~ 2004-10	0. 851	0. 428	1. 279	1. 385	0. 449	1. 834	-1. 939	0	-1. 939	0. 297	0. 877	1. 174
2004-10 ~ 2005-11	0. 755	0. 166	0. 921	0. 899	0. 143	1. 042	0. 948	0	0. 948	2. 602	0. 309	2. 911
2005-11 ~ 2006-10	1. 603	0. 559	2. 162	1. 416	0. 429	1. 845	-0. 562	0	-0. 562	2. 457	0. 988	3. 45
2006-11 ~ 2007-10	1. 202	0. 650	1. 852	0. 005	0. 196	0. 201	0. 239	0	0. 239	1. 446	0. 846	2. 292
2007-10 ~ 2008-10	0. 378	0. 115	0. 493	0. 235	-0. 130	0. 105	-0. 358	0	-0. 358	0. 255	-0. 015	0. 24
2008-10 ~ 2009-10	0. 737	0. 326	1. 063	0. 301	0. 012	0. 313	0. 191	0	0. 191	1. 229	0. 338	1. 567
2009-10 ~ 2010-10	1. 700	1. 170	2. 870	-0. 477	0. 068	-0. 409	-0. 067	0	-0. 067	1. 156	1. 238	2. 394
2010-10 ~ 2011-10	-0. 254	-0. 659	-0. 913	-0. 539	-0. 581	-1. 120	-0. 016	0	-0. 016	-0. 809	-1. 240	-2. 049
2011-10 ~ 2012-10	1. 082	0. 228	1. 310	0. 054	-0. 027	0. 027	-0. 012	0	-0. 012	1. 124	0. 201	1. 325
2012-10 ~ 2013-10	1. 190	1. 013	2. 203	0. 735	0. 223	0. 958	-0. 335	0	-0. 335	1. 590	1. 236	2. 826
2013-10 ~ 2014-04	-0. 071	-0. 157	-0. 228	-0. 012	0. 009	-0. 003	-0. 029	0	-0. 029	-0. 112	-0. 147	-0. 26
2014-04 ~ 2015-04	0. 271	0. 013	0. 284	-0. 202	-0. 021	-0. 223	0. 271	0	0. 271	0. 340	-0. 007	0. 332
2015-04 ~ 2016-04	0. 168	-0. 006	0. 162	0. 364	0. 067	0. 431	-0. 199	0	-0. 199	0. 333	0. 061	0. 394
1997-10 ~ 2016-04			19. 474			10. 113			1. 163			30. 75

2.4 库区淤积形态变化

2.4.1 干流淤积形态

2.4.1.1 干流纵剖面形态

小浪底水库运行以来，分别经历了拦沙初期和拦沙后期第一阶段两个阶段时期，由于水库蓄水体较大，入库泥沙沿程分选淤积，库区干流淤积表现为三角洲淤积形态，随着水库的运行，干流淤积三角洲顶点逐渐向坝前推进。水库淤积形态变化与入库水沙条件、坝前运行水位变化等关系密切。统计分析历年三角洲淤积体顶点位置及高程见表2-14。分析不同时段水库干流淤积形态变化与入库水沙量及水位运行的相应关系。干流纵向淤积形态变化见图2-35。

表2-14 小浪底水库库区三角洲淤积体顶点位置及高程

施测时间(年-月)	顶点距坝里程(km)	顶点高程(m)
2000-11	69.39	225.20
2001-12	60.19	210.90
2002-10	48.00	207.30
2003-10	72.06	244.40
2004-10	44.53	217.71
2005-11	48.00	223.56
2006-10	33.48	221.87
2007-10	27.19	220.07
2008-10	24.43	220.25
2009-10	22.10	216.93
2010-10	18.75	215.61
2011-10	16.39	215.16
2012-10	10.32	210.66
2013-10	11.42	215.09
2014-10	16.39	222.71
2015-10	16.39	222.35
2016-04	16.39	222.36

2000年，小浪底水库初步蓄水，水库前汛期(7～8月，下同)汛限水位为215 m，后汛期(9～10月)汛限水位为235 m。其中，7～8月，入库水量、沙量分别为28.63亿m^3和1.79亿t，水库运行水位为193.42～216.99 m，平均水位为204.47 m；9～10月，入库水

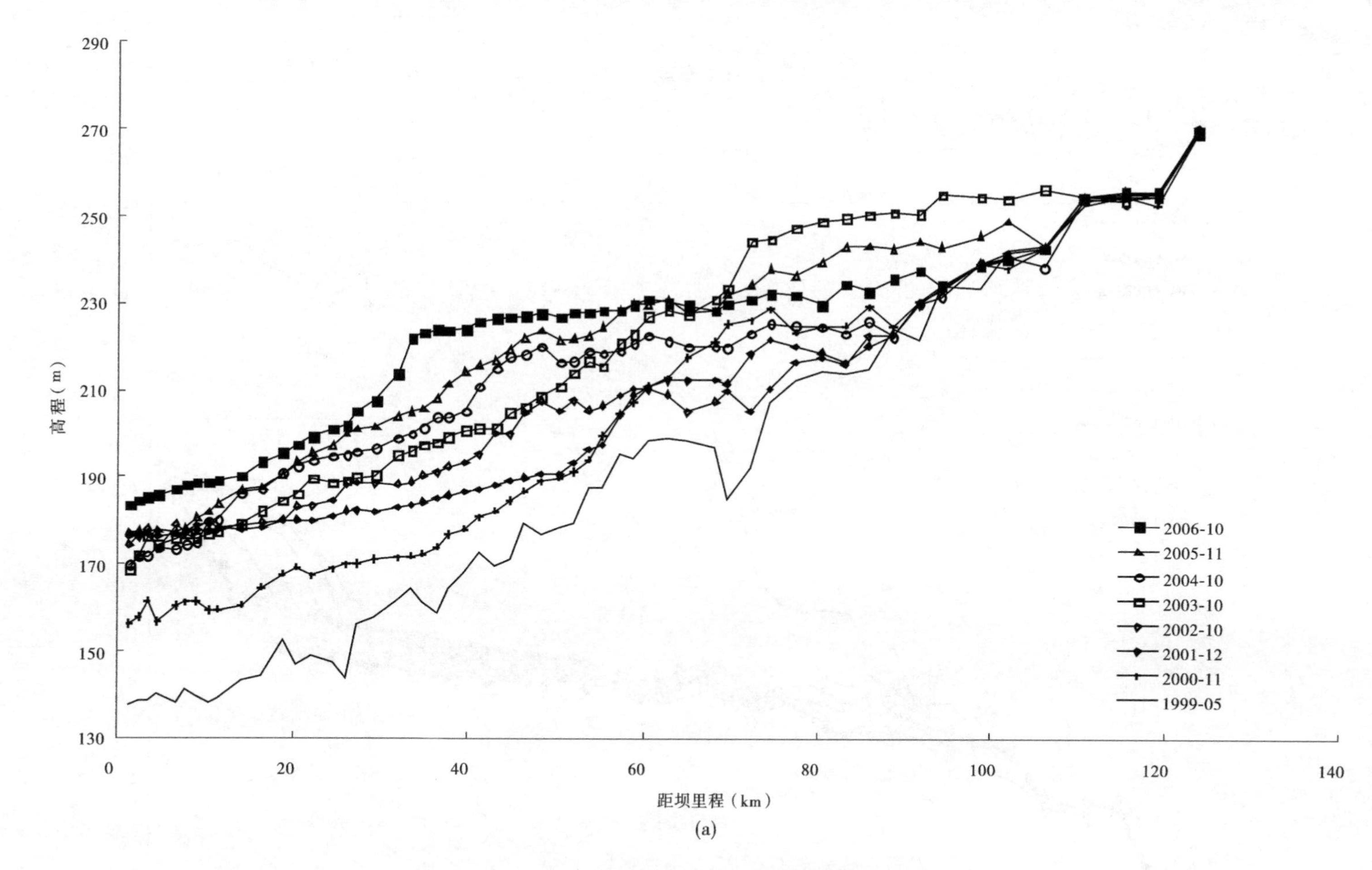

图 2-35　小浪底水库库区历年淤积纵剖面形态

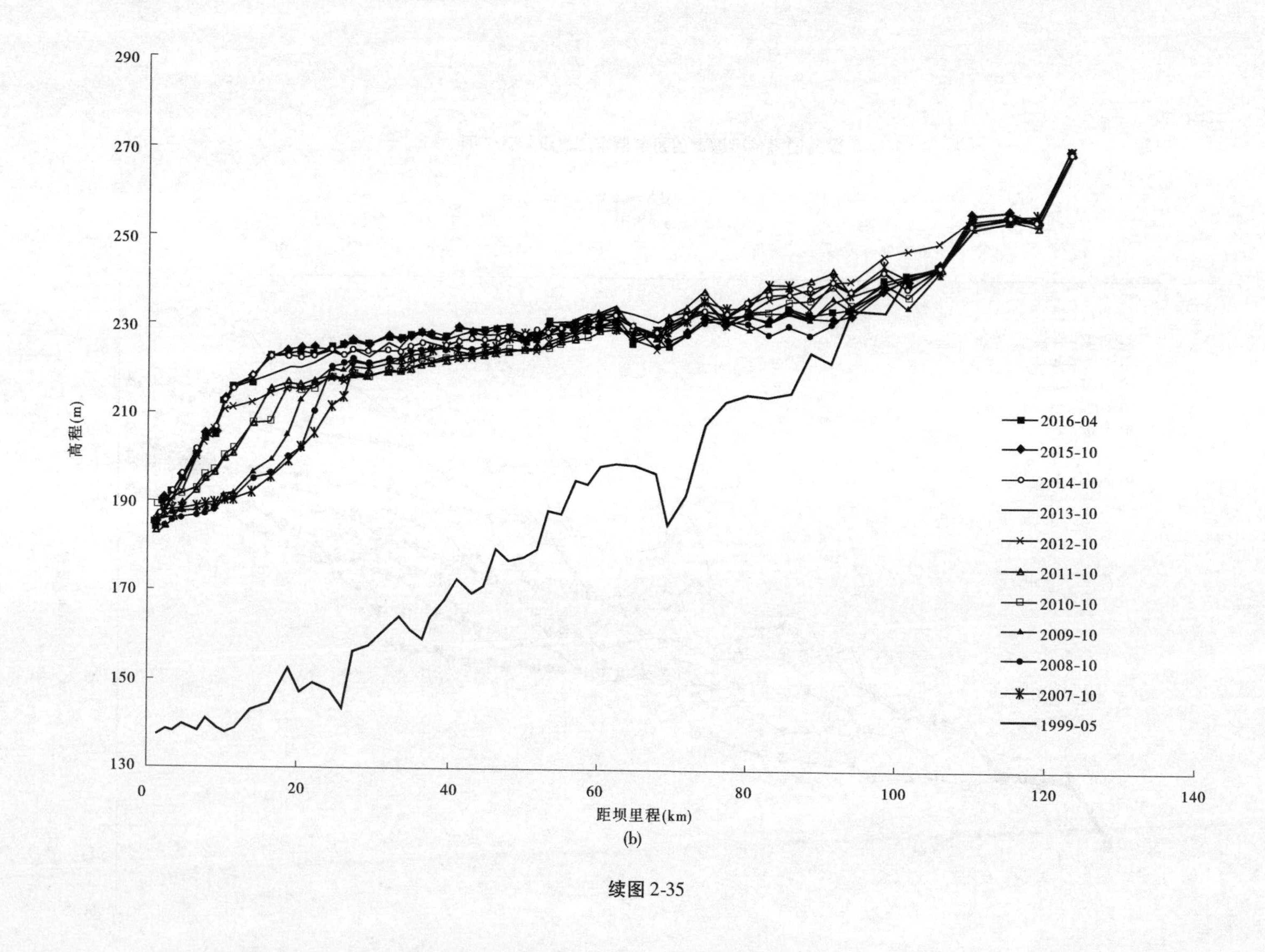
290
270
250
230
210
190
170
150
130
高程(m)
0
20
40
60
80
100
120
140
距坝里程(km)
2016-04
2015-10
2014-10
2013-10
2012-10
2011-10
2010-10
2009-10
2008-10
2007-10
1999-05

(b)

续图 2-35

量、沙量分别为38.55亿m^3和1.38亿t,水库运行水位为217.64~234.32 m,平均水位为225.79 m。2000年11月实测淤积三角洲顶点距坝69.39 km,顶点高程为225.20 m。可见,淤积部位靠上主要是由于后汛期蓄水位较高,特别是10月来沙量较大情况下,运行水位较高,平均为230.55 m。

2001年,水库前汛期汛限水位抬高至220 m,后汛期汛限水位仍采用235 m。汛期7月、9月、10月来沙量较少,分别为0.12亿t、0.43亿t、0.24亿t。而8月来沙量为2.15亿t,占汛期的73.1%,8月水库实际运行水位为196.20~213.81 m,较上一年度偏低,三角洲顶点下移至距坝60.13 km处,同时顶坡段发生明显冲刷,顶点高程为210.90 m。8月20~22日发生了一场入库高含沙洪水,入库流量为1 080~2 210 m^3/s,相应平均含沙量为291~463 kg/m^3,相应坝前水位为202.97~208.03 m,三角洲顶坡段脱离回水,处于均匀明流输沙流态,是造成三角洲顶坡段冲刷的一个重要原因。

2002年,水库前汛期汛限水位抬高至225 m,后汛期汛限水位仍采用248 m。年内主要来沙时段为6~8月,入库水量、沙量分别为47.30亿m^3和4.17亿t,相应坝前运行水位为210.93~236.49 m,平均为224.10 m,运行水位总体较2001年偏高。但是,本年度进行了首次调水调沙试验,7月4~15日,入库平均流量为906 m^3/s,最大为2 320 m^3/s,出库平均流量为2 572 m^3/s,最大为2 790 m^3/s;水库坝前水位由236.18 m降至223.85 m。调水调沙期间入库流量大,并形成了异重流,三角洲顶坡段发生冲刷,前坡段淤积和坝前段淤积抬升明显。淤积三角洲顶点下移至距坝48.0 km,淤积高程为207.30 m。

2003~2012年,水库前汛期汛限水位225 m,后汛期汛限水位248 m,与2002年一致。2003年发生秋汛洪水,9~10月入库水量、沙量分别为113.07亿m^3和3.9亿t,9月8日~10月31日,小浪底水库超汛限水位运行,坝前水位为248.15~265.40 m,平均为257.53 m,导致大量入库泥沙淤积距坝50~110 km库段,导致淤积三角洲顶点上移至距坝72.06 km,顶点高程为244.4 m。2004年,汛期主要来沙时段为7、8两月,累计入库水量、沙量分别为32.80亿m^3和2.59亿t,相应运行水位为219.06~236.43 m,平均为225.60 m。另外,2004年6月19日~7月13日进行了汛前调水调沙调度,入库最大流量为2 870 m^3/s,相应蓄水位由248.76 m降至224.84 m,低于2003年汛后淤积三角洲顶点高程,并辅助以人工扰动手段,使得淤积三角洲顶坡段及部分前波段大幅度冲刷。2004年7月三角洲顶点即下移至距坝48.00 km处,10月又下移至距坝44.53 km,顶点高程下降至217.71 m。2005年,水库运行水位又有所上升,因此库区尾部淤积有所增加。2006年,主汛期运行水位较2005年有所降低,使得距坝70 km以上库段发生冲刷,泥沙下移至距坝70 km以下库段,三角洲顶点位置继续向坝前移动至距坝33.48 km处。随着水库的运行,三角洲顶点位置不断往坝前推进,至2012年10月,小浪底水库淤积三角洲顶点距坝10.32 km,三角洲顶点高程210.66 m。

2013~2016年,水库前汛期汛限水位抬升至230 m,后汛期汛限水位仍采用248 m。2013年10月,三角洲顶点上移至距坝11.42 km,顶点高程为215.09 m,至2014年10月,三角洲顶点上移至距坝16.39 km,顶点高程为222.71 m,随后2015年、2016年基本稳定在该位置。

从历年水库汛期运行水位调整和干流淤积形态变化过程来看,在汛期主要来沙时段,水库运行水位较高时，水库蓄水体大，回水末端靠上，入库泥沙沿程迅速淤积，淤积部位靠上，三角洲顶点上移；而当水库运行水位较低时，水库蓄水体小，回水末端靠下，甚至三角洲顶坡段脱离回水范围，入库泥沙不仅淤积还将三角洲顶坡段部分泥沙冲刷至靠近大坝的库段，使得三角洲顶点位置下移，前坡段和坝前异重流淤积段明显抬升。除水位运行影响外，调水调沙期间入库大流量过程输沙能力强，在相同运行水位条件下，也可能将更多的泥沙输送下移，造成三角洲顶点下移。

2.4.1.2　干流横断面形态

小浪底水库运行初期蓄水体大，水深也较大，库区输沙流态以异重流和浑水水库输沙流态，横断面淤积形态一般为水平淤积抬升。随着水库的淤积发展，横断面淤积高程不断抬高。当库区淤积发展到一定程度，坝前水位下降时，淤积三角洲顶坡段脱离了库区回水影响后，将会出现明流输沙流态，甚至发生冲刷，因此其横断面将出现一定程度的河槽。小浪底水库库区干流横断面套绘图见图 2-36 ~ 图 2-38。

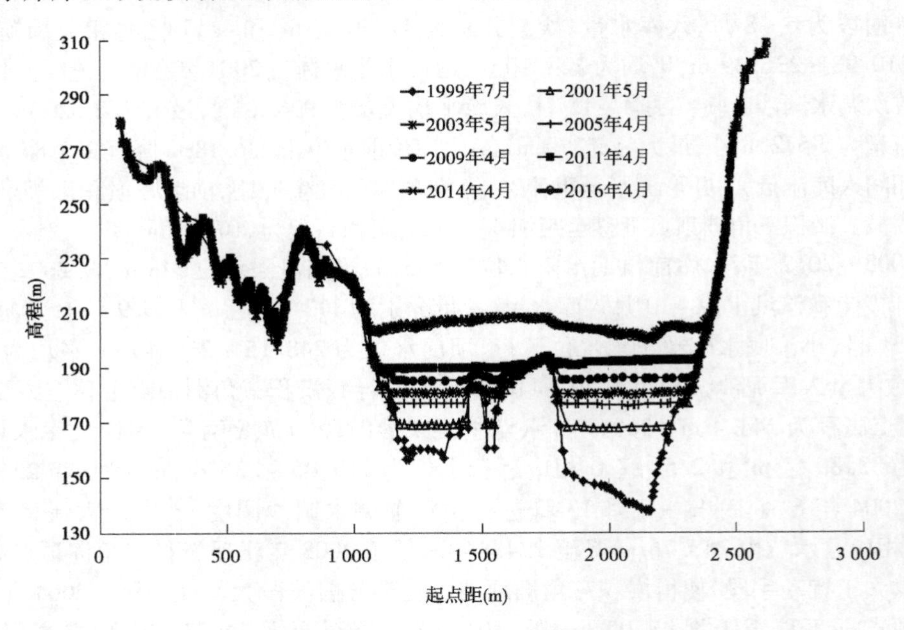

图 2-36　小浪底水库库区干流横断面套绘（HH05 断面，距坝 6.54 km）

距坝 6.54 km 处的 HH05 断面，自小浪底水库运行至今，HH05 断面始终位于淤积三角洲顶点以下，随着水库的淤积发展，横断面高程不断淤积抬高。距坝 53.44 km 处的 HH32 断面，2005 年以前处于淤积三角洲顶点前坡段附近，通过三角洲输送的泥沙在 HH32 断面淤积，2005 年以前横断面淤升较快；之后随着三角洲顶点的下移和坝前水位的升降，断面有冲有淤。距坝 72.06 km 处的 HH41 断面，2003 年 10 月处于淤积三角洲顶点处；2003 年汛期入库沙量大，坝前运行水位高，泥沙在该断面大量淤积，横断面深泓达 244.4 m。2004 年以后，随着淤积三角洲顶点不断向坝前推进，HH41 断面总体表现为平行淤积抬升，部分时段也出现冲刷，形成河槽。

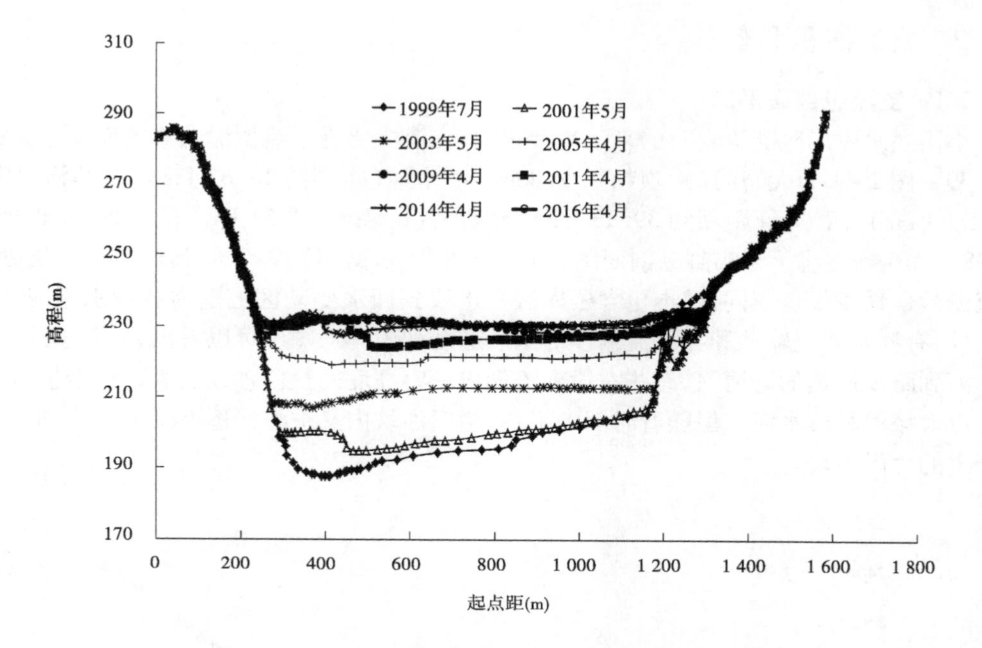

图 2-37　小浪底水库库区干流横断面套绘(HH32 断面,距坝 53. 44 km)

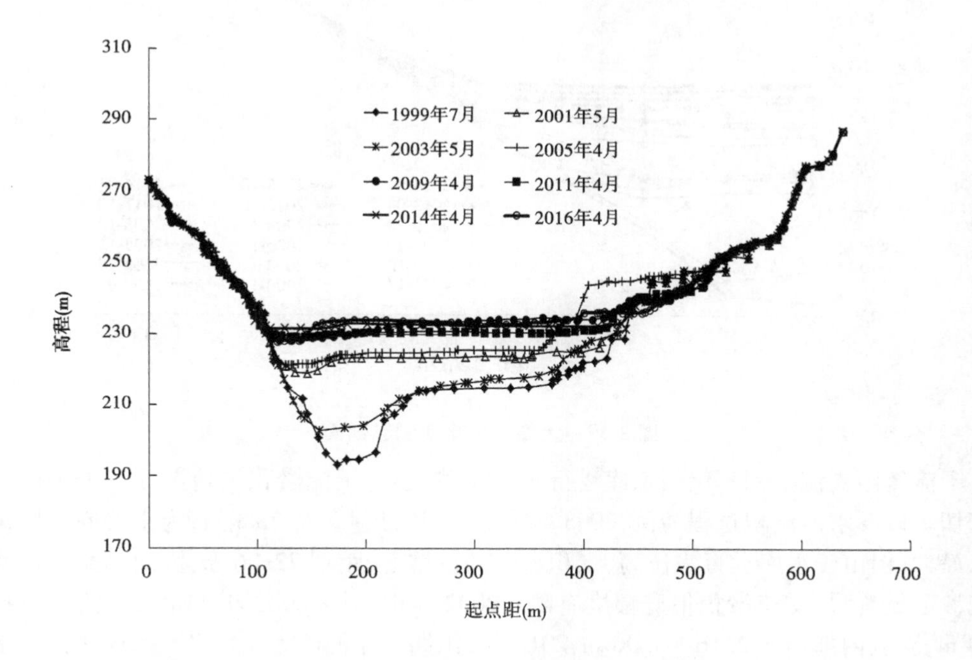

图 2-38　小浪底水库库区干流横断面套绘(HH41 断面,距坝 72. 06 km)

2.4.2　支流淤积形态

2.4.2.1　支流纵剖面形态

小浪底水库库区支流自身的来水来沙很少，支流主要受干流倒灌的影响而发生淤积。图 2-39 ~ 图 2-44 为大峪河（距坝约 4.94 km）、畛水河（距坝约 17.67 km）、石井河（距坝约 21.88 km）、西洋河（距坝约 39.38 km）、允西河（距坝约 54.57 km）和亳清河（距坝约 57.98 km）6 条支流历年实测纵剖面图。6 条支流所在库区位置不同，其对应于干流处的水流泥沙运动条件也不同，基本包含了库区壅水段到回水变动区范围内各种水流泥沙运动条件，有浑水明流输沙和异重流输沙等水沙运动现象。从图中可以看出，从距坝最近的大峪河到距坝最远的亳清河，有些时段支流形成一定高度的拦门沙坎，最大高度约 10 m，如支流大峪河和畛水河。但随着时间的推移，拦门沙坎内又被泥沙逐渐淤平，并未形成较为严重的拦门沙坎。

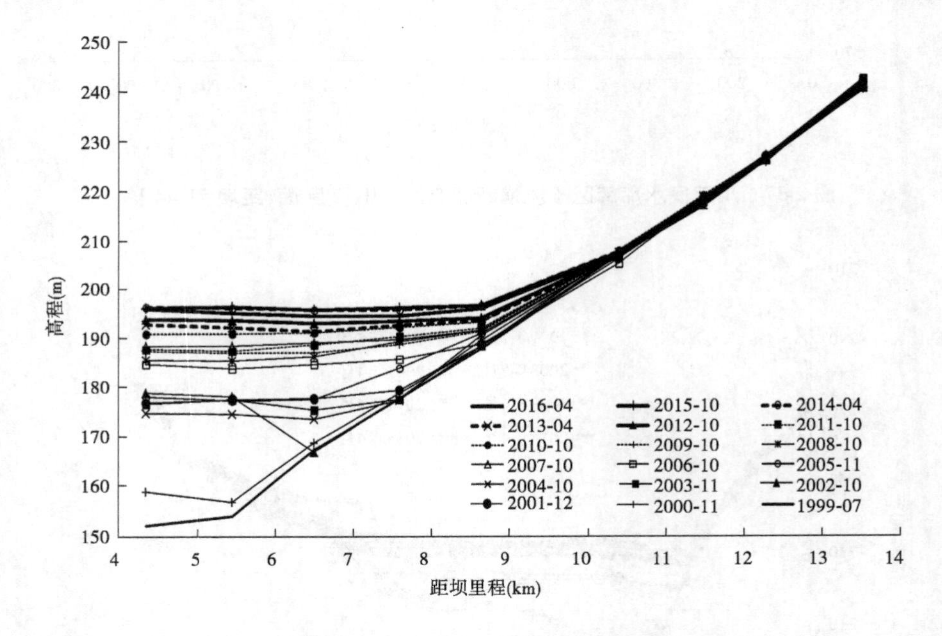

图 2-39　大峪河历年实测纵剖面

干流倒灌支流淤积不仅与水库运行水位相关，还与干流淤积三角洲顶点推进位置关系密切。以畛水河淤积过程为例，2003 年，汛期入库沙量为 7.75 亿 t，为小浪底水库运行以来最大，但由于水库运行水位高，淤积泥沙部位靠上，距坝 72.06 m，因而到达支流沟口的泥沙数量有限，支流淤积抬升幅度有限。2002 年 10 月 ~ 2003 年 11 月，支流沟口抬升 2.90 m，支流内部抬升 2.16 ~ 3.96 m；2010 年，汛期入库泥沙为 3.5 亿 t，水库按汛限水位控制运行，与 2003 年相比要低，同时，三角洲淤积顶点推进至距坝 18.75 km，与畛水河口（距坝 17.03 km）仅相差 1.72 km，使得沟口抬升 12.93 m，支流内部抬升 8.36 ~ 9.15 m，抬升幅度较大。

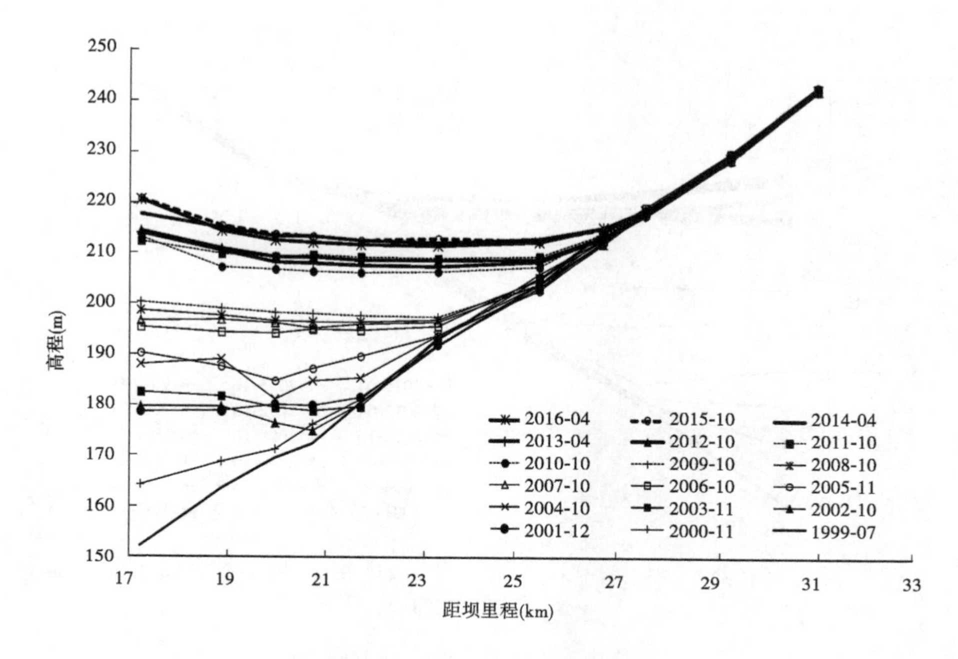

图 2-40　畛水河历年实测纵剖面

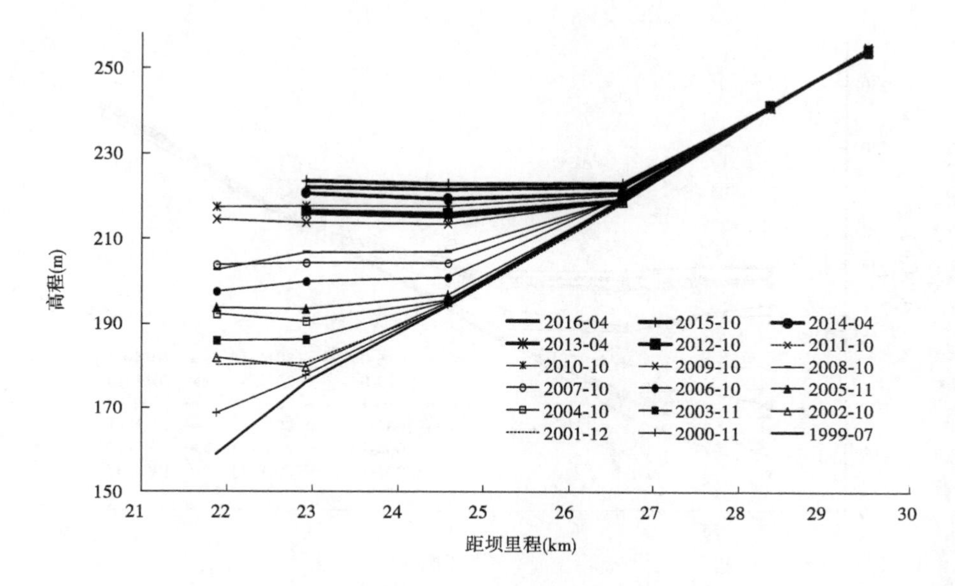

图 2-41　石井河历年实测纵剖面

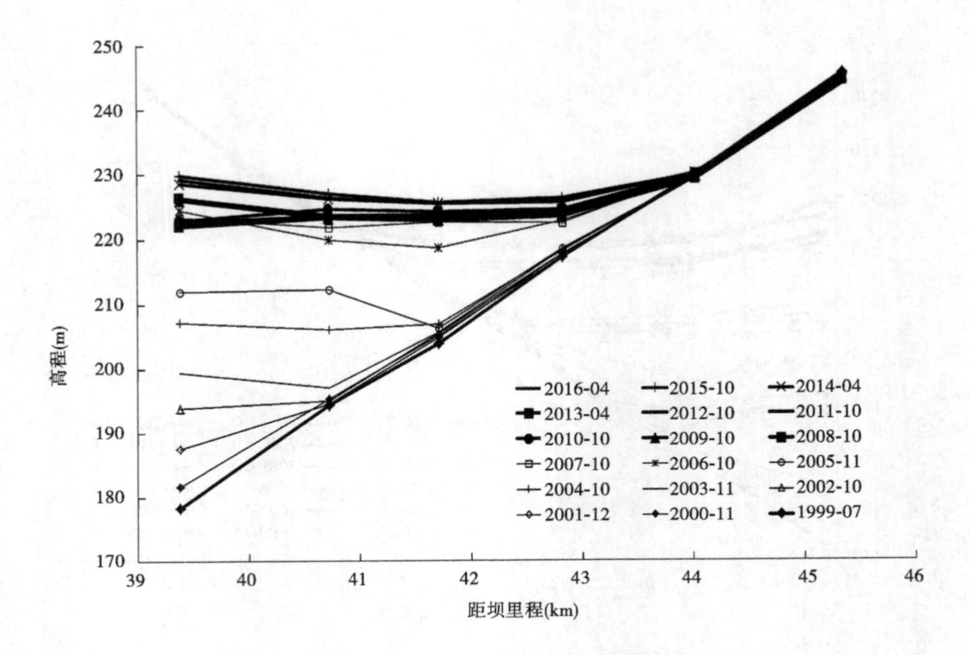

图 2-42 西洋河历年实测纵剖面

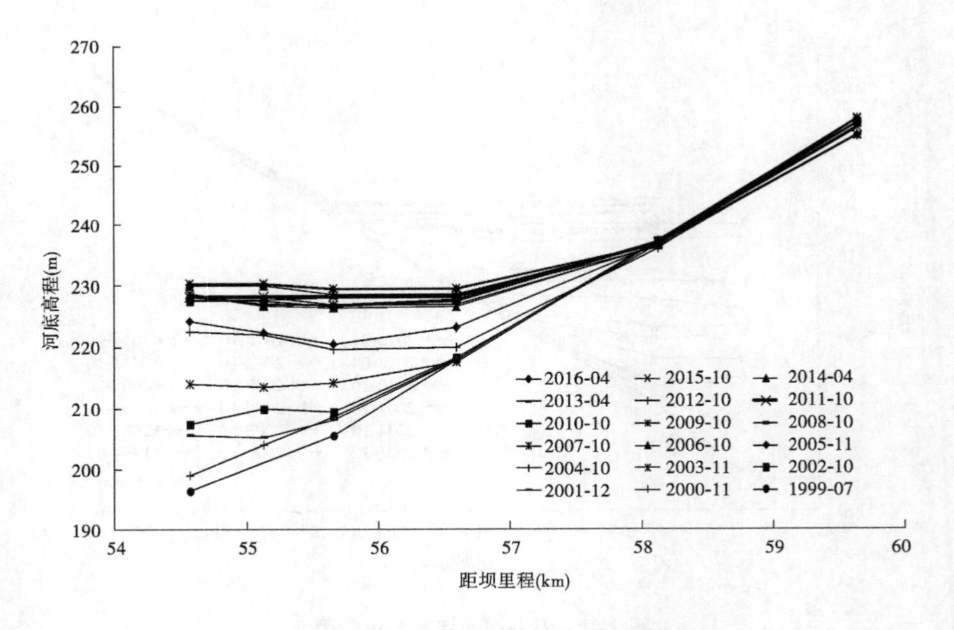

图 2-43 允西河历年实测纵剖面

2.4.2.2 横断面形态

小浪底水库库区支流自身的来水来沙很少，其淤积主要为干流来沙倒灌支流淤积，因此淤积形态一般为水平淤积抬升，典型横断面套绘图见图 2-45 ~ 图 2-50。

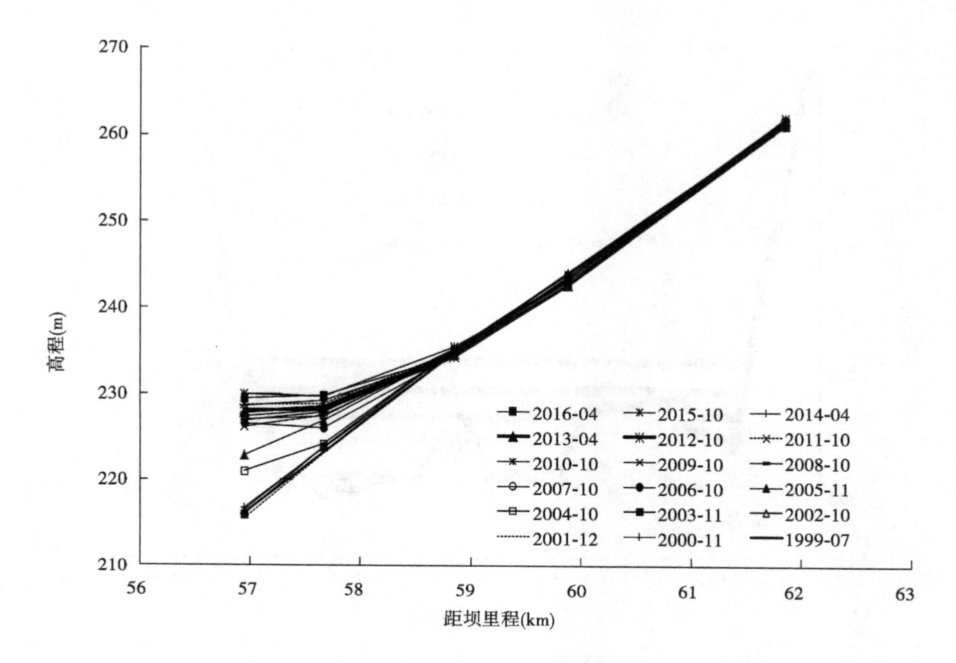

图2-44 亳清河历年实测纵剖面

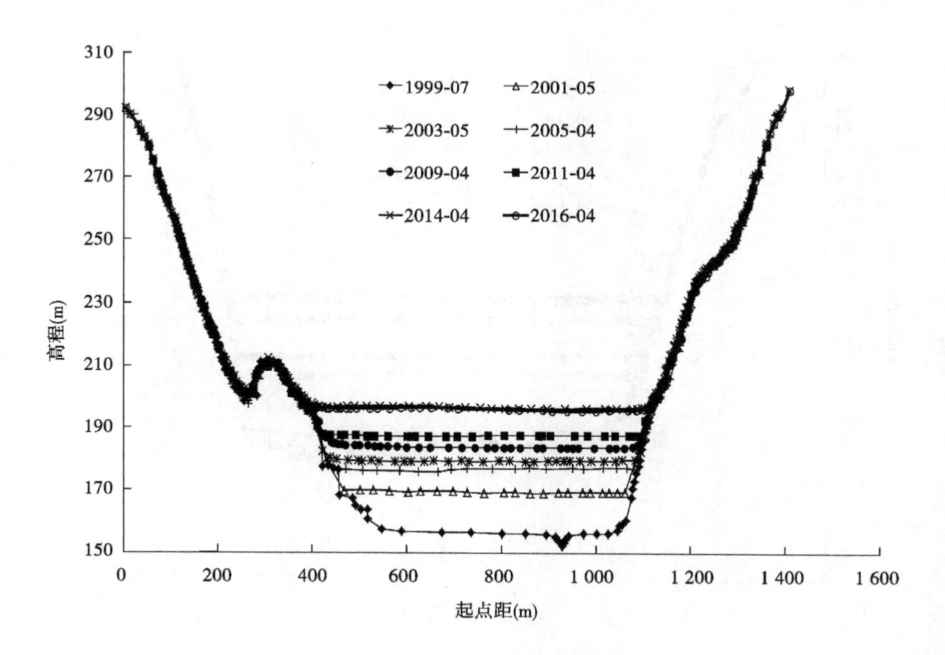

图2-45 大峪河DYH1断面套绘

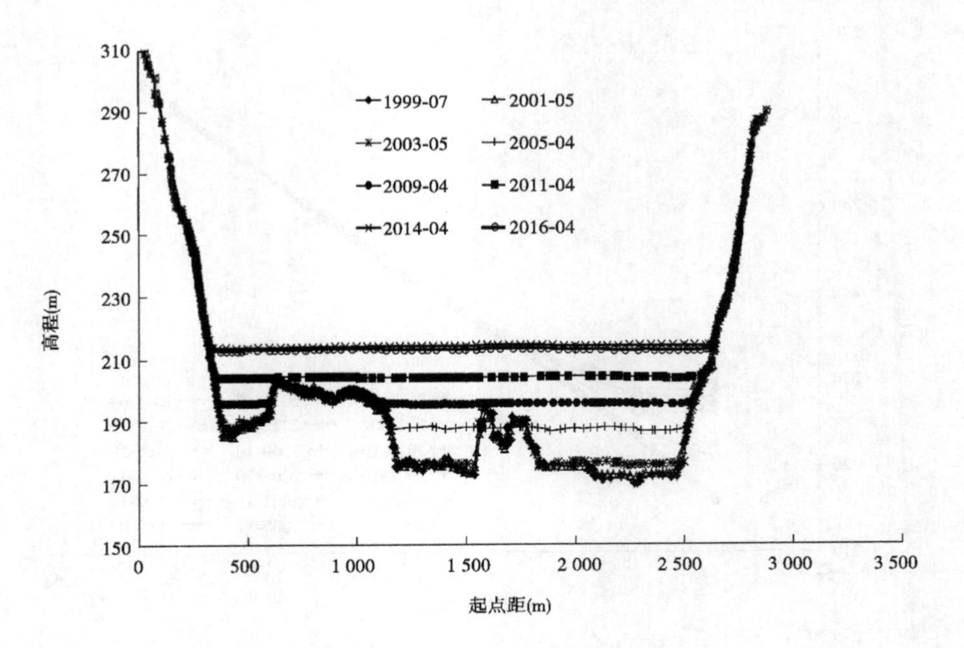

图 2-46　畛水河 ZSH3 断面套绘

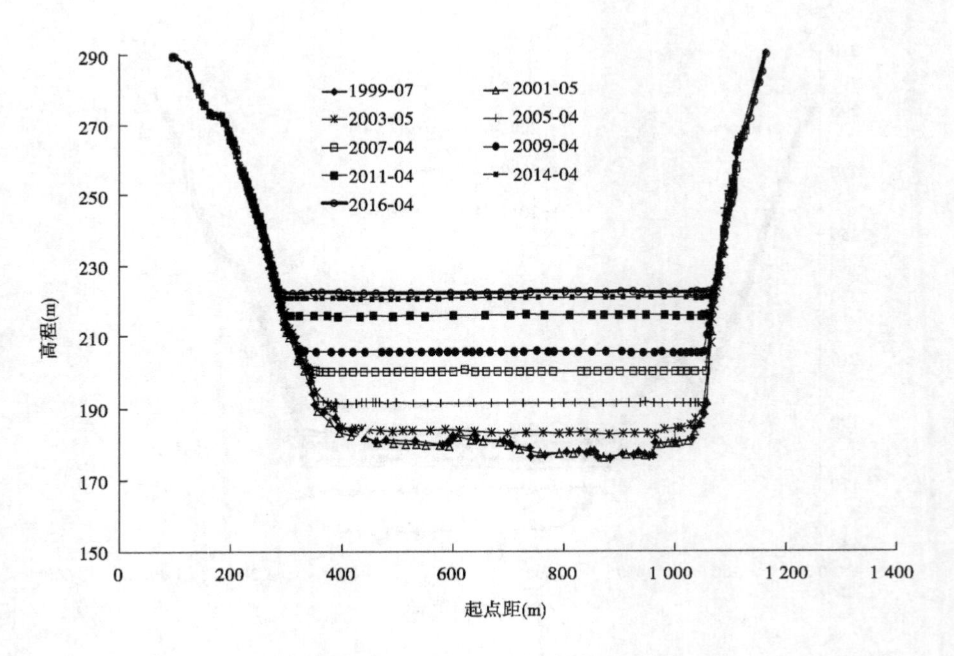

图 2-47　石井河 SJH2 断面套绘

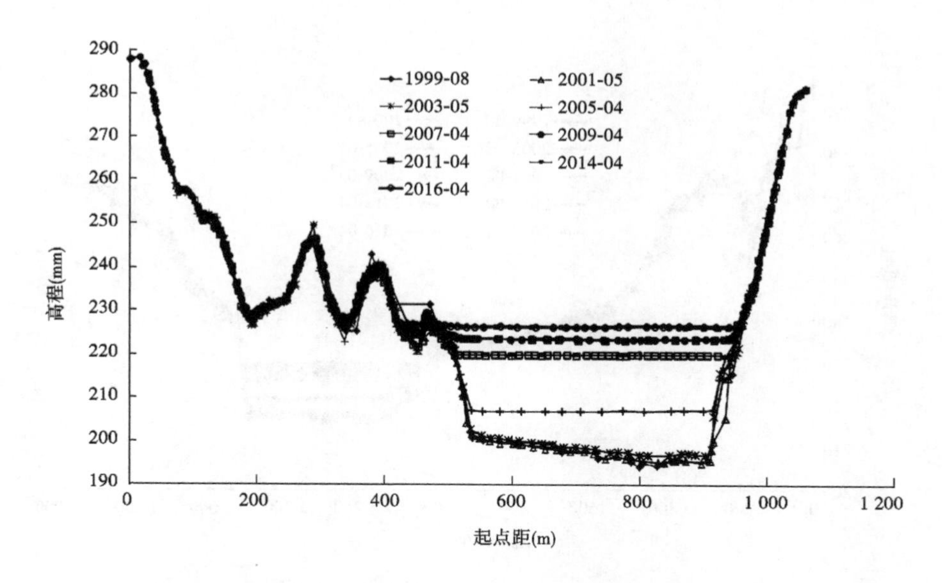

图 2-48　西洋河 XYH2 断面套绘

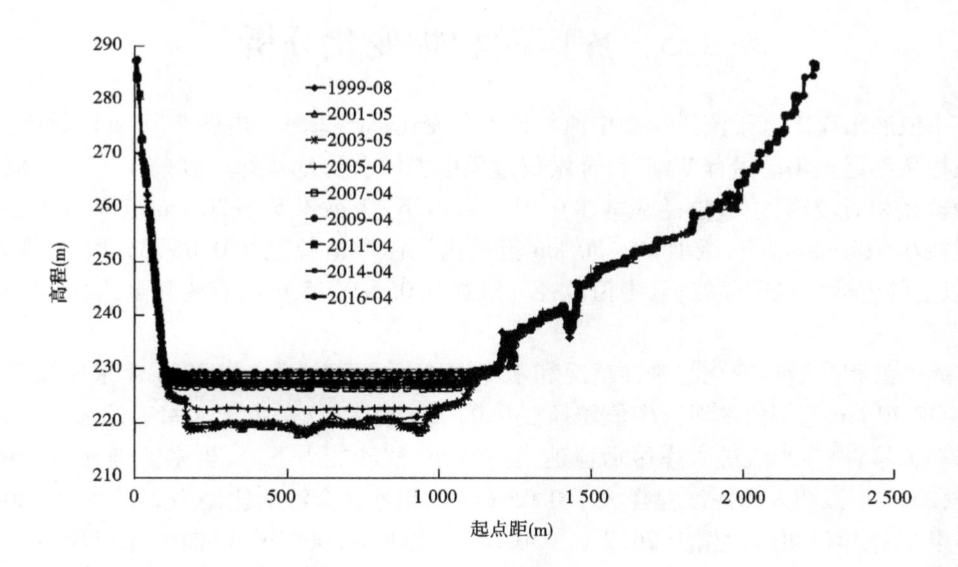

图 2-49　允西河 YXH2 断面套绘

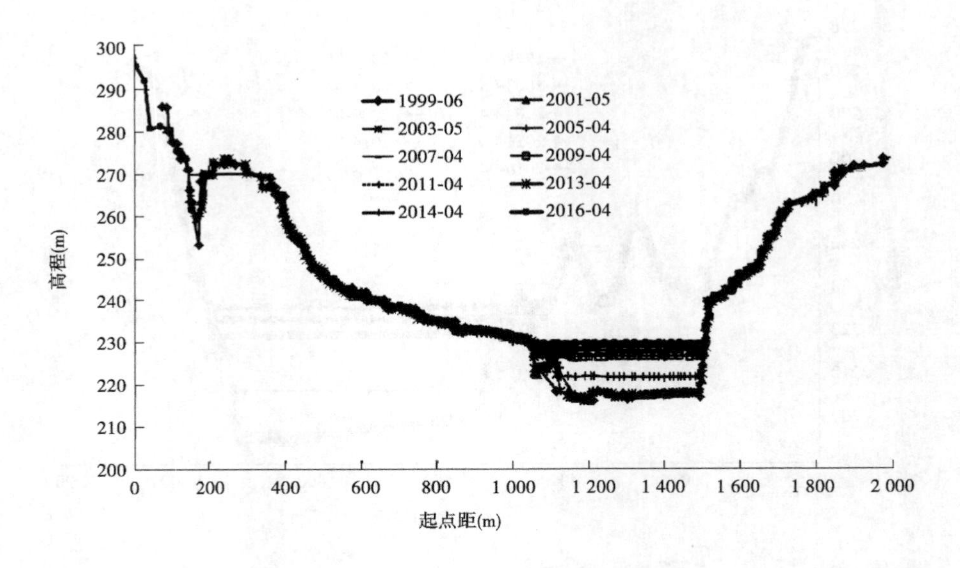

图 2-50　亳清河 BQH1 断面套绘图

2.5　库区淤积物变化分析

小浪底水库库区干流淤积物中值粒径沿程变化见图 2-51。由图 2-51 可以看出，库区淤积物从库尾至坝前沿程变细，符合淤积过程中泥沙分选的规律。坝前 4.55 km 范围内泥沙粒径相对较细，中值粒径基本在 0.01 mm 以下，距坝 4.55～20 km 范围内泥沙中值粒径在 0.018 mm 以下，距坝 20～50 km 范围内泥沙中值粒径在 0.05 mm 以下，距坝 50 km 以上的泥沙粒径明显较粗，中值粒径一般在 0.05～0.15 mm，有些甚至达 0.20 mm 以上。

库区淤积物沿程变化与来沙情况和水库调度运行等有关。如 2003 年水库淤积物较细，距坝 70 km 范围内的泥沙中值粒径在 0.02 mm 以下，这是由于水库运行水位较高，回水末端上移，挟沙水流进入库区后流速迅速减小，挟沙能力下降，更多的细沙落淤所致。此外，2003 年汛期入库泥沙粒径大于 0.05 mm 的粗沙占全沙的比例为 23.3%，而 2000～2005 年其他年份粗沙比例为 26.2%～30.5%。2000～2005 年，汛期入库泥沙粒径小于 0.025 mm 的细沙占全沙的比例为 40.1%～46.9%，该时段坝前 40 km 范围内淤积泥沙很细，中值粒径大多在 0.01 mm 以下。2006 年汛期入库泥沙粒径小于 0.025 mm 的细沙占全沙的 56.3%，粒径大于 0.05 mm 的粗沙占全沙的 23.7%，因此 2006 年库区淤积物也较细。2015 年，入库水量、沙量偏枯，且泥沙颗粒较细，致使库区沿程表层泥沙淤积物中值粒径总体偏小。

综合来看，库区泥沙淤积物总体表现为上粗下细，同时受水库调度运行及入库泥沙级配的影响。就库区回水范围内某一断面而言，当水库运行水位较高时，相应表层淤积物粒径较细;反之淤积物较粗。而当入库流量较大,含沙量高,粗颗粒泥沙较多时,相同运行水位条件下,粗沙可以运行更远,沿程表层淤积物粒径就相对较粗。

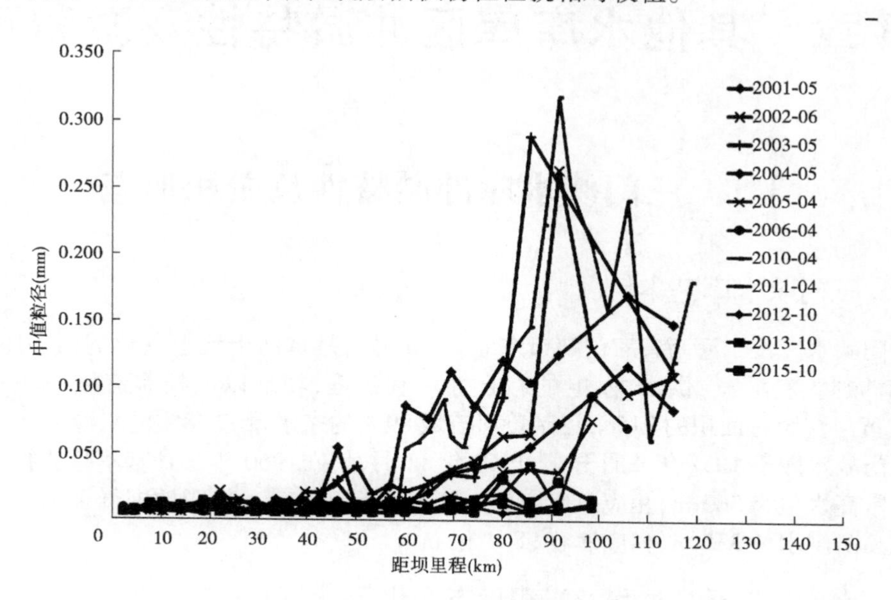

图 2-51 小浪底水库库区干流淤积物中值粒径沿程变化

第3章　其他水库库区冲淤特性及淤积形态

3.1　三门峡水库冲淤特性及淤积形态

3.1.1　三门峡水库基本情况

三门峡水库位于河南省三门峡市东北17 km处，是黄河干流上兴建的第一座以防洪为主，兼顾防凌、灌溉、供水、发电的综合性水利工程，坝址以上控制流域面积68.8万km^2，占黄河流域总面积的91%，控制黄河流域89%的来水量和98%的来沙量。

三门峡水库于1957年4月开工，1958年11月截流，1960年9月基本建成投入运行。设计正常高水位为360 m，相应总库容653亿m^3，后因库区淤积严重进行了两次改建，改建后最高防洪水位335 m，相应库容98.4亿m^3。

3.1.2　水库调度运行过程及淤积形态变化

三门峡水库自1960年9月运行以来，经历了“蓄水拦沙”“滞洪排沙”和“蓄清排浑”三个运行阶段。不同运行阶段，水库采用的运行方式不同，水库淤积形态变化也有所不同。

（1）“蓄水拦沙”运行阶段水库淤积形态变化。

“蓄水拦沙”运行阶段（1960年9月~1962年3月），坝前运行水位高，库区泥沙淤积严重，93%入库泥沙淤积在库区内，库容损失15.9亿m^3。水库淤积形态过程变化见图3-1。库区泥沙淤积表现为三角洲形态，且三角洲顶点推进较快，1962年汛前已推进至距坝约7.5 km处。

（2）“滞洪排沙”运行阶段水库淤积形态变化。

“滞洪排沙”运行阶段（1962年3月~1973年10月），水库汛期闸门全开敞泄运行，虽然有效地减缓了库区淤积速度，但由于泄流规模不足，当发生大洪水时，水库仍以壅水排沙为主，造成大量泥沙淤积，期间累计淤积泥沙21.2亿m^3。水库淤积形态过程变化见图3-2。

例如，1964年大洪水期间仍发生自然滞洪，汛期入库沙量大，为8.32亿t，运行水位偏高，以壅水排沙为主，水库淤积形态表现为三角洲，三角洲顶点已推进至距坝6 km处，淤积形态由三角洲向锥体转变，坝前淤积面抬高明显，淤积比降非常缓，约1.3‰。

随后水库于1964~1969年和1969~1973年经过两次改建，水库打开部分底孔，增加了两条泄流排沙隧洞，加大了水库泄流规模，洪水期水库多敞泄排沙运用，库区发生冲刷，河槽下切，越靠近大坝冲刷幅度越大，逐步形成锥体形状，全库区河道比降增大。

（3）“蓄清排浑”运行阶段水库淤积形态变化。

“蓄清排浑”运行阶段（1973年10月~2016年4月），水库非汛期进行蓄水兴利，汛期改为控制坝前水位305 m防洪排沙运行，当入库来较大洪水（不小于1 500 m^3/s）时，水

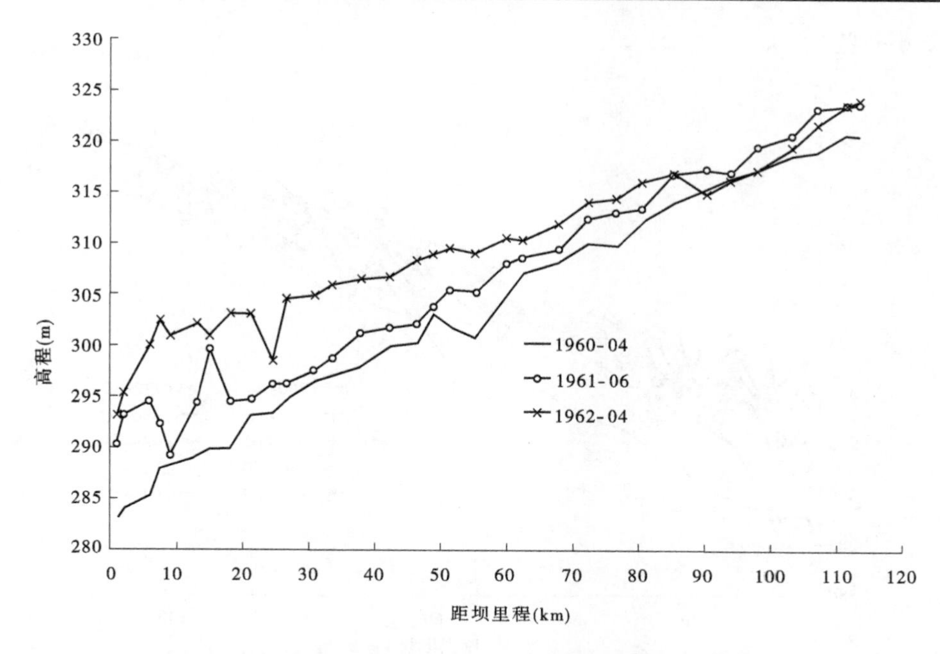

图3-1　三门峡水库“蓄水拦沙”运行阶段淤积形态过程变化

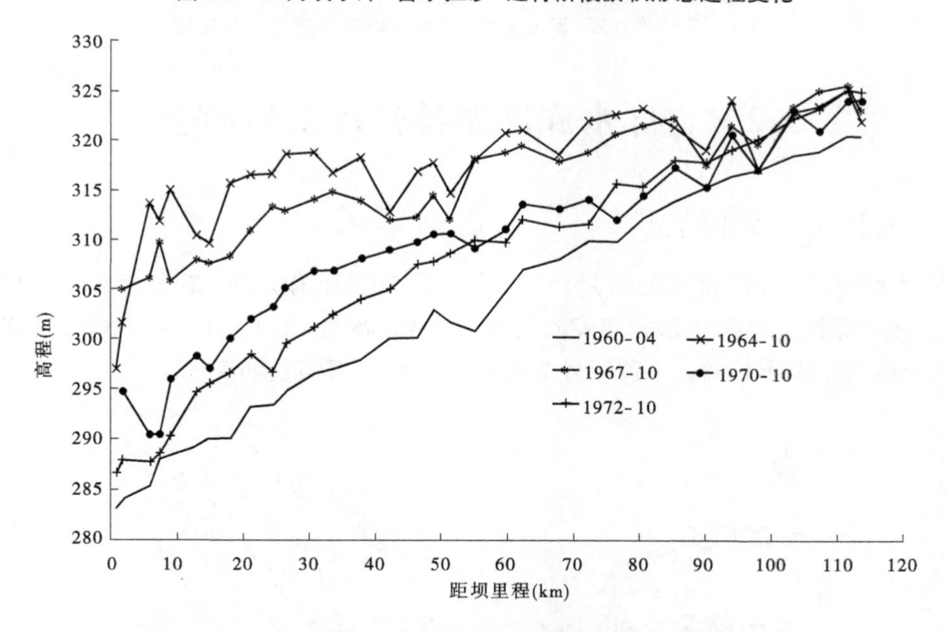

图3-2　三门峡水库“滞洪排沙”运行阶段淤积形态过程变化

库敞泄排沙运行。水库淤积形态过程变化见图3-3。

由于后续逐渐将三门峡水库剩余底孔打开，水库泄流规模不断增大，遇大洪水时，水库壅水小，或基本不壅水，水库汛期冲刷排沙，非汛期蓄水淤积，长期保持冲淤平衡。

从水库不同时期淤积形态来看，受汛期坝前运行水位控制，水库坝前淤积面高程基本处于305 m以下，库区淤积形态总体表现为锥体；坝前段冲淤变化较大，尾部段冲淤变化相对要小一些。

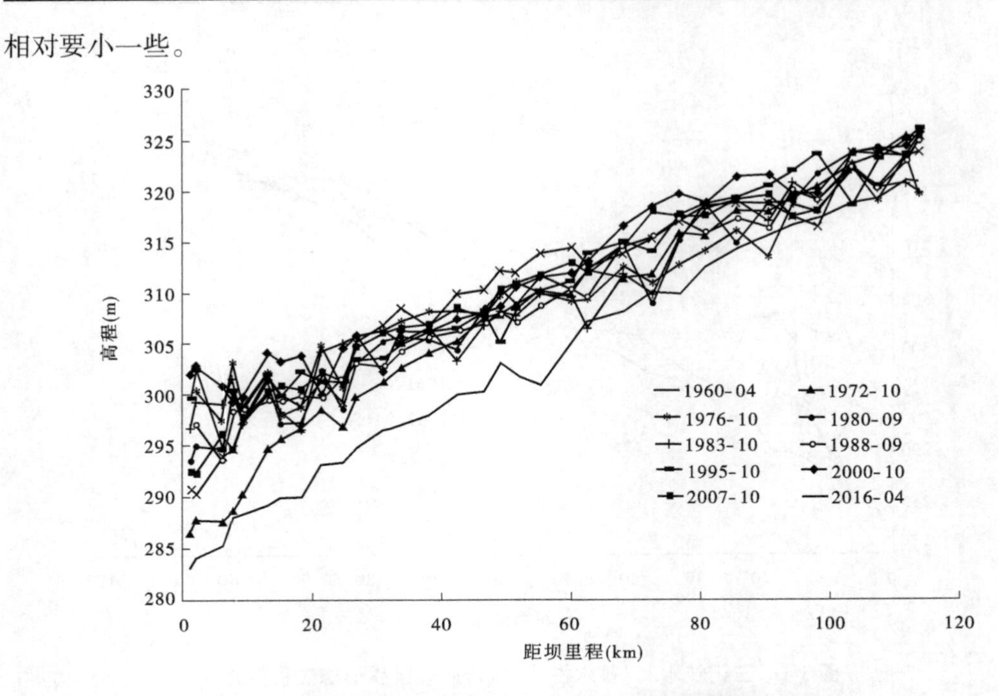

图 3-3　三门峡水库“蓄清排浑”运行阶段淤积形态过程变化

3.2　官厅水库冲淤特性及淤积形态

3.2.1　官厅水库基本情况

官厅水库位于海河流域的永定河上，库区主要支流有洋河、桑干河和妫水河，见图 3-4。水库原设计总库容为 22.7 亿 m^3，其中妫水河库区 12.9 亿 m^3，占总库容的 57%。永定河天然河床比降 1.4‰，汇流区最宽处为妫水河河口附近，约 5 km。

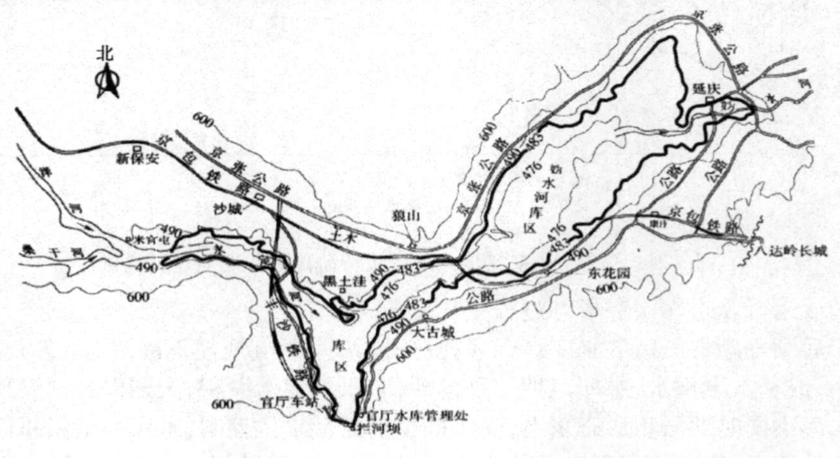

图 3-4　官厅水库库区平面分布

入库水量、沙量主要来自洋河和桑干河,1953～2000年均入库水量、沙量分别为9.15亿m^3和1 746万t,年均含沙量19.08 kg/m^3,见表3-1;支流妫水河来水来沙量非常少,年均值分别为0.33亿m^3和78.7万t。

表3-1 官厅水库不同时期入库水沙量统计

年份	入库总和			桑干河		洋河	
	年水量(亿m^3)	年沙量(万t)	年均含沙量(kg/m^3)	年水量(亿m^3)	年沙量(万t)	年水量(亿m^3)	年沙量(万t)
1953～1959	19.54	7 041	36.03	11.6	4 723	6.15	1 770
1960～1969	12.86	1 633	12.70	7.75	835	4.91	822
1970～1979	8.41	1 077	12.81	3.83	220	4.61	858
1980～1989	5.02	407	8.11	2.25	136.1	2.48	263
1990～2000	3.59	307	8.55	1.69	67.6	2	226.9
1953～2000	9.15	1 746	19.08	4.96	952.4	3.86	714.9

3.2.2 水库调度运行过程及淤积形态变化

3.2.2.1 干流淤积形态变化

1953～1955年9月,低水位滞洪运行,1955年10月转入正式蓄水运行,长期以来一直处于蓄水状态运行,水库各时期运行水位情况统计见表3-2。官厅水库各时期淤积情况统计见表3-3,官厅水库干流淤积纵剖面变化过程见图3-5,水库干流淤积呈三角洲形态。

表3-2 水库各时期运行水位情况统计 (单位:m)

时段(年-月)	1953-06～1955-09	1955-10～1974-05	1974-06～1980-05	1980-06～1990-05	1990-06～1997-06
运行方式	低水位拦洪	蓄水	蓄水	蓄水	蓄水
汛期平均	456.06	473.50	473.76	473.66	475.27
汛期最高	466.16	478.62	478.83	475.94	478.50

表 3-3 官厅水库各时期淤积情况统计 (单位:万 m³)

时段	1953 ~ 1959	1960 ~ 1970	1970 ~ 1980	1980 ~ 1990	1990 ~ 1997	1953 ~ 1997
淤积量	35 300	14 350	8 951	3 538	2 933	65 070
年均淤积量	5 043	1 435	895	354	489	1 549

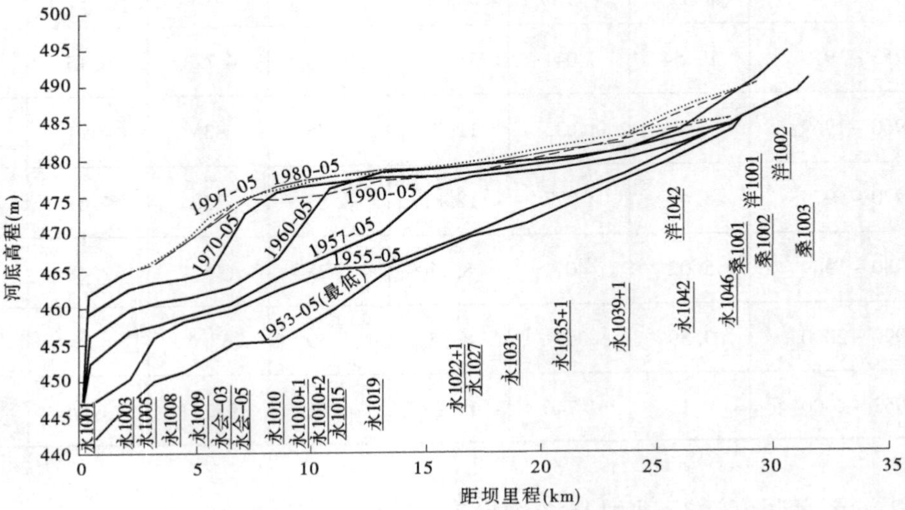

图 3-5 官厅水库干流淤积纵剖面变化过程

1953 年 6 月 ~ 1955 年 9 月,水库处于低水位拦洪运行,水库形成淤积三角洲,三角洲顶点距坝约 2. 5 km。

1955 年 10 月 ~ 1957 年 5 月,随后水库进入正式蓄水运行,运行水位抬升,库区淤积仍为三角洲形态,但淤积部位逐渐上移,三角洲顶点上移至距坝 15 km 处。

1957 年 6 月 ~ 1970 年 5 月,随着库区淤积量增加,淤积三角洲不断下移至距坝 8 km 处。

1970 年 5 月 ~ 1997 年 5 月,由于入库水量、沙量逐渐减少,水库年均淤积量减少,淤积三角洲推进相对缓慢,淤积三角洲顶点推进至距坝 6. 5 km 处。

3.2.2.2 支流淤积形态变化

官厅水库支流妫水河淤积纵剖面变化过程见图 3-6,按水库运行及拦门沙坎形成过程大概分为三个运行阶段。

1) 水库运行初期(1953 ~ 1955 年)

水库处于低水位拦洪运行阶段,壅水形成的回水范围正好在妫水河河口附近(距坝约 8 km)。由于汇流区河道宽,并受蓄水体顶托影响,干流入库泥沙大量淤积,形成三角洲淤积形态,顶点位于距坝 2. 5 km 处。支流妫水河河口则处于三角洲顶坡位置,支流河口及内部均大幅度淤积抬升,并形成拦门沙坎雏形。

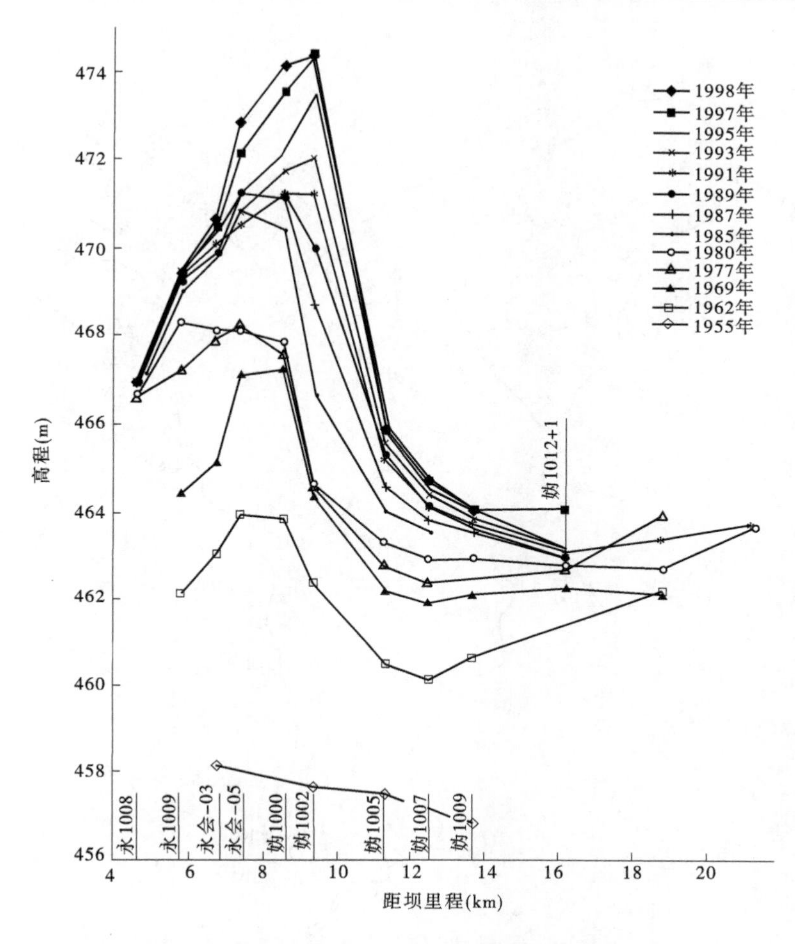

图3-6　官厅水库支流妫水河淤积纵剖面变化过程

2)蓄水运行前期(1956～1979年)

1955年10月水库转入蓄水正式运行,运行水位抬高,干流库区三角洲顶点逐渐上移,至1957年5月上移至距坝15 km处,之后随着库区淤积发展,三角洲顶点不断向坝前推进,1960年推进至距坝10 km处,1970年推进至距坝8 km处。期间,支流拦门沙坎淤积抬升迅速。干流永定河的主流基本处于中间偏右的位置(见图3-7),偏离妫水河河口。由于汇流区域河道较宽,主流摆动频繁,当主流靠近右岸时,不利于支流倒灌淤积,拦门沙坎抬升迅速,但支流内部淤积抬升速度则趋于缓慢。

3)"蓄水拦沙"后期(1980～1997年)

1997年5月,干流淤积三角洲顶点进一步推进至距坝6.5 km处,支流妫水河河口位于干流淤积三角洲顶坡段,附近水流多为壅水明流输沙流态,且汇流区主流开始从右岸向左岸转移,到1997年主流完全转移至左岸,来水来沙直逼妫水河河口,但由于前期支流形成的拦门沙坎的影响,进入支流内部的水量、沙量少,支流内部淤积抬升仍较缓慢。

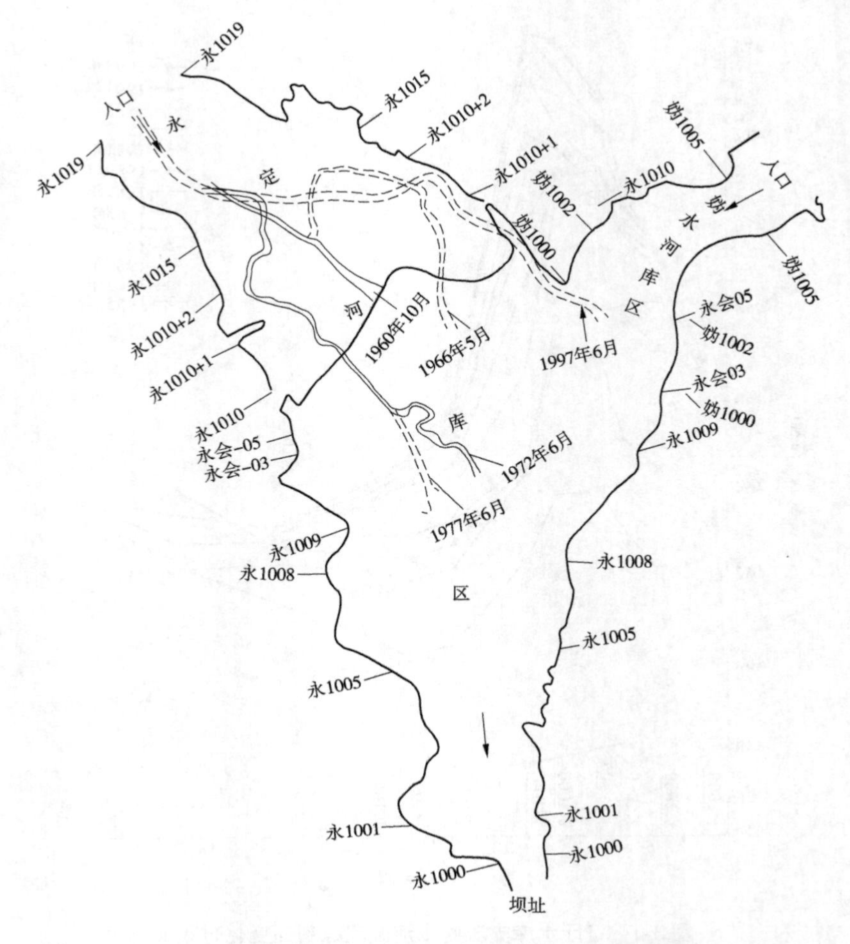

图 3-7　官厅水库妫水河与永定河汇流区主流线变化

3.3　巴家嘴水库冲淤特性及淤积形态

3.3.1　巴家嘴水库基本情况

巴家嘴水库位于甘肃省境内，泾河支流蒲河中游，控制流域面积 3 478 km^2，占蒲河流域面积的 46.5%。水库于 1958 年 9 月开始兴建，1960 年 2 月截流，1962 年 7 月建成，为拦泥试验库。初建坝高 58 m，坝顶高程 1 108.7 m，相应库容 2.57 亿 m^3，为黄土均质坝。1964 年、1974 年曾两次加高坝体，坝高 74.0 m，坝顶高程 1 124.7 m，校核洪水位为 1 124.4 m，原始总库容 5.11 亿 m^3。第二次加高大坝的同时，又改建了泄洪洞与输水洞。泄洪洞进口底坎高程抬升到 1 085.5 m，输水洞进口底坎高程抬升到 1 087 m。泄洪洞最大泄流能力为 101.9 m^3/s（1 124 m 高程）。1992 年 9 月增建泄洪洞工程正式开工，于 1998 年汛前投入运行。2004 年巴家嘴水库进行了除险加固设计，增建三孔溢洪道，并加固了坝体，并未增加坝高。

巴家嘴水库库区平面布置见图3-8，入库水沙量主要来自干流蒲河和支流黑河，巴家嘴水库入库径流量与输沙量为两个入库站（姚新庄、太白良）加上区间入汇的总和。1950年7月～1996年6月入库水沙特征值统计见表3-4，多年平均水量13 059万 m^3，多年平均沙量2 848万t，年平均含沙量218 kg/m^3。其中，7～8月水量6 098万 m^3，占全年水量的46.7%，沙量2 272万t，占全年沙量的79.8%；7～9月水量7 290万 m^3，占全年水量的55.8%，沙量2 456万t，占全年沙量的86.2%；10月～次年6月水量5 770万 m^3，沙量393万t。

3.3.2　水库调度运行过程及淤积形态变化

3.3.2.1　巴家嘴水库运行方式变化

根据巴家嘴水库运行情况，可划分为五个阶段：

(1)1960年2月～1964年5月，为蓄水运行时期，此阶段总淤积量为0.528亿 m^3，年均淤积量为0.132亿 m^3。由于坝前淤积厚度已超过30 m，防洪库容锐减，为满足防洪需要，进行坝体加高。

(2)1964年5月～1969年9月，水库自然滞洪运行，敞开全部闸门泄水，此阶段总淤积量为0.626亿 m^3，年均淤积量为0.104亿 m^3。因为水库泄流能力不足，又加上1964年为大水大沙年，因此这一阶段水库淤积仍较为严重。

(3)1969年9月～1974年1月，水库又转为蓄水运行，此阶段总淤积量为0.708亿 m^3，年均淤积量为0.177亿 m^3。至1974年初库区总淤积量已达1.862亿 m^3，为此进行第二次坝体加高。

(4)1974年1月～1977年8月，水库自然滞洪运行，总淤积量0.089亿 m^3，年均淤积量0.022亿 m^3。这一时段进库水沙量偏枯，除1977年外，沙量也都小于多年平均沙量。因此，第二次自然滞洪运行时期库区淤积量比第一次自然滞洪运行时期减少较多。

(5)1977年8月以后，水库运行方式改为"蓄清排浑"运行，即非汛期蓄水，汛初降低水位，洪水进库后将闸门全部开启泄洪。但因泄流能力小，遇洪水水库仍然严重滞洪淤积；1977年8月～1992年10月共淤积0.712亿 m^3，年均淤积0.047亿 m^3；1992年10月～1997年10月为增建新泄洪洞施工期，共淤积0.548亿 m^3，年均淤积0.110亿 m^3。1960年2月～1997年10月水库累计淤积已达3.211亿 m^3，年均淤积0.084亿 m^3。

各运行时期平均入、出库水沙量及排沙比列于表3-5。不同运行方式下水库的排沙比相差很大，在初期全年蓄水运行时，年均排沙比为0.043%，第二次全年蓄水运行时水库年均排沙比为32.6%，而"蓄清排浑"运行时水库的排沙比在60%～80%。

3.3.2.2　巴家嘴水库淤积形态变化

巴家嘴水库天然河道平均纵比降为22.6‰，不同时期水库淤积纵剖面见图3-9。1977年以前，水库分别采用了蓄水运行和自然滞洪运行两种运行方式，受泄流规模的限制，水库洪水期多为壅水排沙，库容淤积损失严重，淤积主体已推进至坝前，形成锥体淤积形态；1977年8月，水库改为"蓄清排浑"运行，库区河床深泓点纵剖面基本上是平行淤积抬高的，个别年份受水库冲刷的影响，坝前形成一定的排沙漏斗，影响范围多为距坝5 km以下。

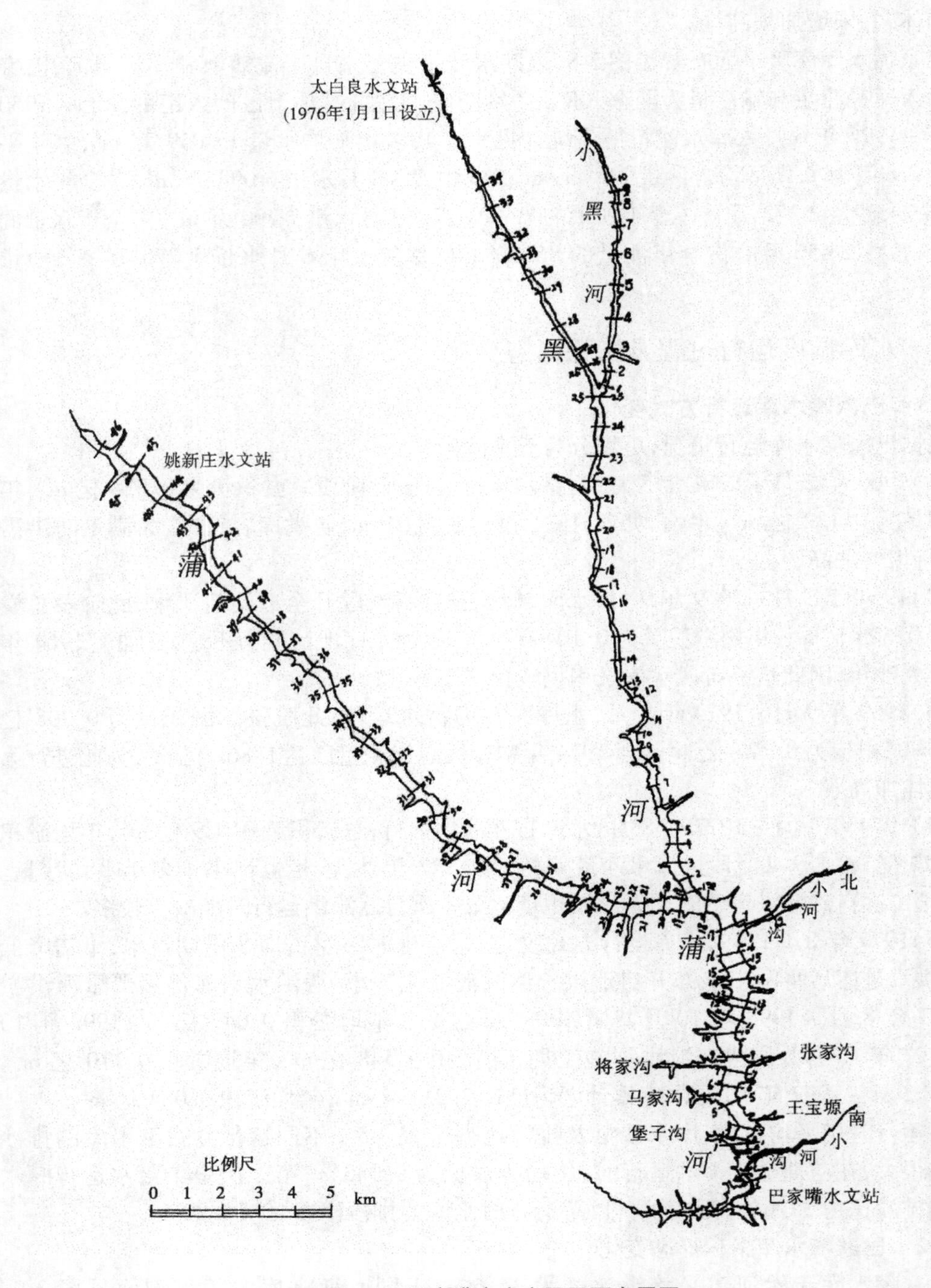

图3-8　巴家嘴水库库区平面布置图

表 3-4　巴家嘴水库入库水沙特征值统计

时段		水量(万 m^3)				沙量(万 t)				流量(m^3/s)			含沙量(kg/m^3)		
		7～8 月	7～9 月	10 月～次年 6 月	全年	7～8 月	7～9 月	10 月～次年 6 月	全年	7～9 月	10 月～次年 6 月	全年	7～9 月	10 月～次年 6 月	全年
1950～1959		6 762	7 814	5 825	13 639	2 164	2 283	167	2 450	9.83	2.47	4.32	292	29	180
1960～1969		6 237	7 656	5 751	13 407	2 692	2 919	451	3 370	9.63	2.44	4.25	381	78	251
1970～1979		5 508	6 742	5 234	11 976	2 244	2 490	208	2 699	8.48	2.22	3.79	369	40	225
1980～1989		5 157	6 371	5 934	12 305	1 675	1 845	585	2 430	8.02	2.51	3.90	290	99	197
1990～1996		7 307	8 250	6 329	14 579	2 795	2 930	660	3 590	10.38	2.68	4.62	355	104	246
平均		6 098	7 290	5 770	13 059	2 272	2 456	393	2 848	9.17	2.44	4.14	337	68	218
占年均百分数(%)	1950～1959	49.6	57.2	42.8	100	88.3	91.5	8.5	100						
	1960～1969	46.5	54.4	45.6	100	79.9	85.1	14.9	100						
	1970～1979	46.0	58.9	41.1	100	83.1	92.2	7.8	100						
	1980～1989	41.9	51.4	48.6	100	68.9	75.9	24.1	100						
	1990～1996	50.1	54.5	45.5	100	77.9	82.4	17.6	100						
	平均	46.7	55.8	44.6	100	79.8	86.2	14.8	100						

表 3-5　巴家嘴水库各运行时期水沙量和排沙比

运行时期（年-月）	1962-07 ~ 1964-06	1964-07 ~ 1970-06	1970-07 ~ 1974-06	1974-07 ~ 1977-06	1977-07 ~ 1985-06	1985-07 ~ 1992-06	1992-07 ~ 1996-09	1978-07 ~ 1996-09	1962-07 ~ 1996-06
水库运行方式	全年蓄水	自然滞洪	全年蓄水	自然滞洪	蓄清排浑				
年均入库水量（亿 m^3）	1.055	1.486	1.450	0.978	1.218	1.189	1.376	1.249	1.26
年均入库沙量（亿 t）	0.171	0.396	0.417	0.227	0.221	0.230	0.336	0.267	0.284
年均出库沙量（亿 t）	0.000 07	0.174	0.136 2	0.180	0.172	0.144	0.212	0.171	0.151
排沙比(%)	0.043	43.9	32.6	79.3	77.8	62.6	63.1	64.0	53.4

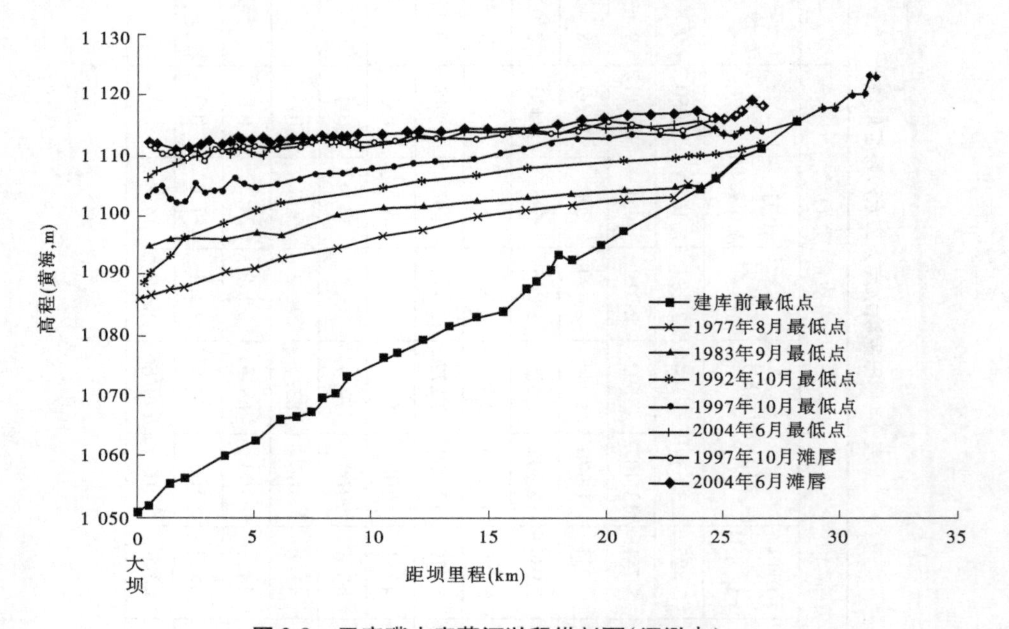

图 3-9　巴家嘴水库蒲河淤积纵剖面(深泓点)

3.4　三峡水库冲淤特性及淤积形态

3.4.1　三峡水库基本情况

三峡水库位于长江西陵峡中段的湖北省宜昌市三斗坪镇,距离下游葛洲坝水利枢纽约 40 km。水库设计洪水位 175 m,相应总库容 393 亿 m^3,正常蓄水位 175 m,汛期限制水位 145 m,枯水期消落低水位 155 m。三峡水库建成后,下游荆江河段的防洪标准由过去的约 10 年一遇提升至 100 年一遇。

3.4.2　水库调度运行过程及淤积形态变化

三峡水库调度主要依据初步设计确定的特征水位运行，即正常蓄水位 175 m，防洪限制水位 145 m，枯水期消落低水位 155 m。自 2003 年 6 月以来，水库主要经历了 3 个运行阶段，即围堰蓄水期、初期蓄水期、试验性蓄水期。

三峡水库于 2003 年 6 月进入围堰蓄水期，坝前水位按汛期 135 m、枯季 139 m 运行；2006 年汛后进入初期蓄水后，坝前水位按汛期 144 m、枯季 156 m 运行；自 2008 年汛末三峡水库工程进入 175 m 试验性蓄水期。不同阶段水库坝前水位变化过程见图 3-10。

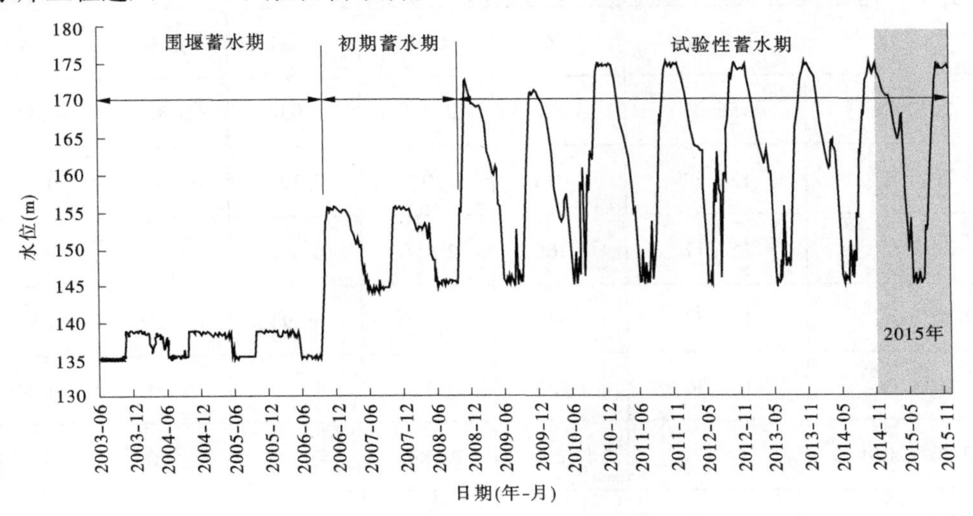

图 3-10　三峡水库蓄水运行以来坝前水位变化过程

2003 年 6 月 ~2015 年 12 月，三峡入库悬移质泥沙 21.152 亿 t，出库（黄陵庙站）悬移质泥沙 5.113 亿 t，不考虑三峡库区区间来沙（下同），水库淤积泥沙 16.037 亿 t，年均淤积泥沙 1.28 亿 t，水库排沙比为 24.2%。水库淤积主要集中在清溪场以下的常年回水区，其淤积量为 14.860 亿 t，占总淤积量的 92.7%；朱沱—寸滩、寸滩—清溪场库段分别淤积泥沙 0.370 亿 t、0.811 亿 t，分别占总淤积量的 2.3%、5.1%，见表 3-6。

表 3-6　三峡水库进出库泥沙与水库淤积量

时段（年-月）	三峡水库坝前平均水位（m）（汛期 5 ~10 月）	入库		出库		淤积量（亿 t）
		水量（亿 m^3）	沙量（亿 t）	水量（亿 m^3）	沙量（亿 t）	
2003-06 ~2003-12	135.23	3 254	2.08	3 386	0.84	1.24
2004 年	136.58	3 898	1.66	4 126	0.637	1.02
2005 年	136.43	4 297	2.54	4 590	1.03	1.51
2006 年	138.67	2 790	1.021	2 842	0.089 1	0.932

续表 3-6

时段(年-月)	三峡水库坝前平均水位(m)(汛期5~10月)	入库		出库		淤积量(亿t)
		水量(亿m³)	沙量(亿t)	水量(亿m³)	沙量(亿t)	
2007年	146.44	3 649	2.204	3 987	0.509	1.695
2008年	148.06	3 877	2.178	4 182	0.322	1.856
2009年	154.46	3 464	1.83	3 817	0.36	1.47
2010年	156.37	3 722	2.288	4 034	0.328	1.960
2011年	154.52	3 015	1.017	3 391	0.069 2	0.948
2012年	158.17	4 166	2.190	4 642	0.453	1.737
2013年	155.73	3 346	1.270	3 694	0.328	0.942
2014年	156.36	3 820	0.554	4 436	0.105	0.449
2003-06~2014-12	1 777	43 298	20.832	47 127	5.070 3	15.759
2015年	154.87	3 358	0.320	3 816	0.043	0.278
总计	1 931.89	46 656	21.152	50 943	5.113	16.037

注:入库水沙量未考虑三峡水库库区区间来水来沙;2006年1~8月入库控制站为清溪场,2006年9月~2008年9月入库控制站为寸滩+武隆,2008年10月~2015年12月入库控制站为朱沱+北碚+武隆。

三峡水库蓄水前,库区纵剖面呈锯齿状分布,受三峡水库蓄水影响,大坝—李渡镇河段深泓点平均淤积抬高7.5 m,最深点和最高点的高程分别淤高8.9 m和1.4 m;李渡镇—铜锣峡河段深泓点平均冲刷0.26 m,最深点和最高点的高程分别淤高0.9 m和0.2 m,见图3-11。

近坝段河床淤积抬高最为明显,见图3-12。变化最大的深泓点为S34断面(位于坝上游5.6 km),淤高64.0 m,淤后高程为35.0 m;其次为云阳附近河段,S148断面(距坝240.6 km)深泓点淤高51.0 m,淤后高程为105.0 m;最后为皇华城河段,皇华城S204断面(距坝355.3 km),其深泓最大淤高45.3 m,淤后高程为123.2 m。据统计,库区铜锣峡至大坝段深泓淤高20 m以上的断面有31个,深泓淤高10~20 m的断面共41个,这些深泓抬高较大的断面多集中在近坝段、香溪宽谷段、臭盐碛河段、皇华城河段等淤积较大的区域;深泓累计出现抬高的断面共有244个,占统计断面数的78.2%。李渡以上深泓除牛屎碛放宽段S277+1处抬高6.0 m外,其余位置抬高幅度一般在2 m以内。

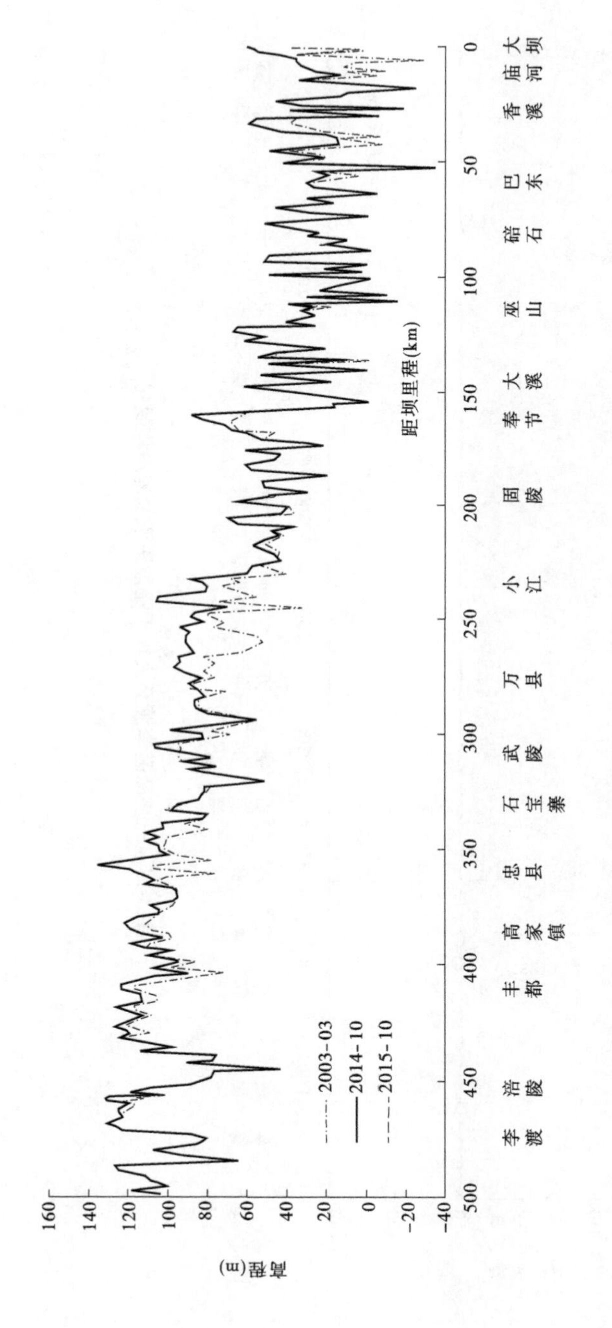

图 3-11　三峡库区李渡至大坝干流段深泓纵剖面变化

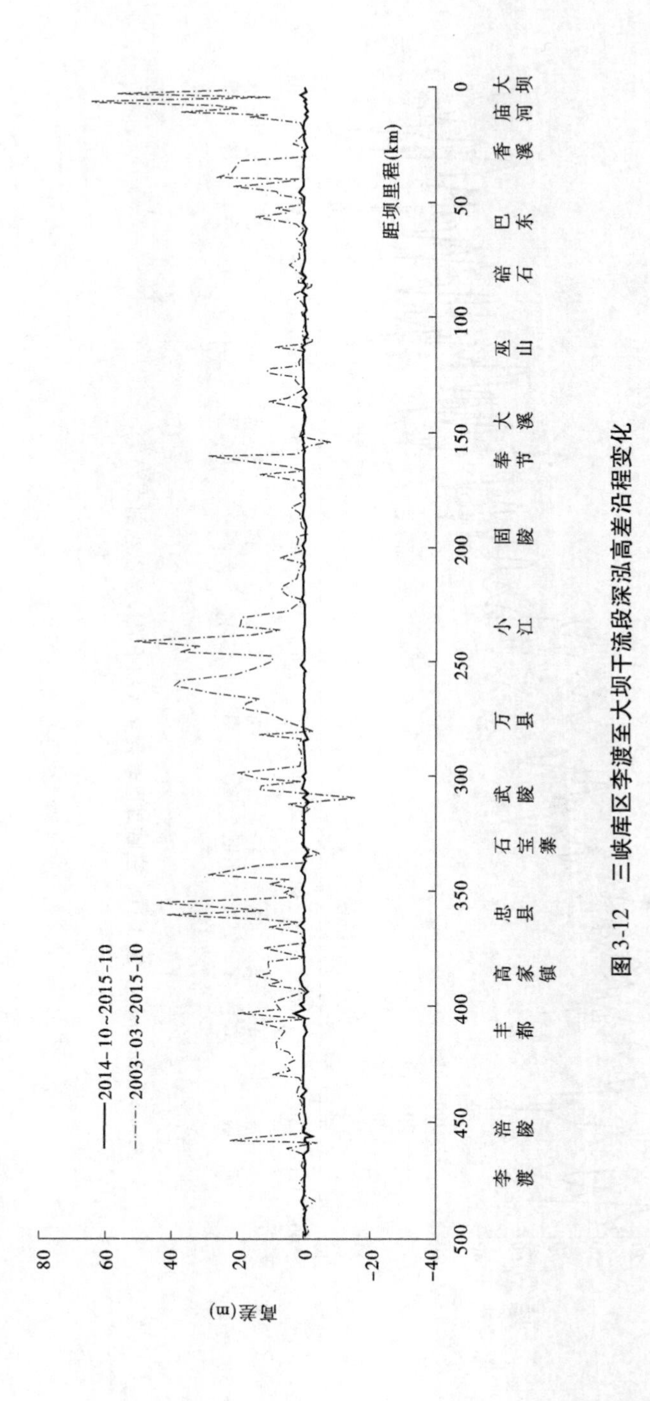

图3-12　三峡库区李渡至大坝干流段深泓高差沿程变化

3.5 小　结

通过对已建水库淤积形态变化过程与运行方式调整、入库水沙变化等关系分析，得出以下主要认识：

（1）多沙河流水库蓄水运行时，汛期库水位变化幅度小，形成较大蓄水体，入库泥沙沿程分选淤积，一般形成三角洲淤积形态；抬高水位运行，三角洲淤积顶点上移，降低水位运行，则三角洲顶点下移；若控制水位运行，则随着水库淤积量增加，三角洲顶点也将不断向大坝推进，推进速度的快慢主要取决于入库流量大小和沙量多少，入库流量大，挟带沙量多，则推进速度快，反之推进速度较慢。

（2）多沙河流水库采用“滞洪排沙”或“蓄清排浑”运行时，汛期洪水期水库运行水位低，可将更多的泥沙输沙至坝前，甚至冲刷排沙出库，水库容易形成锥体淤积形态。

（3）少沙河流水库采用水位控制运行时，由于入库沙量少，对于峡谷型水库（如三峡水库），水流挟沙能力富余，进入库区水体后，泥沙沿程分选淤积过程缓慢，多形成带状淤积形态，且受各库段河宽、比降等外在条件影响，淤积成锯齿状，并不均匀。

（4）当库区支流库容较大，且相应来水来沙量偏小时，如小浪底水库支流畛水河、官厅水库支流妫水河，支流淤积主要来自干流浑水倒灌，容易形成一定的拦门沙坎。水库运行水位高低及干流三角洲淤积顶点推进对支流淤积影响明显，当水库运行水位较高时，淤积部位靠上，进入到支流沟口附近的泥沙量少，则支流淤积抬升较慢；而当水库运行水位较低，三角洲顶点向前推进至支流沟口附近时，则往往使得支流迅速淤积抬升。

第 4 章　水库综合利用要求

4.1　防洪要求

4.1.1　各时期小浪底水库防洪控制指标及实际运用效果

(1)小浪底水库设计阶段。

小浪底水库设计以防洪(防凌)、减淤为主,是黄河中下游防洪工程体系的重要组成部分,是调蓄进入下游洪水的关键性工程。其中,水库的防洪任务在设计任务书中明确规定为:要求小浪底工程与已建的三门峡、陆浑和故县等水库联合运行,并利用东平湖分洪,使黄河下游防洪标准在一定时期内提高到 1 000 年一遇;使 1 000 年一遇以下的洪水不再使用北金堤滞洪区,减少巨大的淹没损失,满足中原油田防洪要求;对常遇洪水也能减轻防汛负担。可见,小浪底水库的防洪任务是要在一定时期内使黄河下游的防洪标准达到 1 000 年一遇,并能减轻常遇洪水黄河下游的防洪负担。

根据小浪底水库初步设计成果,小浪底水库设计汛限水位 254 m,设计长期有效库容为 51 亿 m^3,其中设计防洪库容为 40.5 亿 m^3,含 7.9 亿 m^3 的保滩库容,设计保滩标准为 5 年一遇。以花园口流量为防洪控制指标,指标值的选取考虑了以下两方面要求:一是黄河下游防洪要求,为了减少东平湖滞洪区的运行机遇,对于以三门峡以上来水为主的洪水,为保证小浪底水库留有足够的库容控制特大洪水,100 年一遇以下洪水小浪底水库须控制花园口流量不超过 10 000 m^3/s;100 年一遇及其以上洪水小浪底水库按维持库水位运行,允许花园口流量超过 10 000 m^3/s。对于以三花间来水为主的洪水,小浪底水库须控制普通洪水(约 10 年一遇)花园口流量不超过 10 000 m^3/s,三花间来水流量大于 9 000 m^3/s 时,水库按 1 000 m^3/s 发电流量下泄,允许花园口流量超过 10 000 m^3/s。二是下游滩区减灾需求,考虑到下游滩区行洪将淹没影响 130 万人,损失较大,为了适当减少漫滩洪水出现机遇,当小浪底水库蓄洪量小于 7.9 亿 m^3 且小花间来水小于 7 000 m^3/s 时,水库按凑泄花园口 8 000 m^3/s 控制下泄,进行保滩运行。

(2)批复的《黄河中下游近期洪水调度方案》(国汛〔2005〕11 号)(简称《近期调度方案》)。

拦沙初期小浪底水库的防洪库容远大于设计防洪库容,在此期间如果按照设计方式运行,防洪调度是有余地的。但由于下游河道主槽过流能力小、滩区防洪问题突出,因此小浪底水库拦沙初期防洪运行的重点是中常洪水的防洪问题,利用小浪底水库初期较大的库容,对中常洪水进行适当的控制运用,尽量减小黄河下游洪水漫滩概率和淹没损失,是初期防洪运用的主要特点。

2005 年国家防总批复了《黄河中下游近期洪水调度方案》。方案中规定:①对预报花园口4 000～8 000 m^3/s的一般含沙量洪水，小浪底水库按控制下游平滩流量运行，水库控制运行的水位不超过254 m；对于潼关含沙量超过200 kg/m^3的高含沙中常洪水，水库原则上按进出库平衡方式运行。②对预报花园口8 000～10 000 m^3/s量级的洪水，水库原则上按进出库平衡方式运行。③对预报花园口流量大于10 000 m^3/s的洪水，按控制花园口10 000 m^3/s运行。若预报小花间流量大于或等于9 000 m^3/s，按不大于1 000 m^3/s（发电流量）下泄。

（3）小浪底拦沙期防洪减淤运行方式研究阶段。

研究报告通过统计分析不同量级洪水下游滩区淹没损失，考虑小花间洪水特点小浪底水库拦沙后期调控能力，提出拦沙后期花园口10 000 m^3/s以下洪水防洪控制指标及运行方式，即预报花园口洪峰流量4 000～8 000 m^3/s，若为潼关以上来水为主的高含沙洪水，小浪底水库按敞泄方式运行；否则，水库拦沙后期第一阶段（淤积量42亿m^3以前）、第二阶段（淤积量42亿～60亿m^3）、第三阶段（淤积量60亿m^3以后）分别按控制花园口4 000 m^3/s、5 000 m^3/s、6 000 m^3/s方式运行，水库控制运行水位不超过254 m。预报花园口洪峰流量8 000～10 000 m^3/s，视潼关站洪水含沙量、水库淤积等情况，小浪底水库按敞泄或控泄（控制花园口流量不超过8 000 m^3/s）方式运行。

（4）历年发布的黄河防洪预案。

历年发布的黄河防洪预案主要是在国家防总批复的《近期调度方案》指导下编制的，因此防洪控制指标与《近期调度方案》一致。

（5）批复的《黄河防御洪水方案》、《黄河洪水调度方案》。

《黄河防御洪水方案》和《黄河洪水调度方案》考虑河口村水库的建成运行，在黄河中下游防洪工程体系中增加了这个水库。《黄河洪水调度方案》考虑到小浪底水库已处于拦沙后期第一阶段，防洪库容较《近期调度方案》进一步减少，提出对4 000～8 000 m^3/s量级洪水，原则上依据初步设计按进出库平衡方式运行，并在其前提下相机按控制花园口站流量4 000 m^3/s或主河槽过洪能力相应流量（大于4 000 m^3/s时）方式运行，避免滩区受淹。最高控制运行水位原则上不超过254 m。对8 000～10 000 m^3/s量级洪水，从《近期调度方案》中的不控制运行调整为按洪水来源适时控制运行，以减小滩区灾害损失，即洪水主要来源于三门峡以上，原则上按进出库平衡方式运行；洪水主要来源于三花间，视下游汛情适时控制运行。对10 000 m^3/s以上的洪水，本方案进行了补充和细化，有利于与水库初步设计方式相衔接。对于以三门峡以上来水为主的洪水，200年一遇以下洪水小浪底水库按控制花园口10 000 m^3/s方式运行；200年一遇及其以上洪水小浪底水库按进出库平衡方式运行，允许花园口流量超过10 000 m^3/s。对于以三花间来水为主的洪水，按控制花园口10 000 m^3/s运行。若预报小花间流量大于或等于9 000 m^3/s，按流量不大于1 000 m^3/s（发电流量）下泄。

显然，从黄河中下游防洪工程体系来看，现阶段黄河中下游防洪调度已由原来的三门峡、小浪底、陆浑、故县等水库四库联合调度变成三门峡、小浪底、陆浑、故县、河口村等水库五库联合调度，河口村水库的加入，改变了沁河下游被动防洪局面，提高了对中常洪水控制能力，进一步缓解了黄河下游大堤的防洪压力。从各时期选取的防洪控制指标来看，《黄河防御洪水方案》和《黄河洪水调度方案》根据目前中下游防洪工程现状、下游防洪需求变化情况，选用的小浪底水库防洪控制指标与《近期调度方案》和水库初步设计阶段的不尽相同，主要区别在中常洪水的控制流量上，初步设计阶段黄河下游河道主槽过流能力较大，保滩流量取 8 000 m^3/s；近期由于河道萎缩、中常洪水量级减小、滩区减灾呼声较高，考虑到水库初期库容较大，《近期调度方案》中控制流量取下游平滩流量；《黄河防御洪水方案》和《黄河洪水调度方案》中考虑水库已进入拦沙后期，库容逐渐淤积减小，对中常洪水控制流量又进行了调整，逐步向初步设计阶段过渡。从实际调度结果来看，近期水库的防洪调度更全面考虑各方面的要求，水库及下游防洪、减淤效果是显著的。

4.1.2　未来一段时期内的防洪要求分析

近年来，由于黄河中游洪水量级及频次减小、进入黄河下游水沙减少，下游滩区求发展的呼声渐高，洪水管理、洪水资源化观念的提出，使得黄河下游防洪不仅仅是防御洪水决堤，防止河道淤积尤其是主槽淤积，还要兼顾滩区防洪减灾。因此，小浪底水库防洪运行应考虑以下几个方面的要求：

(1)下游两岸保护区防洪要求。

根据 2014 ~ 2015 年完成的《黄河流域洪水风险图编制》，黄河下游防洪保护区涉及河南、河北、山东、安徽及江苏等 5 省，总面积 12 万 km^2，人口 1.30 亿，耕地 1.39 亿亩。黄河一旦决堤，水冲沙压，洪灾损失巨大。因此，小浪底水库应联合下游防洪工程体系，尽量控制进入下游洪水量级在大堤设防标准以内，花园口、高村、艾山等断面堤防设防流量分别为 22 000 m^3/s、17 500 m^3/s、11 000 m^3/s。为了减小东平湖滞洪区分洪运行概率，应联合中游其他骨干水库，尽量控制花园口流量不超过 10 000 m^3/s。

(2)滩区防洪减灾要求。

黄河下游滩区既是河道的重要组成部分，具有行洪、滞洪、沉沙的作用，同时也是区内约 189 万人赖以生存的家园。为保护黄河行洪安全，国家相关法律法规对滩区建设做出许多禁止性规定，如工业项目不能落户滩区、基础设施项目不能在滩区安排等。滩区群众生活贫苦，长期受到洪水威胁。

根据统计，1949 ~ 2005 年的 56 年中发生有灾害记录的漫滩洪水 32 次，洪水的淹没频次约为 1.8 年一遇。目前黄河下游平滩流量仅为 4 200 m^3/s 左右，加上"二级悬河"发育，中常洪水上滩机遇增加。洪水漫滩概率之高，群众面临的洪水风险之大，高风险下居住的人口之多，在国内任何一个区域都是绝无仅有的。

2017 年 5 月，李克强总理考察黄河滩区迁建情况，对黄河下游滩区安全建设和滩区群众脱贫致富给予了极大的关心和支持。提出力争用 3 年时间优先解决地势低洼、险情突出滩区群众迁建问题，促进实现保障黄河安全与滩区发展的双赢。

显然，在未来一段时期内，下游滩区防洪减灾仍是水库群调度需关注的重要问题。利用小浪底水库拦沙后期较大的防洪库容削减洪峰，减小滩区淹没损失，是现行有效措施之一。2015 年完成的《黄河下游滩区洪水风险图编制》洪水分析结果表明：6 000 m^3/s 量级以下洪水，淹没地物及财产损失都比较小，量级从 6 000 m^3/s 增加到 22 000 m^3/s，淹没地物及财产损失几乎呈直线增加。其中，8 000 m^3/s 量级洪水滩区受淹乡镇个数、淹没耕地面积、财产损失分别是 6 000 m^3/s 量级的 2 倍、51 倍、32 倍。可见，将花园口洪峰流量控制到 6 000 m^3/s 以下,可以有效减小滩区的淹没损失。

4.1.3　防洪控制指标选取

综合各时期小浪底水库防洪控制流量指标选取依据、水库实际调度运行效果及未来一段时期内的防洪需求,取花园口流量 4 000 m^3/s、10 000 m^3/s 作为小浪底水库的防洪控制指标,具体如下:

汛期 7 月 1 日～10 月 31 日,考虑到小浪底水库现阶段防洪库容仍较大,目前黄河下游平滩流量为 4 000 m^3/s 以上,相关研究成果表明,下游河道适宜的中水河槽规模为 4 000 m^3/s,因此为减小下游滩区淹没损失,对花园口 4 000～10 000 m^3/s 量级中常洪水,水库可视来水来沙情况,控制到花园口 4 000 m^3/s,最高控制运行水位不超过 254 m。对于大洪水,为保证黄河下游两岸防洪保护区防洪安全,同时为了减少东平湖滞洪区的运行机遇,应联合中游其他骨干水库尽量控制花园口流量不超过 10 000 m^3/s。

鉴于目前黄河中下游中常洪水防洪问题突出,下游滩区滞洪沉沙与群众生活生产、经济社会发展矛盾突出,已成为黄河下游治理的瓶颈。下一步将重点研究水库对花园口流量 4 000～10 000 m^3/s 中常洪水的防洪调度方式。

4.2　防凌要求

4.2.1　黄河下游凌情特点及未来凌汛情势

(1)黄河下游凌情及冰凌洪水特点。

黄河下游为不稳定封冻河段,自 1950～2015 年的 65 年中共有 53 年封冻,封冻年份约占 82%。下游河段起始流凌日期最早发生在 11 月 30 日,最晚发生在 1 月 22 日,多年平均为 12 月 19 日。初始封冻日期最早发生在 12 月 3 日,最晚发生在 2 月 16 日,多年平均首封日期为 1 月 1 日。最早解冻开通日期是 1 月 3 日,最晚是 3 月 18 日,多年平均是 2 月 11 日,下游各河段水文站测验河段的初始封冻日期和解冻日期不一样,习惯上把全河段初始封冻日期到全河段解冻开通日期所经历的时间称为封冻历时,黄河下游多年平均封冻历时约 49 d,最长的历时是 86 d(1968 年),最短的只有 3 d(2004 年)。黄河下游封冻最长时上首达河南荥阳汜水河口,长度为 703 km(1968～1969 年度),最短时仅封至垦利王家院,长度约 25 km(1988～1989 年度)。黄河下游多年(1950～2015 年度)平均封冻长度为 222 km,其中 1950～1973 年(三门峡水库全面调节前)平均封冻长度为 282 km,1973～1986 年平均封冻长度为 250 km,1986～2015 年(持续暖冬)平均封冻长度为 161 km。2000 年以后黄河下游冰凌险情显著减轻,封河天数、封河长度、冰厚等呈减小趋势,2011 年以后下游河段未发生封冻。

下游冰凌洪水一般峰低、量小、历时短,洪水过程线呈三角形。凌峰流量一般为 1 000～2 000 m^3/s,实测最大值不超过 4 000 m^3/s。洪水总量一般为 6 亿～10 亿 m^3。洪水历时一般为 7～10 d。下游冰凌洪水流量虽小,但水位高。凌峰流量一般自上而下沿程逐渐增大。一般情况下槽蓄水增量大,则凌洪凌峰亦大且历时长,反之凌洪凌峰小且历时短。冰塞、冰坝是黄河下游产生凌汛威胁的根本原因，黄河下游的冰坝一般高出水面 2 ~ 3 m，高的可达 4 ~ 5 m。冰坝持续时间一般是 1 ~ 2 d，短的几小时，长的可十几天。1950 ~ 2015 年，黄河下游发生比较严重的冰坝有 8 年共 9 次。

(2)未来凌汛情势分析。

冰凌洪水的成因和变化主要受热力条件、动力条件和河道边界条件的影响。其中，热力条件主要受气温变化影响。根据科学技术部、中国气象局、中国水利水电科学研究院等 12 个部门组织编制和发布的《气候变化国家评估报告》(2006 年)，未来中国的极端天气、气候事件发生频率可能增加。在此气候变化的大背景下，未来黄河下游冬季气温在现今水平上可能会有所升高，而且冬季大幅度升降温事件发生频率将会增大，极端低温的情况也有可能发生。动力条件主要受小浪底水库下泄流量影响。近年来，小浪底水库在凌汛期除控制下泄流量以满足供水、灌溉、发电的要求外，还多次承担了对外流域的调水任务。在未来一段时期内，下游供水、发电、灌溉等需水要求和对外流域的调水任务与近些年差别不大。同样，未来一段时期内下游河道边界条件也不会发生太大改变，相关研究表明，小浪底水库拦沙后期，下游河道主槽过流能力基本能够维持在 4 000 m^3/s 左右。

因此，结合黄河下游的冰凌洪水历史变化情况，认为未来黄河下游凌情基本特征不会发生大的改变，但由于黄河下游暖冬现象仍将持续(参考《气候变化国家评估报告》)，受凌汛其流量持续偏小的影响，流凌、首封日期可能推后，开河日期可能提前。未来一段时期内冰凌险情会有所减轻，但凌灾威胁仍然存在。

4.2.2 各时期小浪底水库防凌控制指标及实际运用效果

(1)小浪底水库设计阶段。

小浪底水库设计防凌库容 20 亿 m^3，与三门峡水库(防凌库容 15 亿 m^3)、下游防洪工程共同承担黄河下游防凌任务。初步设计阶段设计提出封河前、封河后两个防凌调控流量指标，即下游河道封冻前，当内蒙古河段封冻引起下游来水流量骤然减少时，小浪底水库进行补偿调节，均匀泄流 500 m^3/s 左右，维持下游流量平稳，以推迟下游河道封河时间，并避免小流量封河造成冰下过留能力过小的不利情况；封冻后控制泄流 300 m^3/s 左右，使下游来水不超过河道的冰下过流能力，尽可能减少凌汛期间河道槽蓄水增量，减小开河时的凌峰流量，延缓开河时间。

(2)水库初期运行阶段。

小浪底水库初期运行方式研究项目中，根据防凌期历史资料分析及三门峡水库防凌运行经验，水库初期运行阶段设计封河前、封河后防凌调控流量为花园口 500 m^3/s 左右、350 m^3/s 左右(考虑同期下游用水时为 450 m^3/s 左右)。显然，水库初期运行阶段设计的防凌调控流量指标与小浪底水库初步设计阶段差别不大。

(3)小浪底拦沙期防洪减淤运行方式研究阶段。

研究报告通过对凌汛情势变化的分析，认为黄河下游防凌库容需求仍为 35 亿 m^3。考虑与三门峡水库的联合防凌运行情况及供水、发电等综合要求，小浪底水库的防凌库容需求仍为 20 亿 m^3。

通过总结凌汛期三门峡水库的试验及小浪底水库在拦沙初期的防凌运行经验，认为黄河下游封河流量以花园口断面 500 m^3/s 左右、利津断面 400 m^3/s 左右为宜；黄河下游冰下过流能力以花园口断面 450 m^3/s 左右、利津断面 350 m^3/s 左右为宜。防凌运用中，小浪底水库通过预留防凌库容，凌汛期与三门峡水库联合运行，控制下泄流量不超过 300 ~ 400 m^3/s，可基本控制下游凌汛威胁。

（4）历年发布的黄河防凌预案。

历年发布的黄河防凌预案以确保黄河防凌安全，实现防凌与发电、水资源调度和谐统一为目标。选取利津站封河流量为防凌控制指标，综合考虑了近年来下游封河情况、预报来水情况、引水耗水情况和小浪底水库蓄水量，推荐封河流量为 100 ~ 300 m^3/s，相应水库下泄流量为 200 ~ 1 000 m^3/s。显然，预案拟定的防凌控制指标与小浪底水库设计指标相协调，指标取值上的出入只要受水库实际调度中上游来水、水库蓄水、下游凌情、跨流域调水和用水情况等实际情况的约束。从调度效果上看，历年调度不但保证了下游防凌安全，兼顾了跨流域调水的需要，还为春季下游用水和调水调沙运用储备了充足的水源。

（5）近期批复的《黄河防御洪水方案》（国函〔2014〕44 号）、《黄河洪水调度方案》（国汛〔2015〕19 号）。

近期批复的《黄河防御洪水方案》（国函〔2014〕44 号）、《黄河洪水调度方案》（国汛〔2015〕19 号）提出由三门峡水库、小浪底水库承担下游河段防凌任务，凌汛期为 12 月 1 日 ~ 次年 2 月底，小浪底水库预留防凌库容 20.0 亿 m^3，按年度确定的下游河段封河流量控制指标平稳下泄（考虑区间加水及引黄用水），开河期适时压减出库流量。

总体来看，小浪底水库投入运行以来，下游流量调控能力得到进一步加强，出库水温升高，零温断面有所下移；下游凌情明显减轻，流量较大时使可能封河变为不封河，流量较小时封河期冰情减轻，封冻河段缩短。

4.2.3　防凌控制指标选取

综合黄河下游近期凌情变化特点、水库实际调度效果以及下游防凌形势，鉴于小浪底水库拦沙后期库容较大、防凌技术和信息化水平不断提高，认为未来一段时期水库仍保有较强的防凌调控能力，凌汛期(12 月 1 日至翌年 2 月底)通过三门峡水库、小浪底水库联合运用，预留防凌库容 35 亿 m^3，其中小浪底水库分担 20 亿 m^3，控制下游河段封河流量不超过 300 m^3/s，可基本满足防凌水量调节要求，控制下游凌汛威胁。

封河流量相应控制断面宜选取易于发生封冻河段上的控制水位站，近十几年来黄河下游封冻河段绝大数出现在济南以下河段，滨州市境内河段封冻概率较高，封河流量相应控制断面推荐采用利津站。

由此，确定小浪底防凌控制指标为利津站 300 m^3/s。防凌调度具体要求为：凌汛期 12 月 1 日 ~ 次年 2 月底，小浪底水库预留防凌库容 20.0 亿 m^3，按控制利津站封河流量 300 m^3/s 平稳下泄（未考虑区间加水及引黄用水），一旦封河，在开河期适时压减出库流量，为槽蓄水增量释放创造条件。

4.3 减淤要求

4.3.1 下游减淤调控指标以往研究基础

4.3.1.1 水库初步设计阶段

小浪底工程设计阶段(工程规划、可行性研究、初步设计、招标设计等)主要研究了小浪底水库以调水和调沙为主两种运行方式下下游河道减淤对小浪底水库运行的要求。

根据黄河下游的冲淤规律分析,小浪底水库以调水为主时,下游调控指标如下:①水库着重调节对艾山—利津河段不利的流量。在汛期 1 000 ~2 000 m^3/s 流量时,艾山—利津河段淤积较严重,即使水库下泄清水,也出现艾山以下河段淤积。因此,水库在汛期要尽量控制不下泄 1 000 ~2 000 m^3/s 的流量过程。②下游河道在 3 000 m^3/s 以上流量一般要发生长距离冲刷或较少淤积。在流量 4 000 ~5 000 m^3/s 接近平滩流量时,河道的挟沙力最大。因此,水库在汛期的调节要尽可能增加下泄 3 000 ~5 000 m^3/s 流量的机遇。③黄河来水量小于 800 m^3/s 时,下游的淤积量较小,因此小水时水库应适当调蓄按不大于 800 m^3/s下泄。

4.3.1.2 国家“八五”攻关阶段

“八五”期间,黄河水利委员会勘测规划设计研究院(简称黄委设计院)和黄河水利科学研究院、清华大学、中国水利水电科学研究院、武汉大学、西安理工大学等单位就小浪底水库的运行方式进行了一些新的探索研究。

(1)大洪水对泥沙的输送能力较大,当流量在 2 500 m^3/s 以上尤其是 3 500 m^3/s 以上时,下游河道输沙能力较高,小浪底水库要发挥调节库容的调节作用,增强对水沙的调节,把泥沙调节到大流量洪水期输送,相应的调控上限流量为 2 500 m^3/s 或 3 500 m^3/s。

(2)800 ~2 500 m^3/s 流量对下游河道会造成淤积不利的影响,小浪底水库在汛期调水运行时,避免下泄 800 ~2 500 m^3/s 流量。

通过“八五”攻关研究,一致认为,增大水库调节库容,且充分发挥调节库容的作用,增强对水沙的调节,把泥沙调节到大流量洪水期输送,通过拦沙和调水调沙增大水库对下游河道的减淤效益。

4.3.1.3 小浪底水库拦沙初期运行方式研究

小浪底水库拦沙初期是指水库淤积量达到 21 亿 ~22 亿 m^3 以前,这一阶段水库以异重流排沙为主,排沙比较小且变化不大,下游河道基本是清水冲刷。结合水库初期运行的特点,这一时期下游减淤对小浪底水库调度运行提出了新的要求。

从下游河道特别是艾山—利津河段的减淤出发,要求出库流量必须两极分化。其中,对于调控下限流量,要满足发电、供水、灌溉等兴利要求,控制其不大于 600 ~800 m^3/s;对于调控上限流量,考虑河道引水后,根据艾山—利津河段不淤或冲刷最大分别为 2 600 m^3/s 或 3 700 m^3/s,为了避免河南河段的现状河势发生剧烈变化,水库拦沙运用初期的 1 ~3 年建议采用 2 600 m^3/s,稍后的适当时间根据下游河道的河势变化情况,河道整治工程的建设情况可采用 3 700 m^3/s 来适应下游河道出现的新情况,适当提高艾山—利津河段的减淤效果。对于不小于调控上限流量的洪水历时,以6~9 d为宜。

4.3.1.4 小浪底水库拦沙后期运行方式研究

水利部审批的《小浪底水利枢纽拦沙初期运用调度规程》规定水库淤积量达21亿~22亿m^3拦沙初期结束,之后进入拦沙后期。拦沙后期,随着库区淤积量的增加,蓄水体逐渐减小。为了恢复拦沙库容,拦沙后期提出以“多年调节泥沙,相机降低水位冲刷,拦沙和调水调沙运用”为指导思想的运行方式,主要涉及水库降低水位冲刷方式和时机、较高含沙水流在下游河道输移规律,水库如何运用延长拦沙使用年限,长期保持有效库容,提高水库对下游河道的减淤效益,恢复并维持下游河道的中水河槽等。针对上述要求,分析这一阶段下游减淤要求。

1)调控下限流量

根据汛期平水期和非汛期下游河道冲淤特性,下泄流量大对高村以上河段冲刷有利,而对高村以下河段减淤不利,因此对于调控下限流量,从下游河道特别是高村—艾山河段和艾山—利津河段的减淤方面考虑,小浪底水库应尽量控制下泄流量,小黑武流量不大于800 m^3/s。为满足水库发电要求,汛期出库流量按400 m^3/s控制。

2)调控上限流量

(1)一般含沙量洪水调控流量和历时。

通过对不同水沙条件洪水冲淤特性分析研究,从下游河道减淤的角度来看,调控上限流量选择在2 500~3 000 m^3/s时能取得较好的减淤效果,当调控上限流量选择在3 500~4 000 m^3/s时减淤效果优于2 500~3 000 m^3/s量级。

从维持下游河道中水河槽要求来看,维持下游河道4 000 m^3/s左右平滩流量的中水河槽需要一定比重的3 500 m^3/s以上流量的洪水。

经过对推荐运行方式调控上限流量不同方案的比选论证,调控上限流量采用3 700 m^3/s时,历时不少于5 d。

对于拦沙后期下游河道平滩流量控制,小浪底水库拦沙后期在正常的来水来沙条件下,黄河下游适宜的中水河槽保持规模为过流能力4 000 m^3/s左右。经过小浪底水库运行以来的拦沙和调水调沙,2007年汛后下游河道主槽最小平滩流量达到3 700 m^3/s左右。水库调水调沙过程中应控制凑泄,小黑武流量不大于下游河道平滩流量,前两年控制小黑武流量不大于3 700 m^3/s,之后控制小黑武流量不大于4 000 m^3/s。

(2)高含沙洪水调控原则。

根据高含沙洪水在下游河道的冲淤特性,水库对不同水沙条件的高含沙洪水的调节,需区别对待。对于平均流量在2 500 m^3/s以下的非漫滩高含沙洪水,全下游主槽淤积严重,水库应当拦蓄,避免此类洪水进入下游淤积主槽;对于平均流量在2 500 m^3/s以上的非漫滩高含沙洪水,下游河道淤积依旧明显,水库应适当拦蓄,低壅水排沙出库,减小下游河道淤积。对于漫滩高含沙洪水,其在下游河道有淤滩刷槽效果,且高村以下河段基本不淤,因此水库不予拦蓄。

因此,水库针对高含沙洪水的调节原则如下:对于天然情况下2 500 m^3/s流量以下的非漫滩高含沙洪水,水库以拦为主;对于天然情况下2 500 m^3/s流量以上的非漫滩高含沙洪水,水库应适当拦蓄,低壅水排沙出库;对于漫滩高含沙洪水,水库不予拦蓄。

4.3.2 本次下游减淤调控指标分析

4.3.2.1 一般含沙量非漫滩洪水冲淤特性

研究 1960 ~ 2016 年进入下游河道(小黑武)不同量级、不同含沙量级的一般含沙量非漫滩洪水冲淤情况统计见表 4-1。

表 4-1 1960 ~ 2016 年一般含沙量非漫滩洪水冲淤情况统计

含沙量级(kg/m³)	量级(m³/s)	场次	沙量(亿 t)	水量(亿 m³)	全下游淤积量(亿 t)	全下游冲淤效率(kg/m³)	高村以下冲淤效率(kg/m³)	全下游输沙效率(kg/m³)
<20	1 000 ~ 1 500	23	1.17	197	-0.49	-2.51	0.06	8.45
	1 500 ~ 2 000	18	1.24	220	-1.17	-5.3	-0.61	10.95
	2 000 ~ 2 500	20	3.97	341	-3.43	-10.06	-4.23	21.7
	2 500 ~ 3 000	15	4.18	428	-4.42	-10.32	-6.18	20.09
	3 000 ~ 3 500	12	2.69	297	-3.11	-10.47	-4.5	19.53
	3 500 ~ 4 000	8	2.16	218	-3.88	-17.78	-2.98	27.69
	4 000 以上	6	2.35	413	-8.52	-20.63	-4.28	26.32
	总计	102	17.76	2 114	-25.02	-11.84	-3.63	20.24
20 ~ 60	1 000 ~ 1 500	10	2.38	66	0.58	8.72	-0.15	27.34
	1 500 ~ 2 000	26	8.27	256	1.56	6.08	2.61	26.22
	2 000 ~ 2 500	29	16.86	456	-0.23	-0.51	-3.99	37.48
	2 500 ~ 3 000	15	11.98	330	-1.52	-4.61	-5.47	40.91
	3 000 ~ 3 500	12	7.22	205	-1.06	-5.15	-3.57	40.37
	3 500 ~ 4 000	7	5.81	168	-1.05	-6.23	-7.19	40.81
	4 000 以上	15	20.97	768	-12.1	-15.76	-3.15	43.06
	总计	114	73.49	2 249	-13.82	-6.15	-3.26	38.83
60 ~ 100	1 000 ~ 1 500	9	4.36	60	1.77	29.44	0.6	43.23
	1 500 ~ 2 000	13	10.26	129	4.02	31.2	-2.23	48.33
	2 000 ~ 2 500	9	8.29	100	1.35	13.46	-4.78	69.44
	2 500 ~ 3 000	9	13.51	168	3.75	22.33	-0.4	58.09
	3 000 ~ 3 500	2	1.98	31	0.1	3.15	-6.36	60.72
	3 500 ~ 4 000	2	4.19	48	0.89	18.59	1.35	68.7
	4 000 以上	2	8.49	99	1.18	11.9	-4.42	73.86
	总计	46	51.08	635	13.06	20.58	-2.14	59.86

续表 4-1

含沙量级(kg/m³)	量级(m³/s)	场次	沙量(亿 t)	水量(亿 m³)	全下游淤积量(亿 t)	全下游冲淤效率(kg/m³)	高村以下冲淤效率(kg/m³)	全下游输沙效率(kg/m³)
100~300	1 000~1 500	5	2.89	25	2.12	84.69	5.66	30.91
	1 500~2 000	7	6.95	51	3.78	74.12	7.83	62.15
	2 000~2 500	15	22.61	160	10.49	65.57	4.68	75.74
	2 500~3 000	2	4.93	27	2.58	95.43	1.5	87.16
	4 000 以上	1	4.71	47	-0.47	-10	-4.41	110.21
	总计	30	42.09	310	18.5	59.6	3.62	76.61

可以看出,当含沙量小于 20 kg/m³时,各量级场次洪水全下游均表现为冲刷,随着量级的增大,全下游的冲刷效率和输沙效率均明显增加,2 000 m³/s 以上量级表现尤为明显;当含沙量在 20~60 kg/m³时, 2 000 m³/s 以下量级全下游表现为淤积,2 000 m³/s 以上则为冲刷,2 500 m³/s 以上量级在下游冲刷效率及输沙效率较高;当含沙量为 60~100 kg/m³时,下游河道均表现为淤积,3 000 m³/s 以上量级淤积效率较低;当含沙量大于 100 kg/m³时,4 000 m³/s 以下各量级淤积全下游均较为严重,但 4 000 m³/s 以上量级高村以下的淤积效率明显减轻甚至冲刷,全下游的输沙效率也较高。

综上所述,当含沙量在 60 kg/m³以下时,2 500 m³/s 以上量级全下游尤其是高村以下河段冲刷效率及输沙效率较高;当含沙量在 60 kg/m³以上时,3 000~4 000 m³/s 及以上洪水全下游淤积效率减轻、输沙效率较高。

4.3.2.2　现状下游河道边界条件分析

1999 年 10 月小浪底水库投入运行以来,至 2016 年 4 月黄河下游累计冲刷泥沙 28.22 亿 t,最小平滩流量从 2002 年汛前的 1 800 m³/s 增大至 2016 年汛前的 4 200 m³/s,中水河槽塑造效果显著。由于长期清水冲刷使河道表层床沙粗化,D_{50}由 0.05 mm 左右增大至 0.15 mm 左右。小浪底水库运行后下游河道各断面床沙 D_{50}历年变化情况见图 4-1。下游河道 2015 年汛期水流冲刷效率较 2003 年下降了 78%。调水调沙期间下游河道冲刷效率变化情况见图 4-2。

当前,黄河下游河道持续冲刷,黄河下游适宜的中水河槽规模已经形成。由于河道持续冲刷使表层床沙粗化,水流冲刷效率下降,在此河道边界条件下,长期维持 4 000 m³/s 左右的中水河槽规模,充分发挥黄河下游河道输沙能力输沙入海,成为当前及今后一个时期水库减淤调度的新要求。

4.3.2.3　现状边界条件下游河道减淤对水库运行的要求

2010 年汛前下游河道最小平滩流量已达 4 000 m³/s,适宜的中水河槽已经形成,至 2016 年汛前平滩流量已增大至 4 200 m³/s。尽管该时段下游河道累计表现为冲刷,但非汛期高村以下河段仍表现为淤积。2011 年 10 月~2016 年 4 月非汛期下游高村以下河段冲淤量统计见表 4-2。

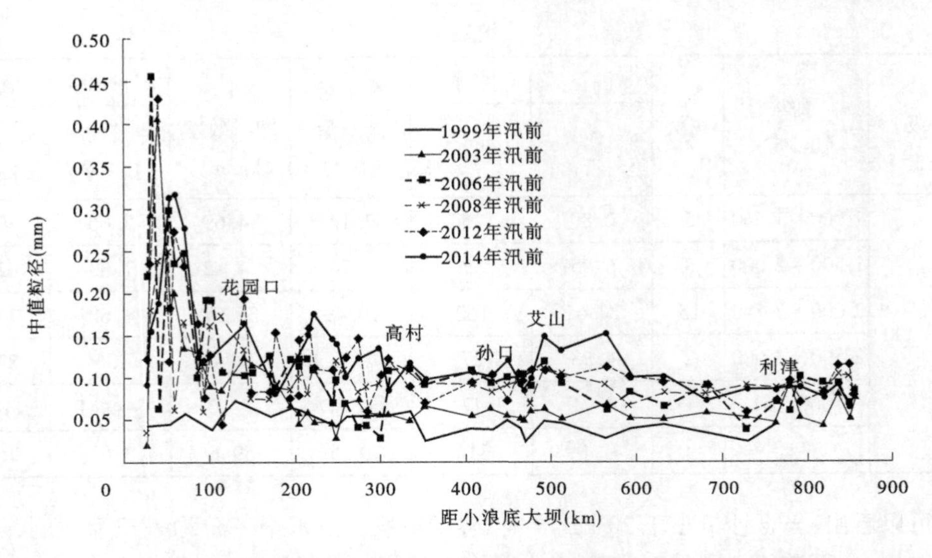

图 4-1　小浪底水库运行后下游河道各断面床沙 D_{50} 历年变化情况

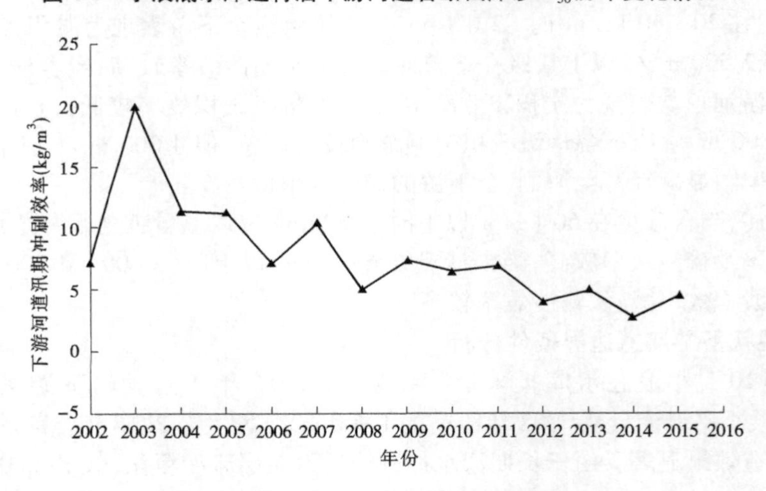

图 4-2　调水调沙期间下游河道冲刷效率变化情况

表 4-2　2011 年 10 月 ~2016 年 4 月非汛期下游高村以下河段冲淤量统计

河段	高村—孙口	孙口—艾山	艾山—泺口	泺口—利津
淤积量(亿 t)	0.083	0.108	0.228	0.220

分析 4 000 m^3/s 中水河槽规模下(2010 年 5 月 ~2016 年 4 月)汛期 5 ~10 月各水沙条件下游河道冲淤和输沙效率见表 4-3，表明调水调沙及场次洪水在下游输沙效率较高，全下游和高村以下河段冲刷效率均较为明显。

至 2010 年汛前，下游河道的最小平滩流量已达 4 000 m^3/s，进一步分析平滩流量达到 4 000 m^3/s 以后 2010 ~2015 年调水调沙期和场次洪水期下游河道冲淤效率见表 4-4。

表 4-3　2010 ~ 2015 年汛期(5 ~ 10 月)各水沙条件下游河道冲淤和输沙效率

时段		平均流量(m^3/s)	平均含沙量(kg/m^3)	水量(亿 m^3)	沙量(亿 t)	冲淤量(亿 t)		冲淤效率(kg/m^3)		全下游
						全下游	高村以下	全下游	高村以下	输沙效率(kg/m^3)
汛期(5 ~ 10 月)	调水调沙期	2 846	8.4	349.2	2.95	-1.09	-0.85	-3.11	-2.43	11.57
	场次洪水期	1 882	7	196.8	1.38	-0.68	-0.44	-3.43	-2.24	10.47
	平水期	704	0.5	567.0	0.29	-0.71	0.15	-1.25	0.27	1.76

表 4-4　2010 ~ 2015 年调水调沙期和场次洪水期下游河道冲淤效率

时段	量级(m^3/s)	场次	历时(d)	平均流量(m^3/s)	平均含沙量(kg/m^3)	水量(亿 m^3)	沙量(亿 t)	冲淤量(亿 t)					冲淤效率(kg/m^3)	
								花园口以上	花园口—高村	高村—艾山	艾山—利津	全下游	全下游	高村以下
调水调沙期	2 000 ~ 2 500	4	52	2 402	11.7	107.9	1.26	0.11	-0.15	-0.15	-0.11	-0.30	-2.80	-2.44
	2 500 ~ 3 000	1	11	2 632	10.8	25.0	0.27	0.09	-0.03	-0.04	-0.02	0	0.15	-2.13
	3 000 ~ 3 500	4	79	3 168	6.5	216.2	1.42	0.05	-0.31	-0.30	-0.33	-0.89	-4.12	-3.05
场次洪水期	1 000 ~ 1 500	4	26	1 233	0.4	27.7	0.01	-0.02	-0.05	-0.01	0.02	-0.06	-2.11	0.37
	1 500 ~ 2 000	4	58	1 768	7.1	88.6	0.63	0.12	-0.10	-0.11	-0.10	-0.19	-2.16	-2.35
	2 000 ~ 2 500	1	7	2 489	1.0	15.1	0.02	-0.06	-0.04	-0.03	0	-0.13	-8.37	-1.94
	2 500 ~ 3 000	1	30	2 525	11.0	65.5	0.72	0.14	-0.22	-0.14	-0.08	-0.30	-4.59	-3.30
合计	1 000 ~ 1 500	4	26	1 233	0.4	27.7	0.01	-0.02	-0.05	-0.01	0.02	-0.06	-2.11	0.37
	1 500 ~ 2 000	4	58	1 768	7.1	88.6	0.63	0.12	-0.10	-0.11	-0.10	-0.19	-2.16	-2.35
	2 000 ~ 2 500	5	59	2 413	10.4	123.0	1.28	0.05	-0.19	-0.18	-0.11	-0.43	-3.48	-2.38
	2 500 ~ 3 000	2	41	2 554	10.9	90.5	0.99	0.23	-0.26	-0.17	-0.10	-0.30	-3.28	-2.97
	3 000 ~ 3 500	4	79	3 168	6.5	216.2	1.42	0.05	-0.31	-0.30	-0.23	-0.79	-4.12	-3.05

可以看出,调水调沙期各量级洪水均显著冲刷,量级越大,全下游及高村以下河段冲刷效率越高,3 000~3 500 m^3/s 量级表现尤为明显。全部场次洪水来看,1 500 m^3/s 以上量级全下游和高村以下均显著冲刷,2 000~2 500 m^3/s 及以上量级全下游和高村以下河段冲刷效果尤为明显。

根据河床演变学原理,类似于黄河下游的冲积河流的平滩流量近似于多年平均的洪峰流量,因此要使下游河道维持4 000 m^3/s 左右平滩流量,就要尽可能使全下游各河段都要通过较大的流量过程。因此,汛前调水调沙期尽可能塑造接近下游河道平滩流量的流量过程。

综上所述,当前维持4 000 m^3/s 左右的中水河槽规模对水库运行要求为:在非汛期蓄水量满足汛前调水调沙要求的前提下,汛前调水调沙尽可能塑造接近下游平滩流量的洪水过程,调控流量为3 500 m^3/s 左右;汛期结合中游洪水过程塑造2 500 m^3/s 以上量级且具有一定历时的洪水过程。

4.3.3　减淤调控指标选取

综合黄河下游近期水沙变化特点、下游河道减淤情况以及中水河槽维持规模,鉴于现阶段来水来沙较枯,下游河道持续清水冲刷,中水河槽维持较为稳定,当前流量在4 000 m^3/s 以上的中水河槽已经形成,河床粗化,调水调沙期下泄大流量时,下游河道冲刷效率明显下降。但调水调沙的连续大流量过程在下游河道尤其是高村以下河段的输沙和减淤效果仍旧显著,调水调沙仍旧是十分必要的。

综合下游河道减淤对水库运行的要求分析,并结合以往研究成果,进行减淤运行方式比选时,造峰状态下调控上限流量依然采用《小浪底水库拦沙期防洪减淤运用方式研究》中有关成果,即3 700 m^3/s(5 d)和2 600 m^3/s(6 d)。

4.4　生态要求

自20世纪70年代开始,黄河下游频繁断流,进入90年代,几乎年年断流,且呈愈演愈烈之势,1997年下游断流长达226 d,断流河段上延至河南开封附近,长达704 km,占下游河长的90%。黄河下游频繁断流引起严重的后果,一是增加了下游河道泥沙淤积,加大了黄河的防洪难度和洪水威胁;二是破坏了生态平衡,恶化了水环境;三是使河口地区工农业生产和居民生活用水出现困难。

黄河下游不断流的标准是满足主要断面生态环境需水要求,根据下游用水量大的特点,满足利津断面生态环境需水就基本能够满足下游河道生态环境需水要求。因此,采用利津断面生态环境需水代表下游防断流和河口生态环境要求,利津断面生态环境需水主要包括河道不断流、河口三角洲湿地、水质、生物需水量等。根据以往研究成果,结合近期水量实际调度情况综合分析确定。

4.4.1　以往研究成果

根据黄河流域生态环境需水研究(南京水利科学研究院,2005年10月),利津断面最小生态流量为 162 m^3/s；从考虑河流水生生物的栖息环境、维持河道内生物多样性等方面分析，利津断面适宜的生态流量为 371 m^3/s。

根据三门峡以下非汛期水量调度系统关键问题研究（"九五"国家重点科技攻关计划项目，黄委设计院，2001 年 12 月），对河口三角洲的鱼类洄游、河口景观、近海生物和湿地环境等的生态环境最小需水量做了研究，划分为极端最小流量和平均最小流量，其中非汛期 4～6 月极端最小流量为 300 m^3/s，平均最小流量为 300～500 m^3/s；非汛期 11 月～次年 3 月极端最小流量为 50 m^3/s，平均最小流量为 87 m^3/s；汛期 7～10 月不含输沙水量极端最小流量为 220 m^3/s，平均最小流量为 280 m^3/s。

黄河流域综合规划（2012～2030 年）成果认为河川径流是鱼类生长发育和沿黄湿地维持的关键和制约因素之一，根据重点河段保护鱼类繁殖期、生长期对径流条件要求及沿黄洪漫湿地水分需求，考虑黄河水资源条件和水资源配置实现的可能性，确定重要断面关键期生态需水量。花园口断面 4～6 月适宜的生态流量为 320 m^3/s，最小流量为 200 m^3/s；利津断面 4 月适宜的生态流量为 120 m^3/s，最小流量为 75 m^3/s，5～6 月适宜的生态流量为 250 m^3/s，最小流量为 150 m^3/s。

4.4.2　实际调度分析

自小浪底水库运行以来，黄河下游，特别是河口地区水生态环境得到较好的恢复。统计历年各月利津断面实测最小流量情况统计见表 4-5。2000～2003 年，水库处于蓄水初期，可调节水量有限，在满足生态流量需求方面存在不足，且 2002 年汛期及 2003 年汛前来水偏枯，虽保障了利津断面不断流，但流量过小。2004～2015 年，1～12 月最小流量为 44～120 m^3/s；历年各月最枯流量均值为 136～448 m^3/s。

表 4-5　历年各月利津断面实测最小流量情况统计

年份	月份											
	1	2	3	4	5	6	7	8	9	10	11	12
2000	68	65	46	6	10	3	12	17	12	21	145	125
2001	213	144	53	32	40	33	35	7	34	25	68	20
2002	43	28	24	30	46	35	43	50	37	38	42	26
2003	26	27	27	26	28	35	51	79	276	1 120	613	564
2004	439	119	130	120	198	457	674	1 070	297	162	168	165
2005	221	183	88	84	79	155	472	404	141	1 000	559	288
2006	219	101	123	149	404	1 110	213	492	316	185	210	117
2007	151	73	72	105	108	111	538	642	584	391	395	246
2008	233	192	152	153	450	272	301	96	246	337	310	151

续表 4-5

年份	月份											
	1	2	3	4	5	6	7	8	9	10	11	12
2009	155	87	124	92	112	140	347	200	264	259	293	267
2010	211	123	146	119	127	146	201	506	617	275	184	34
2011	45	44	64	48	51	57	222	254	217	795	834	510
2012	542	124	134	156	207	560	870	922	911	328	284	386
2013	430	463	255	172	192	423	595	470	268	178	213	149
2014	178	131	181	316	436	190	120	110	94	159	159	192
2015	239	209	168	405	525	230	310	207	106	61	82	110
2004~2015 最小值	45	44	64	48	51	57	120	96	94	61	82	34
2004~2015 均值	255	154	136	160	241	321	405	448	338	344	308	218

4.4.3 生态需求流量指标

综合考虑各研究成果,以及小浪底水库运行以来利津断面流量实际情况,确定生态环境需求流量分月过程,汛期(7~10月)平均最小流量(不含输沙水量)为220 m^3/s,非汛期4月为75 m^3/s,5~6月最小流量为150 m^3/s;非汛期11月~次年3月则按照黄河水量调度年预案编制情况,按100 m^3/s 控制。

4.5 供水、灌溉要求

黄河小浪底水库主要以防洪(防凌)、减淤为主,兼顾供水、灌溉、发电等综合利用。其中供水、灌溉要求小浪底水库加大泄量予以满足,在实时调度中尚需考虑黄河下游来水、蒸发渗漏损失和槽蓄水量。

(1)将河段划分为:小浪底—花园口、花园口—夹河滩、夹河滩—高村、高村—孙口、孙口—艾山、艾山—泺口、泺口—利津、利津以下等8个河段,分别计算各河段逐月引水流量,特别针对7月上旬可能出现的旱情分析小浪底下泄流量要求。

(2)分析小浪底—花园口河段和花园口—利津河段来水和蒸发渗漏损失,不考虑河道流量演进和槽蓄水量。

(3)结合小浪底水库防凌和发电要求分析其下泄要求。若花园口断面需下泄水量不满足防凌控制流量,则小浪底水库按照防凌控制流量凑泄,满足花园口断面防凌控制要求。

4.5.1　黄河小浪底以下干流河段引黄需水分析

黄河下游供水范围既包括流域内也包括流域外，下游河段共有引黄涵闸 92 个，设计引水流量大于 100 m^3/s 的涵闸 11 个，引水能力远大于河道平均流量。因此，小浪底水库以下干流河段引黄用水主要受黄河分水指标控制，根据黄河水资源综合规划成果，拟订黄河小浪底以下分河段引黄配置水量及过程。

（1）黄河小浪底以下河段引黄水量配置。

根据黄河水资源综合规划配置成果，按西线生效前考虑配置水量。

河南省：小浪底—花园口区间，河南省主要为支流配置水量，包括伊洛河和沁河，干流河段有 7.5 亿 m^3 的流域外引水，包括花园口郑州和新乡引黄；花园口以下基本上都是干流河段引黄用水，配置水量 26.34 亿 m^3，包括干流引黄水量 12.5 亿 m^3，金堤河、天然文岩渠 12.20 亿 m^3，滩区 1.64 亿 m^3。小浪底以下干流河段河南省引黄水量为 33.84 亿 m^3。

山东省：黄河干流河段引黄水量为山东省总配置水量减去大汶河配置水量 6.5 亿 m^3，包括了滩区 1.00 亿 m^3 的配置水量在内，为 59.82 亿 m^3。

河北省：南水北调东、中线生效后，河北省配置引黄水量 6.20 亿 m^3，从孙口—艾山河段的位山引黄闸引水。

综上所述，黄河小浪底以下干流河段总计引黄配置水量为 99.86 亿 m^3。

（2）分河段引黄配置水量及过程分析。

黄河流域水资源规划配置水量成果为多年平均，且按四级区套地市配置，不能满足小浪底以下按水文站断面划分河段的水量分配要求，为满足本研究需要，按如下方法将水资源规划配置水量及过程分配到逐河段。

黄河小浪底以下干流河段各省引黄水量分配，按各河段统计取水许可水量占总取水许可量的比例，根据黄河流域水资源规划配置水量成果进行相应的缩放，得到逐河段的引黄水量，其中河北引黄水量 6.2 亿 m^3 包括在孙口—艾山河段，见表 4-6。

黄河小浪底以下干流河段各省引黄过程设计，参考取水许可各河段逐月引水过程比例确定，结果见表 4-7，其中汛期水量占 25.7%，非汛期水量占 74.3%。

表 4-6　黄河小浪底以下干流河段各省引黄河段水量分配　（单位：万 m^3）

省份	河段	取水许可水量			黄河水资源综合规划配置水量	分配引黄水量
		合计	农灌	工业生活		
河南省	小浪底—花园口	80 867	63 699	17 168	338 400	85 879
	花园口—夹河滩	104 376	79 375	25 001		110 845
	夹河滩—高村	72 881	69 193	3 688		77 398
	高村—孙口	58 496	57 496	1 000		62 122
	孙口—艾山	2 030	2 030			2 156
	小计	318 650	271 793	46 857		338 400

续表 4-6

省份	河段	取水许可水量			黄河水资源综合规划配置水量	分配引黄水量
		合计	农灌	工业生活		
山东省	高村以上	53 414	52 414	1 000	660 200 万 m³(其中山东省 598 200 万 m³、河北省 62 000 万 m³,从孙口—艾山河段的位山引黄闸引水)	48 992
	高村—孙口	51 966	42 166	9 800		47 664
	孙口—艾山	165 291	100 193	65 098		153 989
	艾山—泺口	145 760	124 780	20 980		133 694
	泺口—利津	256 965	199 206	57 759		235 694
	利津以下	43 790	28 750	15 040		40 165
	小计	717 186	547 509	169 677		660 198

表 4-7 黄河小浪底以下干流河段引黄水量过程(配置) (单位:万 m³)

河段	小浪底—花园口	花园口—夹河滩	夹河滩—高村	高村—孙口	孙口—艾山	艾山—泺口	泺口—利津	利津以下	合计
1月	3 932	5 214	4 920	1 458	81	321	7 050	781	23 757
2月	8 627	10 197	9 944	10 540	17 780	3 481	18 753	2 987	82 307
3月	7 013	10 019	15 514	18 448	46 502	20 214	39 804	7 876	165 390
4月	8 049	13 375	17 936	14 926	43 449	30 668	38 328	8 152	174 883
5月	10 373	13 433	15 087	19 291	16 102	27 646	28 870	5 415	136 217
6月	10 217	11 806	14 213	16 683	11 878	8 874	17 984	3 209	94 864
7月	8 324	14 643	14 206	4 832	33	6 209	5 729	1 165	55 141
8月	7 409	9 629	8 837	4 348	1	1 895	7 335	919	40 373
9月	7 967	9 491	12 301	5 723	3 957	10 724	22 315	2 975	75 454
10月	7 265	7 209	7 288	8 501	15 952	13 173	22 260	3 740	85 387
11月	3 256	3 217	3 124	2 392	411	6 197	14 669	1 632	34 898
12月	3 447	2 613	3 021	2 643	0	4 291	12 599	1 315	29 929
汛期	30 965	40 972	42 632	23 405	19 942	32 001	57 638	8 799	256 355
非汛期	54 914	69 874	83 758	86 381	136 203	101 693	178 056	31 366	742 245
全年	85 879	110 846	126 390	109 786	156 145	133 694	235 694	40 165	998 600

4.5.2 黄河小浪底以下来水和蒸发渗漏损失计算

黄河下游来水情况有较大变化。按 1919 ~ 1975 年 56 年系列,花园口断面天然径流量为 559 亿 m³,利津断面天然径流量为 580 亿 m³。按黄河水资源综合规划成果,1956 ~

2000 年 45 年系列,花园口断面天然径流量为 532.8 亿 m^3,利津断面天然径流量为 534.8 亿 m^3。1956~2000 年 45 年系列以现状下垫面条件为基础,因此更能代表现状情况。此外,上、下断面天然径流量的差值,既包括产流,也包括蒸发渗漏等损失。因此,本研究采用 1956~2000 年 45 年系列计算黄河小浪底以下来水和蒸发渗漏损失。

采用小浪底断面、花园口断面和利津断面 1956~2000 年 45 年天然径流系列,采用上、下断面天然径流量相减,即用花园口断面减去小浪底断面得到小浪底—花园口区间来水和蒸发渗漏损失量,用利津断面减去花园口断面得到花园口—利津区间来水和蒸发渗漏损失量,得到逐月过程。多年平均情况如表 4-8 所示。

表 4-8 小浪底以下河段来水和蒸发渗漏损失量

河段		1月	2月	3月	4月	5月	6月	7月	8月	9月	10月	11月	12月	合计
小浪底—花园口	水量(万 m^3)	19 004	11 281	19 637	23 708	28 214	21 493	68 495	90 143	70 974	65 365	40 198	26 866	485 377
	流量(m^3/s)	71.0	46.6	73.3	91.5	105.3	82.9	255.7	336.6	273.8	244.0	155.1	100.3	1 836.2
花园口—利津	水量(万 m^3)	-6 871	1 578	-8 638	3 263	2 633	-13 239	-23 299	25 463	16 858	8 304	10 015	4 088	20 155
	流量(m^3/s)	-25.7	6.5	-32.2	12.6	9.8	-51.1	-87.0	95.1	65.0	31.0	38.6	15.3	78.0

4.5.3 供水、灌溉需求流量

考虑区间来水和蒸发渗漏损失量后小浪底供水、灌溉所需下泄流量过程见表 4-9。若综合考虑供水、灌溉、防断流、发电等因素,则各月小浪底水库下泄流量见表 4-9。

表 4-9 黄河下游供水、灌溉要求小浪底水库下泄流量 (单位:m^3/s)

月份	1	2	3	4	5	6	7	8	9	10	11	12
需求流量	89	307	617	653	509	354	206	151	282	319	130	112
蒸损-区间来水	45	53	41	104	115	32	169	432	339	275	194	116
要求下泄流量	134	360	659	757	624	386	375	582	621	594	324	227

4.5.4 综合最小需求流量

统计分析小浪底水库历年各月实测出库最小流量见表 4-10。2000~2003 年,水库处于蓄水初始阶段,且 2002 年汛期,2003 年汛前入库水量总体偏枯,水库可调节水量小,对综合水量需求保障程度低。2004~2015 年小浪底各月最小出库流量为 121~404 m^3/s,各月最小流量均值为 297~693 m^3/s。历年 3~6 月最小出库流量较大,其次为7~12 月,1~2 月最小。

综合考虑下游河道防凌、供水、灌溉、生态等最小需求流量,根据区间来水及蒸发渗漏损失,反推小浪底出库最小需求流量,成果见表 4-11。

表 4-10　小浪底水库历年各月实测出库最小流量统计

年份	月份											
	1	2	3	4	5	6	7	8	9	10	11	12
2000	157	172	619	679	145	391	211	54	151	280	199	353
2001	298	209	491	548	433	375	54	56	219	269	127	163
2002	149	172	557	542	328	477	638	514	357	252	192	147
2003	104	114	437	274	368	462	180	200	217	94	580	554
2004	445	451	646	704	580	482	343	195	186	190	184	257
2005	209	206	454	732	461	586	194	183	199	270	496	273
2006	210	223	883	667	727	842	380	513	387	361	306	324
2007	176	179	530	600	424	449	326	294	352	649	508	412
2008	333	390	742	729	640	586	293	161	547	436	370	367
2009	239	528	563	554	368	305	236	240	290	450	432	399
2010	295	331	626	298	506	342	333	248	128	451	151	323
2011	217	278	584	542	238	441	352	140	334	576	717	638
2012	464	166	867	851	743	1 340	753	812	1 060	470	240	604
2013	483	669	404	1 130	529	822	418	452	534	533	319	202
2014	127	175	1 040	440	541	746	424	301	121	214	491	570
2015	366	443	976	885	879	871	498	245	174	193	187	233
2004～2015 最小值	127	166	404	298	238	305	194	140	121	190	151	202
2004～2015 均值	297	337	693	678	553	651	379	315	258	399	387	384

表 4-11　供水、灌溉、生态等要求小浪底水库下泄最小流量　　（单位：m^3/s）

月份	生态环境最小流量（利津）	防凌控制流量	花园口—利津		花园口断面需下泄流量	小浪底—花园口		反推小浪底水库下泄流量	小浪底水库需下泄流量		综合
			来水＋蒸发渗漏损失	耗水流量		来水＋蒸发渗漏损失	耗水流量		发电需求	控制下泄流量	
1	100	300	－25.7	71.1	396.8	71	14.7	340.5	296	340.5	350
2	100	300	6.5	292.2	535.7	46.6	35.7	524.8	296	524.8	530
3	100		－32.2	561.9	694.1	73.3	26.2	647	296	647	650
4	75		12.6	612.2	674.6	91.5	31.1	614.2	296	614.2	620
5	150		9.8	449.6	589.8	105.3	38.7	523.2	296	523.2	530
6	150		－51.1	314.2	515.3	82.9	39.4	471.8	296	471.8	480

续表 4-11

月份	生态环境最小流量(利津)	防凌控制流量	花园口—利津		花园口断面需下泄流量	小浪底—花园口		反推小浪底水库下泄流量	小浪底水库需下泄流量		综合
			来水+蒸发渗漏损失	耗水流量		来水+蒸发渗漏损失	耗水流量		发电需求	控制下泄流量	
7	220		-87	170.4	477.4	255.7	31.1	252.8	296	296	300
8	220		95.1	119.6	244.5	336.6	27.7	-64.4	296	296	300
9	220		65	248.9	403.9	273.8	30.7	160.8	296	296	300
10	220		31	277.7	466.7	244	27.1	249.8	296	296	300
11	100		38.6	115.8	177.2	155.1	12.6	34.7	296	296	300
12	100	300	15.3	94	378.7	100.3	12.9	291.3	296	296	300
7月1日~7月10日											800

4.6　水库排沙运行要求

4.6.1　库区输沙流态及特征

库区里的水流流态大致可以分为两种：一是由于挡水建筑物起到壅高水位的作用，库区水面形成壅水曲线，水深沿流程逐渐增大，流速则逐渐降低，这种水流流态为壅水流态，也是库区比较常见的流态；二是由于挡水建筑物不起壅水作用，库区水面线接近天然情况，水流形态类似均匀明流，在当前的技术水平下，一般在实际应用中都按均匀明流处理，所以称之为均匀明流流态。由于水流的流态不同，其输沙特征也是不一样的。

4.6.1.1　壅水输沙流态

在壅水输沙流态下，水库蓄水体、水深的大小及入库水沙条件不同表现为不同的输沙特征，据此又细分为壅水明流输沙流态、异重流输沙流态和浑水水库输沙流态。

1）壅水明流输沙流态

壅水明流输沙流态的特征是，当浑水水流进入库区壅水段后，泥沙扩散到水流的全断面，过水断面的各处都有一定的流速，也有一定的含沙量；又因为是壅水流态，流速是沿程递减的，所以水流挟带的沙量是沿程递减的，泥沙出现沿程分选，淤积物沿程上粗下细。

2）异重流输沙流态

异重流输沙流态的特点是，入库水流含沙量较高，且细沙含量比较大，当浑水进入壅水段后，浑水不与壅水段的清水掺混扩散，而是潜入到清水的下面，沿库底向下游继续运动。潜入清水的异重流浑水层，其流速沿水深由上而下先增大后减小，在浑水层中下的位置流速相对比较大，而含沙量则是越靠近底部越大。由于水库的边界条件、壅水距离及入库水沙条件的不同，有的异重流运行比较远，可以到达坝前排出库外，有的中途就停止。

3）浑水水库输沙流态

浑水水库输沙流态比较特殊，多数情况下为异重流到达坝前不能及时排出库外而引起滞蓄形成。由于异重流所含的泥沙颗粒比较细，若含沙量较高，则浑水水库中泥沙沉降方式与明流输沙中分散颗粒沉降过程明显不同，沉降特性比较独特，一般表现为沉降速度极为缓慢。

4.6.1.2 均匀明流输沙流态

均匀明流输沙流态下，库区水流基本为天然的情况，水流可以挟带一定数量的泥沙保持沿程不变，当来沙的数量与水流可以挟带泥沙数量不一致时，水库就会发生冲刷或者淤积。即当入库水流含沙量大于水流可挟带的泥沙数量时，水库会发生淤积，挟带的泥沙颗粒沿程分选；反之，当入库水流含沙量小于水流可挟带的泥沙数量时，水库则发生冲刷，从河床寻求泥沙补给。

两种输沙流态相互关系如下：

- 水库输沙流态
  - 壅水输沙流态
    - 壅水明流输沙流态
    - 异重流输沙流态
    - 浑水水库输沙流态
  - 均匀明流输沙流态

4.6.2 水库排沙主要影响因素分析

壅水明流排沙主要受库区的壅水程度以及入库流量大小的影响，根据对三门峡、青铜峡和天桥等已建水库实测资料的研究成果，认为水库处于壅水明流输沙流态下，水库排沙比和水库蓄水量与洪水流量的比值存在一定的关系，具体见表4-12。当入库流量一定时，蓄水量越大，相应排沙比越小，因此要增大水库排沙比，减少水库淤积，则应根据入库流量大小适当减小库区蓄水量。

异重流排沙相对较为复杂，与入库流量、含沙量大小、潜入点位置、沿程河床糙率、库区地形以及排沙洞是否及时开启等因素相关。一般而言，当入库流量较大，含沙量较高，特别是细沙含量较高时，进入库区蓄水体后潜入形成异重流。水库蓄水量越小，回水距离越短，则异重流潜入点越靠近大坝，异重流潜入后运行距离短，沿程能力消耗小，淤积少，只要及时开启排沙洞，则相应排沙比就越大。

均匀明流排沙主要与入库流量、含沙量、库区沿程河床糙率、库区淤积形态等关系密切。根据对已建水库实测资料分析，入库流量较大，挟带含沙量约100 kg/m^3时水库排沙效果好，且容易造成库区沿程冲刷。另外，当库区淤积形态为三角洲形态时，水库降低水位时可在三角洲顶点附近形成溯源冲刷，库区发生冲刷，排沙效果显著。水库长时间蓄水运行，库区持续淤积会减小库区沿程河床糙率，当水库降低水位利用均匀明流进行排沙时，初期排沙效率较高，但随着排沙历时延长，河床泥沙颗粒逐渐粗化，糙率变大，相应的排沙效率也逐步衰减。

表4-12 水库排沙比和出库流量所对应的蓄水量关系

水库拦沙初期

流量(m^3/s)	不同排沙比(%)的蓄水量(亿m^3)								
	20	30	40	50	60	70	80	90	100
1 000	5.01	1.30	0.98	0.74	0.56	0.42	0.32	0.24	0.18
2 000	10.01	2.59	1.96	1.48	1.12	0.85	0.64	0.48	0.36
3 000	15.02	3.89	2.94	2.22	1.68	1.27	0.96	0.73	0.54
4 000	20.03	5.18	3.92	2.96	2.24	1.69	1.28	0.97	0.72
5 000	25.04	6.48	4.90	3.70	2.80	2.12	1.60	1.21	0.90
6 000	30.04	7.78	5.88	4.44	3.36	2.54	1.92	1.45	1.08
7 000	35.05	9.07	6.86	5.19	3.92	2.96	2.24	1.69	1.26
8 000	40.06	10.37	7.84	5.93	4.48	3.39	2.56	1.94	1.44
9 000	45.07	11.66	8.82	6.67	5.04	3.81	2.88	2.18	1.62
10 000	50.07	12.96	9.80	7.41	5.60	4.23	3.20	2.42	1.80

水库正常运行期

流量(m^3/s)	不同排沙比(%)的蓄水量(亿m^3)								
	20	30	40	50	60	70	80	90	100
1 000	18.92	1.77	1.34	1.01	0.76	0.58	0.44	0.33	0.25
2 000	37.83	3.53	2.67	2.02	1.53	1.16	0.87	0.66	0.50
3 000	56.75	5.30	4.01	3.03	2.29	1.73	1.31	0.99	0.75
4 000	75.66	7.06	5.34	4.04	3.06	2.31	1.75	1.32	1.00
5 000	94.58	8.83	6.68	5.05	3.82	2.89	2.18	1.65	1.25
6 000	113.49	10.59	8.01	6.06	4.58	3.47	2.62	1.98	1.50
7 000	132.41	12.36	9.35	7.07	5.35	4.04	3.06	2.31	1.75
8 000	151.32	14.12	10.68	8.08	6.11	4.62	3.50	2.64	2.00
9 000	170.24	15.89	12.02	9.09	6.87	5.20	3.93	2.97	2.25
10 000	189.15	17.65	13.35	10.10	7.64	5.78	4.37	3.30	2.50

4.6.3 已建水库排沙效果分析

4.6.3.1 三门峡水库排沙效果

统计三门峡水库运行以来,降低水位,库区基本处于均匀明流输沙流态的洪水计117场,见表4-13。其中,库区前期处于淤积状态条件下的洪水时段计66场,历时473 d,占总历时的43.4%,冲刷泥沙累计37.260亿t,占总冲刷量的70.5%,冲刷强度和冲刷效率分别为0.079亿t/d和0.040 t/m^3,出库平均含沙量为101.44 kg/m^3;而前期为冲刷状态的洪水时段计51场,历时617 d,占总历时的56.6%,冲刷泥沙累计15.566亿t,仅占总冲刷量的29.5%,冲刷强度和冲刷效率分别为0.025亿t/d和0.014 t/m^3。前期水库处于淤积状态时,河床糙率相对较小,有利于水库排沙,而前期水库处于冲刷淤积状态时,河床粗化,糙率较大,水库冲刷排沙效率低。

根据洪水时段入库平均流量大小分成8个量级,即$Q<1\ 000\ m^3/s$、$1\ 000\ m^3/s\leq Q<1\ 500\ m^3/s$、$1\ 500\ m^3/s\leq Q<2\ 000\ m^3/s$、$2\ 000\ m^3/s\leq Q<2\ 500\ m^3/s$、$2\ 500\ m^3/s\leq Q<3\ 000\ m^3/s$、$3\ 000\ m^3/s\leq Q<3\ 500\ m^3/s$、$3\ 500\ m^3/s\leq Q<4\ 000\ m^3/s$和$Q\geq 4\ 000\ m^3/s$以上。由于库区前期冲淤状态对洪水的冲刷效果影响明显,所以在分析不同量级洪水冲刷效果时,针对不同的库区前期冲淤状态,分别进行比较分析。

前期库区为淤积状态下不同量级洪水的冲刷情况统计见表4-14。从累计冲刷总量来看,$1\ 500\ m^3/s\leq Q<2\ 000\ m^3/s$量级最多,累计冲刷11.902亿t,其次分别为$2\ 000\ m^3/s\leq Q<2\ 500\ m^3/s$量级和$2\ 500\ m^3/s\leq Q<3\ 000\ m^3/s$量级,分别累计冲刷7.341亿t和6.499亿t。考虑到各量级的洪水场次不同,对比单场洪水平均冲刷量,除$3\ 000\ m^3/s\leq Q<3\ 500\ m^3/s$量级由于平均运用水位较高(为310.80 m)导致单场洪水冲刷量略小外,其余均为量级越大,单场洪水的平均冲刷量也越大。

不同量级的洪水历时往往不同,从冲刷强度(日均冲刷量)来看,$2\ 000\ m^3/s\leq Q<2\ 500\ m^3/s$量级最大,为0.105亿t/d,其次是$2\ 500\ m^3/s\leq Q<3\ 000\ m^3/s$量级,其值为0.093亿t/d;3 000 m^3/s以上的大量级洪水的冲刷强度反而较小,为0.047~0.068亿t/d。主要的原因:在现有资料的情况下,大量级的洪水一般持续历时比较长,河床粗化,糙率增大,冲刷迅速衰减,最终致使整个洪水过程的平均冲刷强度减小;量级小的洪水,持续历时相对较短,受冲刷衰减的影响程度相对要小得多,如$1\ 500\ m^3/s\leq Q<2\ 000\ m^3/s$和$1\ 000\ m^3/s\leq Q<1\ 500\ m^3/s$量级的洪水,平均历时只有6.3 d和5.6 d,平均冲刷强度反而较大,分别达到0.078亿t/d和0.073亿t/d,高于流量3 000 m^3/s以上的大量级洪水。因此,在冲刷历时和其他条件相同的前提下,冲刷强度应该是随着量级的增大而增大的。

从冲刷效率来看,洪水平均历时越短,其冲刷效率相对越高,由于量级大的洪水历时长,其冲刷效率反而低。流量小于2 500 m^3/s的四个量级,洪水平均历时为4.3~6.4 d,冲刷效率维持在一个较高的水平,为0.053~0.064 t/m^3。

前期库区为冲刷状态的各量级洪水的冲刷情况统计见表4-15。各量级洪水的单场冲刷量、冲刷强度、冲刷效率均差别不大。其中,单场洪水的冲刷量、冲刷强度随量级增大而增大,分别为0.230亿~0.448亿t和0.016亿~0.043亿t/d;各量级洪水的平均冲刷效率均比较低,变化范围为0.010~0.027 t/m^3。

综合来看,在库区前期处于淤积状态时,其他条件相同的前提下,量级大的洪水($Q\geq 3\ 000\ m^3/s$)综合冲刷效果较好。而天然条件下,量级大的洪水冲刷量较大,但受持续历时较长的影响,其平均冲刷强度和冲刷效率并不高,而且今后发生的机遇较少。量级小的洪水($Q<2\ 000\ m^3/s$),由于持续历时短,虽然冲刷效率非常高,发生的机遇也多,但冲刷的总量少,恢复库容的能力有限。流量为$2\ 000\ m^3/s\leq Q<2\ 500\ m^3/s$和$2\ 500\ m^3/s\leq Q<3\ 000\ m^3/s$量级的洪水,各冲刷指标相对较为均衡,综合冲刷效果较好,也有一定的发生机遇,适合于冲刷库区,恢复库容。

表 4-13　不同前期冲淤状态下洪水冲刷效果统计

前期冲淤状态	时段次数（场）	占场数（%）	历时（d）	占总历时（%）	平均历时（d）	平均水位（m）	平均流量（m^3/s）		水量（亿 m^3）		输沙量（亿 t）		平均含沙量（kg/m^3）		冲刷量（亿 t）	占总冲刷量（%）	冲刷强度（亿 t/d）	冲刷效率（t/m^3）
							入库	出库	入库	出库	入库	出库	入库	出库				
淤积	66	56.4	473	43.4	7.2	301.14	1 944	2 014	910.91	931.11	57.19	94.45	62.79	101.44	37.260	70.5	0.079	0.040
冲刷	51	43.6	617	56.6	12.1	299.62	2 199	2 236	1 122.28	1 141.84	38.48	54.04	34.29	47.33	15.566	29.5	0.025	0.014
合计	117	100	1 090	100	19.3				2 033.19	2 072.95	95.67	148.49	47.06	71.64	52.826	100	0.048	0.025

表 4-14　前期库区为淤积状态下不同量级洪水的冲刷情况统计

量级（m^3/s）	场数	占总场数（%）	历时（d）	平均历时（d）	平均水位（m）	平均流量（m^3/s）		水量（亿 m^3）		输沙量（亿 t）		平均含沙量（kg/m^3）		冲刷总量（亿 t）	单场冲刷量（亿 t）	冲刷强度（亿 t/d）	冲刷效率（t/m^3）
						入库	出库	入库	出库	入库	出库	入库	出库				
≥4 000	1	1.5	27	27.0	307.54	4 479	4 610	104.49	107.54	2.37	3.99	22.66	37.12	1.624	1.624	0.060	0.015
3 500 ~ 4 000	2	3.0	41	20.5	304.38	3 704	3 689	128.93	130.47	3.48	5.41	26.98	41.45	1.930	0.965	0.047	0.015
3 000 ~ 3 500	2	3.0	18	9.0	310.80	3 184	3 346	49.35	51.73	1.56	2.79	31.70	53.95	1.227	0.613	0.068	0.024
2 500 ~ 3 000	8	12.1	70	8.8	302.05	2 825	2 829	171.49	171.21	13.38	19.88	78.04	116.12	6.499	0.812	0.093	0.038
2 000 ~ 2 500	11	16.7	70	6.4	301.52	2 239	2 298	133.73	134.42	15.34	22.68	114.67	168.69	7.341	0.667	0.105	0.055
1 500 ~ 2 000	24	36.4	152	6.3	299.98	1 738	1 772	221.96	226.05	14.83	26.73	66.82	118.26	11.902	0.496	0.078	0.053
1 000 ~ 1 500	14	21.2	78	5.6	300.68	1 315	1 344	91.46	93.62	5.92	11.63	64.69	124.22	5.712	0.408	0.073	0.061
<1 000	4	6.1	17	4.3	298.90	674	1 246	9.49	16.06	0.32	1.34	33.43	83.61	1.025	0.256	0.060	0.064
合计	66	100	473					910.91	931.1	57.2	94.45			37.26			

表 4-15　前期库区为冲刷状态下不同量级洪水的冲刷情况统计

量级 (m^3/s)	场数	占总场数 (%)	历时 (d)	平均历时 (d)	平均水位 (m)	平均流量 (m^3/s)		水量 (亿 m^3)		输沙量 (亿 t)		平均含沙量 (kg/m^3)		冲刷总量 (亿 t)	单场冲刷量 (亿 t)	冲刷强度 (亿 t/d)	冲刷效率 (t/m^3)
						入库	出库	入库	出库	入库	出库	入库	出库				
≥4 000	2	3.9	21	10.5	306.32	4 843	4 882	90.12	90.89	1.45	2.34	16.07	25.79	0.896	0.448	0.043	0.010
3 500~4 000	5	9.8	55	11.0	305.29	3 705	3 773	175.77	179.53	3.73	5.64	21.23	31.39	1.904	0.381	0.035	0.011
3 000~3 500	5	9.8	56	11.2	303.09	3 381	3 389	163.82	166.23	9.51	11.28	58.02	67.84	1.771	0.354	0.032	0.011
2 500~3 000	5	9.8	60	12.0	300.34	2 630	2 531	136.11	133.19	5.43	7.11	39.92	53.34	1.672	0.334	0.028	0.013
2 000~2 500	10	19.6	103	10.3	300.36	2 279	2 369	203.05	212.28	7.34	10.96	36.16	51.61	3.612	0.361	0.035	0.017
1 500~2 000	9	17.6	96	10.7	297.30	1 684	1 708	138.59	136.72	4.93	7.00	35.55	51.19	2.072	0.230	0.022	0.015
1 000~1 500	10	19.6	149	14.9	296.87	1 249	1 315	168.12	174.77	4.01	6.36	23.86	36.36	2.345	0.234	0.016	0.013
<1 000	5	9.8	77	15.4	295.23	690	716	46.70	48.23	2.08	3.37	44.52	69.95	1.295	0.259	0.017	0.027
合计	51	100	617					1 122.28	1 141.84	38.48	54.06			15.67			

在库区前期处于冲刷状态时，各量级洪水的冲刷效果都不如前期处于淤积状态的情况，且不同量级的差别也不大。所以，在水库的运行后期，应选择在前期水库为淤积状态，入库为大流量的时候，提前降低水位泄空蓄水，冲刷恢复库容，但考虑到今后大流量洪水发生的机遇偏少，也应充分利用 2 500 $m^3/s \leqslant Q < 3\ 000\ m^3/s$ 量级的中等洪水进行敞泄冲刷排沙。

4.6.3.2　小浪底水库排沙效果

从统计的水库排沙过程来看，水库排沙比与排沙时段平均蓄水量关系密切，随蓄水量增大排沙比有逐渐减小趋势，见图 4-3。蓄水量为 10 亿 m^3 以下时，水库排沙比平均为 80%；蓄水量为 10 亿～20 亿 m^3 时，排沙比基本小于 60%；蓄水量为 20 亿～30 亿 m^3 时，排沙比基本小于 40%；蓄水量超过 30 亿 m^3 时，排沙比基本为 20% 以下。

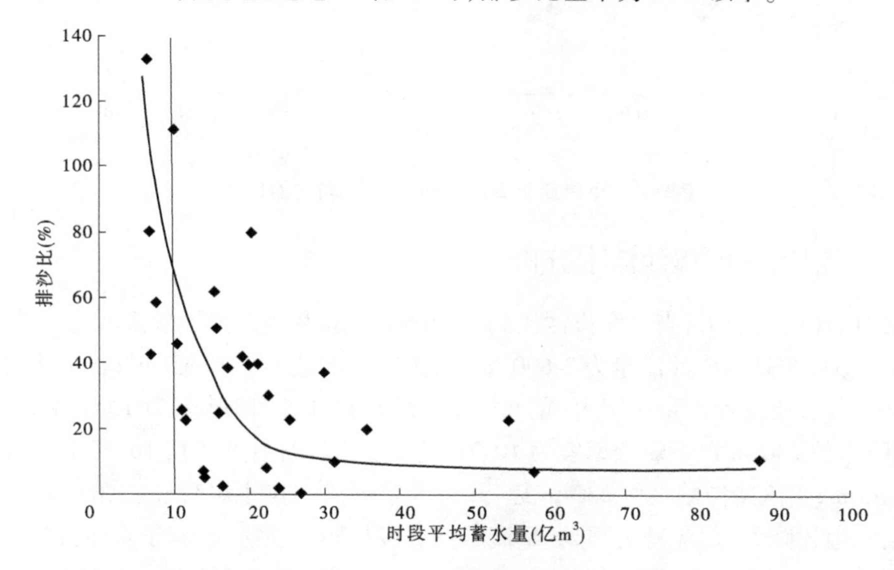

图 4-3　小浪底水库排沙时段平均蓄水量与排沙比关系

考虑到入库流量大小对水库排沙比也有一定影响，综合蓄水量与流量大小的关系，绘制水库排沙比与 V/Q 关系，见图 4-4。当 V/Q 小于 50×10^4 时，排沙比为 40% 以上，平均排沙比接近 60%；当 V/Q 为 $50 \times 10^4 \sim 150 \times 10^4$ 时，水库排沙比多为 20%～60%；当 V/Q 为 $150 \times 10^4 \sim 200 \times 10^4$ 时，水库排沙比多为 20%～40%；当 V/Q 大于 200×10^4 时，水库排沙比多为 20% 以下。

小浪底水库运行至今，分别处于拦沙初期和拦沙后期第一阶段，水库蓄水量较大，以异重流和浑水水库排沙为主。2000～2015 年，小浪底水库历年出库含沙量超过 1 kg/m^3 的主要排沙时段统计见表 4-16，其中 2015 年水库全年无排沙。

小浪底水库运行以来主要以异重流和浑水水库排沙为主，水库排沙主要受库区蓄水体及入库流量大小的影响；同时也与异重流潜入点位置、排沙洞是否及时开启等多种因素相关。

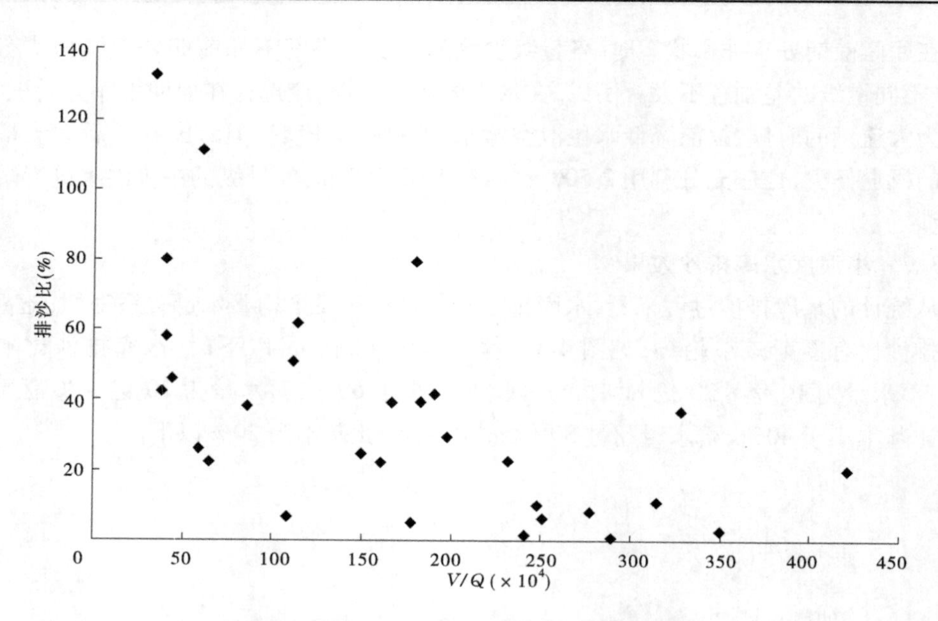

图 4-4　小浪底水库排沙时段 V/Q 与排沙比关系

4.6.4　小浪底水库排沙需求分析

根据以往研究成果，当水库排沙比约为 60% 时，水库拦粗排细效果较好。当 V/Q 小于 50×10^4 时，若采用排沙流量为 2 600 m^3/s，相应蓄水量小于 13 亿 m^3；若采用排沙流量为 2 000 m^3/s，相应蓄水量小于 10 亿 m^3。结合当前水库淤积形态，2016 年 4 月，小浪底水库汛限水位 230 m 以下剩余库容为 10.71 亿 m^3，三角洲顶点距坝 16.39 km，顶点高程为 222.36 m，主汛期控制水位 230 m 运行时，异重流潜入点主要位于三角洲顶点附近及前坡段，河道比降大，水流动力强，异重流运行更容易到达坝前，有利于水库排沙。

目前，黄河下游河道最小平滩流量已恢复至 4 200 m^3/s，具有较高的输沙能力，适当提高排沙比，利用下游河道输沙能力大的特点输沙入海，有利于减少水库及下游河道淤积。近期，小浪底水库处于拦沙后期第一阶段，水库剩余拦沙库容较大，水库仍具备较大的拦沙库容，尚不具备降低水位冲刷的有利条件，短期内仍以异重流和浑水水库排沙为主，适于维持三角洲淤积形态，充分利用三角洲顶点以下的库容保障下游供水安全，同时控制三角洲顶点与大坝距离，提高异重流、浑水水库排沙效率；不宜大幅度抬高水库运行水位，使得淤积三角洲顶点远离大坝，水库蓄水体过大，降低水库排沙效率。

未来，随着小浪底水库的逐渐淤积，库区输沙流态逐渐由异重流、浑水水库转向壅水明流，甚至均匀明流。当入库发生较大洪水过程时，则应短时降低水位采用排沙效率较高的均匀明流输沙，且排沙流量尽量选择 3 000 m^3/s 以上的大洪水，历时为 4～10 d，不仅库区冲刷排沙效率高，且有利于下游河道的泥沙输送。在来水持续偏枯的情况下，也可以选择量级 2 000～3 000 m^3/s 洪水进行短历时冲刷排沙，以减缓水库淤积。

表 4-16　小浪底水库运行以来排沙时段统计

次序	年份	三门峡站过程					小浪底站过程					排沙比 (%)	平均水位 (m)	平均蓄水量 (亿 m^3)
		日期 (月-日)	Q (m^3/s)	S (kg/m^3)	W (亿 m^3)	WS (亿 t)	日期 (月-日)	Q (m^3/s)	S (kg/m^3)	W (亿 m^3)	WS (亿 t)			
1	2000	07-09 ~ 07-17	786	112. 0	6. 11	0. 68	07-11 ~ 07-19	421	10. 2	3. 27	0. 03	4. 90	199. 73	14. 00
2	2000	08-20 ~ 08-26	992	85. 8	6. 00	0. 51	08-21 ~ 08-27	271	5. 0	1. 64	0. 01	1. 59	214. 07	23. 91
3	2001	08-20 ~ 09-16	799	110. 9	19. 33	2. 14	08-21 ~ 09-17	272	26. 0	6. 57	0. 17	7. 96	215. 12	22. 21
4	2001	10-01 ~ 10-07	913	28. 7	5. 52	0. 16	10-01 ~ 10-07	725	13. 4	4. 39	0. 06	36. 95	224. 76	29. 92
5	2002	07-04 ~ 07-16	847	192. 9	9. 51	1. 83	07-04 ~ 07-16	2 460	13. 2	27. 63	0. 36	19. 87	230. 54	35. 56
6	2002	08-11 ~ 08-21	464	196. 6	4. 41	0. 87	08-13 ~ 08-23	631	3. 6	5. 99	0. 02	2. 52	213. 25	16. 26
7	2003	08-01 ~ 08-09	929	114. 2	7. 22	0. 83	08-03 ~ 08-11	253	1. 7	1. 97	0	0. 39	225. 08	26. 89
8	2003	08-27 ~ 09-17	2 348	80. 1	44. 63	3. 57	08-29 ~ 09-18	1 055	39. 9	20. 05	0. 80	22. 37	244. 80	54. 39
9	2003	10-02 ~ 10-16	2 795	54. 1	36. 22	1. 96	10-03 ~ 10-17	1 428	11. 6	18. 51	0. 21	10. 93	261. 82	87. 93
10	2004	07-07 ~ 07-10	1 262	99. 2	4. 36	0. 43	07-08 ~ 07-11	2 660	4. 7	9. 19	0. 04	9. 97	231. 14	31. 26
11	2004	08-21 ~ 08-29	1 126	196. 6	8. 75	1. 72	08-22 ~ 08-30	1 786	98. 8	13. 88	1. 37	79. 69	222. 62	20. 20
12	2005	07-04 ~ 07-07	1 142	202. 1	3. 95	0. 80	07-05 ~ 07-08	1 933	47. 1	6. 68	0. 31	39. 40	223. 70	20. 85
13	2005	09-22 ~ 10-09	2 303	43. 4	35. 81	1. 55	09-24 ~ 10-11	956	7. 3	14. 87	0. 11	7. 02	249. 84	57. 83
14	2006	06-26 ~ 06-28	1 140	77. 8	2. 95	0. 23	06-26 ~ 06-28	3 200	8. 3	8. 29	0. 07	29. 91	227. 49	22. 46
15	2006	07-22 ~ 07-28	1 183	17. 1	7. 16	0. 12	07-23 ~ 07-29	1 280	6. 2	7. 74	0. 05	39. 27	224. 66	19. 78

续表 4-16

次序	年份	三门峡站过程					小浪底站过程					排沙比(%)	平均水位(m)	平均蓄水量(亿 m^3)
		日期(月-日)	Q (m^3/s)	S (kg/m^3)	W (亿 m^3)	WS (亿 t)	日期(月-日)	Q (m^3/s)	S (kg/m^3)	W (亿 m^3)	WS (亿 t)			
16	2006	08-01 ~ 08-05	998	86.9	4.31	0.37	08-02 ~ 08-06	1 546	23.3	6.68	0.16	41.54	223.79	19.01
17	2006	08-31 ~ 09-06	1 593	55.5	9.63	0.53	09-01 ~ 09-07	1 182	16.9	7.15	0.12	22.59	230.22	25.38
18	2007	06-28 ~ 07-01	1 985	86.9	6.86	0.60	06-29 ~ 07-02	2 813	23.5	9.72	0.23	38.32	225.77	17.10
19	2007	07-29 ~ 08-07	1 399	68.5	12.08	0.83	07-29 ~ 08-07	2 236	21.7	19.32	0.42	50.61	223.83	15.61
20	2007	08-13 ~ 08-19	1 064	19.2	6.43	0.12	08-13 ~ 08-19	1 176	4.3	7.11	0.03	24.67	224.15	15.84
21	2008	06-29 ~ 07-03	1 360	126.2	5.87	0.74	06-29 ~ 07-03	2 514	42.1	10.86	0.46	61.73	225.04	15.37
22	2009	06-29 ~ 07-02	1 275	120.1	4.41	0.53	06-30 ~ 07-03	2 445	4.2	8.45	0.04	6.78	223.99	13.81
23	2010	07-04 ~ 07-07	1 656	73.1	5.72	0.42	07-04 ~ 07-07	2 200	61.3	7.60	0.47	111.52	219.36	9.94
24	2010	07-25 ~ 07-30	1 784	96.2	9.25	0.89	07-26 ~ 07-31	1 847	20.9	9.57	0.20	22.46	221.94	11.49
25	2010	08-11 ~ 08-31	1 855	47.3	33.66	1.59	08-12 ~ 09-01	1 485	15.4	26.94	0.41	25.99	221.11	10.97
26	2011	07-04 ~ 07-07	1 724	45.8	5.96	0.27	07-05 ~ 07-08	1 473	217.5	5.09	0.22	80.00	217.48	6.83
27	2012	07-03 ~ 07-09	2 002	35.8	12.11	0.43	07-03 ~ 07-09	2 124	44.8	12.85	0.58	132.85	217.55	6.57
28	2012	07-23 ~ 08-17	1 925	27.6	43.23	1.19	07-23 ~ 08-17	1 866	16.5	41.93	0.69	58.11	219.60	7.71
29	2013	07-03 ~ 08-08	2 398	39.6	76.67	3.04	07-03 ~ 08-08	2 125	20.5	67.93	1.39	45.83	225.71	10.45
30	2014	07-04 ~ 07-08	1 816	81.0	7.84	0.64	07-05 ~ 07-09	2 034	30.6	8.79	0.27	42.24	224.33	6.96
合计					446.0	29.6				400.7	9.3	31.41		

第5章　水沙条件选取

5.1　典型中常洪水选取

5.1.1　中常洪水一般特性

花园口天然洪峰流量4 000~10 000 m^3/s的中常洪水,是现阶段黄河中下游洪水调度的难点。

根据潼关站、花园口站1954~2014年资料分析,黄河中下游4 000~10 000 m^3/s量级洪水特性表现为:①发生频次较高,潼关站年均发生1.4次,其中以4 000~6 000 m^3/s量级发生次数最多,占71%。花园口站年均发生1.7次,其中4 000~6 000 m^3/s量级的洪水占63%,6 000~8 000 m^3/s的洪水占30%,8 000~10 000 m^3/s的洪水仅占7%。②洪水发生时间集中在7月、8月,占总次数的68%左右。其中,潼关站6 000 m^3/s以上量级的洪水全部发生在7月、8月;花园口站6 000 m^3/s以上量级的洪水在9月以后也有发生,占38%。③从来源区来看,中常洪水可分为潼关以上来水为主的洪水、三花间来水为主的洪水和潼关上下共同来水三种类型的洪水,1954~2014年发生4 000~10 000 m^3/s的中常洪水中,3日洪量、5日洪量潼关以上来水平均占花园口的79%。其中,4 000~6 000 m^3/s量级的洪水,潼关以上来水比例为84%;6 000~10 000 m^3/s量级的洪水,潼关以上来水比例为72%。显然,随着洪水量级的增加,三花间来水的比例逐渐增大。

根据潼关站1960~2014年的实测资料分析,含沙量大于200 kg/m^3的洪水有40场,占40%。龙羊峡水库运行后,中下游汛期洪水流量有所减小,高含沙洪水比例较以往增大,1987~2014年的24场洪水中,13场为高含沙洪水,占54%,其中6 000~10 000 m^3/s量级的洪水共5场,全部都是高含沙洪水。根据上述分析判断,今后潼关中常洪水中高含沙洪水的比例基本应达到50%以上,特别是洪峰流量较大的中常洪水,高含沙洪水所占的比例更高。

5.1.2　近期洪水变化特点

通过对1990年以后与1990年以前洪水泥沙特性的比较,近年来黄河中下游洪水泥沙的变化表现为以下几个方面:

(1)汛期小流量历时增加、输沙比例提高;有利于输沙的大流量历时和水量明显减少,长历时洪水次数明显减少。

分别统计潼关站、花园口站不同时期不同历时洪水的出现次数和潼关站汛期日均流量过程,以及不同时期2 000 m^3/s以下、2 000 m^3/s以上量级水沙特征值。结果表明(见图5-1、图5-2),近期黄河水沙过程发生了很大变化,汛期平枯水流量历时增加,长历时洪水次数明显减少，输沙比例大大提高。2 000 m³/s 以下量级历时大大增加，相应水量、沙量所占比例也明显提高；相反，日均流量大于 2 000 m³/s 的量级历时、相应水量、沙量比例则大大减少。

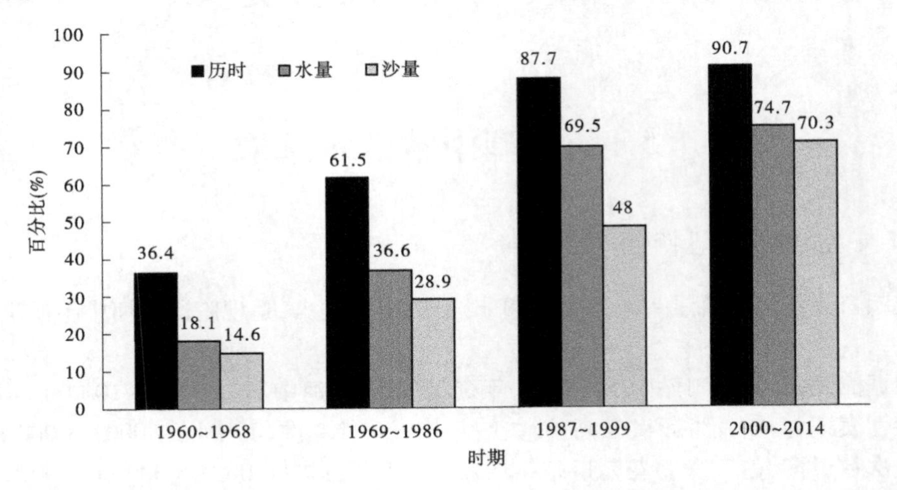

图 5-1　潼关站不同时期 2 000 m³/s 以下量级水沙特征值分析

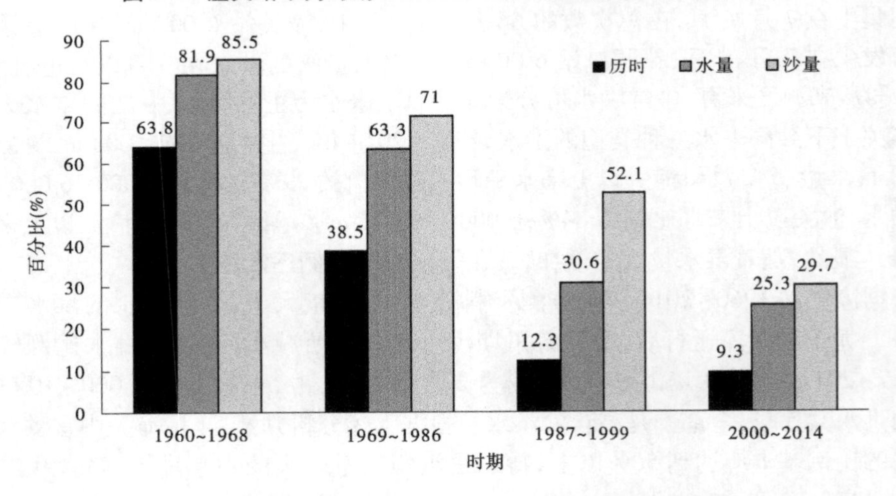

图 5-2　潼关站不同时期 2 000 m³/s 以上量级水沙特征值分析

（2）较大量级洪水发生频次减少。

对黄河干支流防洪作用明显的大型水库进行还原，统计潼关站、花园口站不同时期不同量级洪水发生频次，见表 5-1。潼关站 1950～1989 年 6 000 m³/s 以下洪水的频次变化不大，6 000 m³/s 以上的洪水频次呈减小趋势，尤其 1990 年以后减小更为明显。花园口站 1950～1989 年各级洪水的频次变化不大，1990 年以后洪水频次明显减小，洪水量级也明显偏小，多为 8 000 m³/s 以下洪水，8 000 m³/s 以上洪水仅发生一次，没有发生 10 000 m³/s 以上大洪水。

表 5-1　潼关站、花园口站不同时期不同量级洪水发生频次统计

站名	时期	各级洪峰流量(m^3/s)的洪水频次(次/年)					
		>3000	>4 000	>6 000	>8 000	>10 000	>15 000
潼关	1950~1959	5.6	4.4	2	1.3	0.8	
	1960~1969	5.1	4	1.6	0.4	0.1	
	1970~1979	4.2	2.9	1.5	0.8	0.5	0.2
	1980~1989	4.4	3.3	0.8	0.2		
	1990~1999	2.5	1.9	0.4	0.1		
	2000~2014	1.0	0.4				
	1950~2014	4.2	3.1	1.2	0.9	0.7	0.04
花园口	1950~1959	6.5	4.8	2.4	1	0.7	0.2
	1960~1969	5.7	4.2	1.9	0.5	0.2	
	1970~1979	5.1	2.8	1.1	0.5	0.3	
	1980~1989	5.5	3.7	1.2	0.5	0.2	0.1
	1990~1999	3.3	1.4	0.3	0.1		
	2000~2014	1.1	0.7				
	1950~2014	5.2	3.3	1.3	1.0	0.9	0.1

(3)中常洪水的洪峰流量减小。

20 世纪 80 年代后期以来,黄河中下游中常洪水的洪峰流量减小,3 000 m^3/s 以上量级的洪水场次也明显减少。统计表明(见表 5-2 和表 5-3):1990 年潼关站、花园口站3 000~4 000 m^3/s、4 000~6 000 m^3/s、6 000~10 000 m^3/s 量级的洪水频次均有明显减小,基本上量级越大洪水频次的减小幅度越大。2000 年以后,进入下游 3 000 m^3/s 以上洪水年均仅 17 场,最大洪峰流量 7 800 m^3/s。同时,分析黄河干流主要水文站逐年最大洪峰流量可以发现,1987 年以后洪峰流量明显减小。

表 5-2　潼关站、花园口站不同时期各级洪水频次统计

时期	潼关站洪水频次(次/年)			花园口站洪水频次(次/年)		
	3 000~4 000 (m^3/s)	4 000~6 000 (m^3/s)	6 000~10 000 (m^3/s)	3 000~4 000 (m^3/s)	4 000~6 000 (m^3/s)	6 000~10 000 (m^3/s)
1950~1959	1.2	2.4	1.5	1.7	2.4	1.7
1960~1969	1.1	2.4	1.5	1.5	2.3	1.7
1970~1979	1.3	1.4	1	2.3	1.7	0.8
1980~1989	1.1	2.5	0.8	1.8	2.5	1
1990~1999	0.7	1.5	0.4	1.9	1.1	0.3
2000~2014	0.6	0.4		0.5	0.4	
1950~2014	1.1	1.9	1.0	1.9	2.0	1.1

表 5-3　中下游主要站不同时期洪水特征值统计

站名	时段	洪水发生场次(场/年)		最大洪峰	
		>3 000 m^3/s	>6 000 m^3/s	流量(m^3/s)	发生年份
潼关	1950~1986	5.5	1.3	13 400	1954
	1987~1999	2.8	0.3	8 260	1988
	2000~2014	1.0	0	5 800	2011
花园口	1950~1986	5	1.4	22 300	1958
	1987~1999	2.6	0.4	7 860	1996
	2000~2014	1.1	0	7 800	2010

(4)潼关、花园口断面以上各分区来水比例无明显变化。

统计潼关站及花园口站不同时期各时段洪量组成,潼关站、花园口站组成分别见图 5-3、图 5-4。由图 5-3、图 5-4 可见,随着洪水时段的加长,河口镇以上来水占潼关站洪量的比例增加,由 1 日洪量的 40%增加到 12 日洪量的 60%。随时段的增长,潼关以上来水占花园口站洪量的比例增加,由 1 日洪量的 72%增加到 12 日洪量的 84%。潼关站、花园口站不同年代之间各分区来水比例没有明显规律性,近年各分区来水比例与 1950 年以来长时段均值接近,无明显变化。

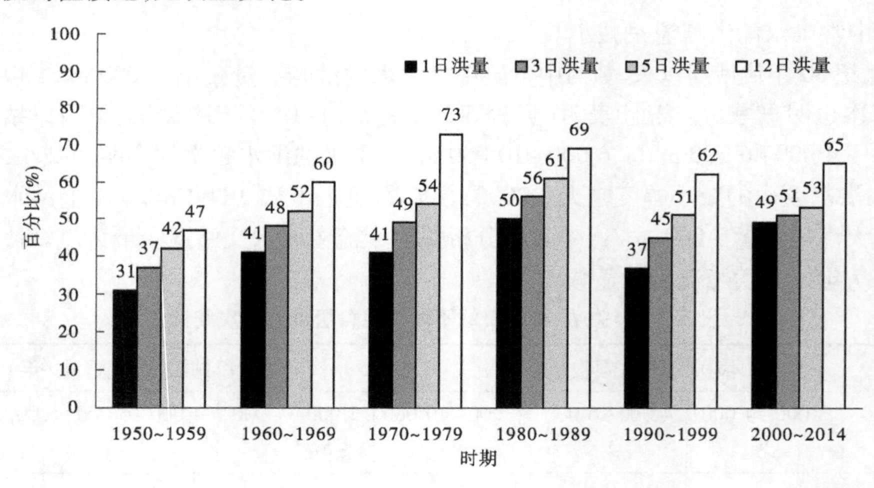

图 5-3　河口镇以上不同时期洪量占潼关站比例

5.1.3　典型中常洪水选取

结合以往研究成果,以《黄河中下游近期洪水调度方案》中提出的含沙量 200 kg/m^3 作为一般含沙量和高含沙量洪水的指标划分。

根据黄河中游洪水泥沙来源及组成、含沙量大小,选择 1982 年 8 月、1983 年 8 月两场洪水作为一般含沙量典型洪水,选择 1954 年 9 月、1988 年 8 月和 1996 年 8 月三场洪水作

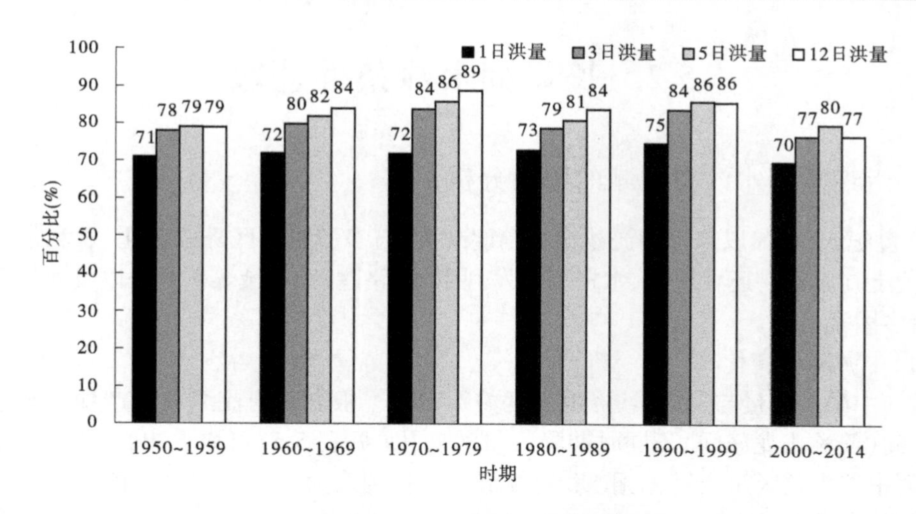

图 5-4　潼关站不同时期洪量占花园口站比例

为高含沙典型洪水，典型洪水特征值见表 5-4。可见，对于一般含沙量洪水，1982 年 8 月洪水历时 10 d，小花间的 5 日洪量占花园口的比例为 50%，为潼关上下共同来水型洪水；1983 年 8 月洪水历时 37 d，小花间的 5 日洪量占花园口的比例为 16%，为潼关以上来水为主洪水。对于高含沙洪水，历时 16~30 d，1954 年 9 月洪水以潼关以上来水为主，小花间的 5 日洪量占花园口的比例为 4%，1988 年 8 月、1996 年 8 月洪水小花间 5 日洪量占花园口的比例分别为 32%、39%，为潼关上下共同来水型洪水。

表 5-4　典型洪水特性统计

站名	项目	洪水编号				
		19820815	19830802	19540905	19880821	19960805
潼关	洪水时段(月-日)	08-14~08-23	07-18~08-23	08-29~09-27	08-04~08-26	07-31~08-15
	洪峰流量(m^3/s)	2 400	6 200	10 100	7 010	7 400
	最大含沙量(kg/m^3)	47	80	676	234	468
小花间	洪峰流量(m^3/s)	2 750	2 270	3 840	2 440	3 830
	5 日洪量占花园口(%)	50	16	4	32	39
花园口	洪峰流量(m^3/s)	6 640	8 180	9 530	7 230	7 860
	5 日洪量(亿 m^3)	15.93	26.19	25.53	23.7	22.21
	场次洪量(亿 m^3)	25.78	131.20	75.18	79.49	32.55

5.2 长系列水沙条件选取

5.2.1 近期黄河水沙量锐减的原因分析

20 世纪 80 年代以来入黄泥沙的大幅度减少，与多沙粗沙区降雨变化、水利水保措施减沙、黄土高原退耕还林还草、水资源开发利用、道路建设、流域煤矿开采以及河道采砂取土等诸多因素有关。

(1)中游降雨变化。

黄河中游产沙量与降雨量、降雨强度关系密切。根据黄河流域主要产沙区头道拐—龙门区间(简称头龙区间)不同时期降雨量的变化(见表 5-5)可以看出，20 世纪 70 年代以后，黄河中游头龙区间全年、主汛期、连续最大 3 日和最大 1 日降雨量总体上均呈减少的趋势，2000 年之后增加。

表 5-5 黄河中游头道拐—龙门区间不同时期降雨量变化 (单位:mm)

时段	全年	主汛期(7~8 月)	连续最大 3 日	最大 1 日
1954~1959	483.85	242.6	72.9	50.7
1960~1969	465.76	218.1	74.2	52.6
1970~1979	426.50	219.6	71.8	53.1
1980~1989	407.52	184.9	66.5	47.9
1990~1999	395.90	202.2	64.2	47.5
2000~2006	448.89	193.1	72.5	56.2
1954~2006	432.31	208.6	70.0	51.1

统计头龙区间、龙门—三门峡区间(简称龙三区间)不同年代主雨日 25 mm 以上、50 mm 以上雨区内年均降雨总量(见表 5-6)，可以看出，与多年均值(1952~2006 年)相比，20 世纪 50 年代、70 年代头龙区间两等级雨区内降雨总量偏多，偏多 15%以上，80 年代、90 年代显著偏少，2000~2006 年又有所增加，主要集中在 50 mm 雨区范围内，增大 30%。龙三区间两等级雨区内降雨总量 20 世纪 60 年代偏少 10.0%，80 年代偏多 11.6%~20.7%，90 年代又显著减少，2000~2006 年有所增加。

表 5-6 各区间不同年代主雨日各等级雨区内降雨总量均值对比 (单位:亿 m^3)

时段	头龙区间		龙三区间	
	25 mm 区域	50 mm 区域	25 mm 区域	50 mm 区域
1952~1959	79.0	28.9	83.8	41.4
1960~1969	67.6	33.7	73.9	33.6
1970~1979	77.5	35.2	80.4	39.2
1980~1989	56.7	20.9	99.7	41.6

续表 5-6

时段	头龙区间		龙三区间	
	25 mm 区域	50 mm 区域	25 mm 区域	50 mm 区域
1990～1999	54.1	20.2	75.4	30.2
2000～2006	72.9	37.7	82.8	39.1
1952～2006	67.3	29.0	82.5	37.3

从整体来看，近 10 年(2003～2012 年)来头龙区间雨量、雨强、大雨和暴雨频次均有所增大，对产水产沙影响较大的汛期和主汛期雨量、高强度降雨的雨量和频次增大的程度更加显著。与 1966～2000 年相比，近 10 年头龙区间全年、汛期、主汛期降雨量较历史有所增大，全年降雨量增大 14.18%、汛期增大 12.23%、主汛期增大 4.94%，主汛期增大幅度小于汛期，汛期的增幅小于非汛期；大于 10 mm/d(中雨)、25 mm/d(大雨)和 50 mm/d(暴雨)降雨量和降雨天数有所增加，降雨量分别增大 10.83%、18.61%、29.22%，降雨天数分别增加 6.29%、16.43%、28.57%。头龙区间不同时段降雨特征值统计见表 5-7。

表 5-7　头龙区间不同时段降雨特征值统计

时段	降雨量(mm)			量级降雨面平均雨量(mm)			量级降雨面平均天数(d)		
	全年	汛期	主汛期	中雨	大雨	暴雨	中雨	大雨	暴雨
1966～1980①	417.40	313.00	210.30	249.00	123.30	37.10	11.01	3.09	0.53
1966～2000②	400.00	295.20	194.40	229.00	113.40	33.20	10.17	2.86	0.49
2003～2012③	456.70	331.30	204.00	253.80	134.50	42.90	10.81	3.33	0.63
1966～2012④	414.20	304.90	195.70	236.40	120.00	36.60	10.35	3.00	0.53
③较①大(%)	9.42	5.85	−3.00	1.93	9.08	15.63	−1.82	7.77	18.87
③较②大(%)	14.18	12.23	4.94	10.83	18.61	29.22	6.29	16.43	28.57
③较④大(%)	10.26	8.66	4.24	7.36	12.08	17.21	4.44	11.00	18.87

注：本表来自“十二五”国家科技支撑计划项目专题报告阶段成果。

从局部来看，近 10 年(2003～2012 年)头龙区间西北部的皇甫川、孤山川和窟野河 3 支流，全年、汛期降雨量虽然有所增大，但是对产流产沙起主要作用的主汛期降雨量、高强度降雨的雨量和频次减小。头龙区间西北部 3 支流不同时段降雨特征值统计见表 5-8。

与 1966～2000 年相比，近 10 年 3 支流全年、汛期降雨量较历史有所增大，年降雨量增大 8.52%、汛期增大 1.64%，但主汛期减小 6.79%；量级降雨量均有所减小，大于 10 mm/d(中雨)、25 mm/d(大雨)和 50 mm/d(暴雨)降雨量分别减少 1.41%、9.65%、11.90%；大于 10 mm/d(中雨)降雨天数增加 1.85%，但大于 25 mm/d(大雨)和 50 mm/d(暴雨)降雨天数分别减少 8.37%、14.29%。

表 5-8　头龙区间西北部 3 支流不同时段降雨特征值统计

时段	降雨量(mm)			量级降雨面平均雨量(mm)			量级降雨面平均天数(d)		
	全年	汛期	主汛期	中雨	大雨	暴雨	中雨	大雨	暴雨
1966~1980①	389.2	308.3	220.5	239.3	126.5	46.5	10.19	3.01	0.64
1966~2000②	368.4	287.0	201.9	212.9	109.9	39.5	9.20	2.63	0.56
2003~2012③	399.8	291.7	188.2	209.9	99.3	34.8	9.37	2.41	0.48
1966~2012④	375.2	287.6	196.9	211.4	107.2	38.5	9.19	2.57	0.54
③较①大(%)	2.72	-5.38	-14.65	-12.29	-21.5	-25.16	-8.05	-19.93	-25.00
③较②大(%)	8.52	1.64	-6.79	-1.41	-9.65	-11.90	1.85	-8.37	-14.29
③较④大(%)	6.56	1.43	-4.42	-0.71	-7.37	-9.61	1.96	-6.23	-11.11

注:本表来自"十二五"国家科技支撑计划项目专题报告阶段成果。

水利部黄河水沙变化研究基金第二期项目与"十一五"国家科技支撑计划课题"黄河流域水沙变化情势评价研究"项目分别对 1996 年以前和 1997~2006 年人类活动与降雨对年均减沙量的影响关系做了深入研究,提出了不同时期头龙区间人类活动减沙与降雨因素减沙量的关系,见表 5-9。20 世纪 90 年代以来黄河沙量的减少量,降雨因素占 50%~60%,水利水保措施作用占 40%~50%。

表 5-9　各时段头龙区间人类活动及降雨因素减沙量对比

时段	实测年总量	人类活动减沙量			还原沙量	人类活动减沙量占计算沙量比值(%)	与 20 世纪 60 年代还原输沙比较					
							总减少量		降雨因素		人为因素	
		已控区	未控区	全流域			减少量	占还原量比例(%)	减少量	占还原量比例(%)	减少量	占总减少量比例(%)
1960~1969	9.53	0.57	0.25	0.82	10.35	7.9	0.82	7.9	0	0	0.82	100
1970~1979	7.54	1.76	0.55	2.31	9.85	23.5	2.81	27.1	0.50	17.8	2.31	82.2
1980~1989	3.71	1.69	0.51	2.20	5.91	37.2	6.64	64.2	4.44	66.9	2.20	39.1
1990~1996	5.41	2.04	0.70	2.74	8.15	33.6	4.94	47.7	2.20	44.5	2.74	55.5
1997~2006	2.17	3.41	0.33	3.74	5.91	63.3	8.18	79.0	4.44	54.3	3.74	45.7

注:1996 年以前为二期水沙基金成果,1997~2006 年为"黄河流域水沙变化情势评价研究"成果。

(2)水利水保措施减沙。

新中国成立以来,黄土高原开展了大规模综合治理,特别近 10 多年来,国家加大了水土流失治理力度,先后在黄河流域实施了黄河上中游水土保持重点防治工程、国家水土保持重点治理工程、黄土高原淤地坝试点工程、农业综合开发水土保持项目等国家重点水土保持项目。在国家重点项目的带动下,黄河流域水土流失防治工作取得了显著成效。截至 2007 年底,累计初步治理水土流失面积 22.56 万 km^2,多沙粗沙区初步治理水土流失面积 3.17 万 km^2。

针对黄河上中游地区水利水保减水减沙作用，不少学者开展了大量的研究工作，取得了较多的研究成果。第二期水沙基金汇总时，一些学者从方法、指标、含沙量等多方面对各家成果进行了系统的分析比较，给出了中游各时期水利水保减沙情况（见表 5-10），1960~1996 年系列黄河中游 5 站（龙门、河津、张家山、洑头、咸阳）以上年均减沙 4.511 亿 t。同时还指出，如果以 20 世纪 50 年代、60 年代作为基准期，计算 1970 年以后的水利水保工程减沙量，1970~1996 年 5 站以上年均减沙量 3.075 亿 t。

表 5-10　黄河上中游各年代减沙量　（单位：亿 t）

项目	1950~1959 年	1960~1969 年	1970~1979 年	1980~1989 年	1990~1996 年	1950~1969 年	1960~1996 年
总减沙量	0.965	2.466	4.283	5.696	6.06	1.716	4.511
水利工程	0.991	1.696	2.369	2.494	2.076	1.344	2.166
水保措施	0.109	1.145	2.519	3.676	4.055	0.627	2.754
河道冲淤+人为增沙	−0.135	−0.375	−0.605	−0.474	−0.071	−0.255	−0.409

“十一五”国家科技支撑计划课题“黄河流域水沙变化情势评价研究”在 1950~1996 年黄河水沙变化研究成果的基础上，分析了近期水沙变化特点，系统核查了近期 1997~2006 年黄河中游水土保持措施基本资料，利用“水文法”和“水保法”两种方法计算了近期人类活动对水沙变化的影响程度，结果表明，1997~2006 年黄河中游水利水保综合治理等人类活动年均减沙量为 5.24 亿~5.87 亿 t（见表 5-11），由此可以看出，由于黄河中游地区水利水保等生态工程的持续建设，使得中游地区的生态环境得到了进一步改善，水利水保等人类活动的减沙作用较以前有所加强。

表 5-11　黄河中游地区近期人类活动减水量、减沙量（1997~2006 年）

河流（区间）	减水量（亿 m^3）		减沙量（亿 t）	
	水文法	水保法	水文法	水保法
头龙区间（包括未控区）	29.90	26.78	3.50	3.51
泾河	6.25	8.43	0.65	0.43
北洛河	1.11	2.18	0.32	0.12
渭河	31.02	32.11	1.04	0.82
汾河	17.50	17.60	0.36	0.36
合计	85.78	87.12	5.87	5.24

注：1.渭河流域研究成果为华县以上（但不包括泾河流域）。

2.合计值包含未控区。

“十二五”科技支撑计划“黄河中游来沙锐减主要驱动力及人为调控效应研究”课题阶段成果，黄河水利科学研究院对头道拐—潼关区间水库淤积量进行了调查分析，成果表明，截至 2011 年，头道拐—潼关区间共建成水库 960 座，总库容为 86.372 亿 m^3，水库累计拦沙量为 36.258 亿 m^3，其中 2007～2011 年累计拦沙量 4.378 亿 m^3（见表 5-12）。黄河水土保持生态环境监测中心对现状骨干坝和中小型淤地坝规模及其分布进行核实，分析计算提出头龙区间及北洛河上游、泾河上游、渭河上游等主要水文站控制区 2007～2011 年骨干坝和中小型淤地坝的实际拦沙量为 4 亿 t 左右。课题组综合分析提出潼关以上水库和淤地坝拦沙量每年约 2.4 亿 t。

表 5-12　头道拐—潼关区间水库建设情况及淤积量统计

区域	水库数（座）	总库容（亿 m^3）	累计淤积量（亿 m^3）	2007～2011 年淤积量（亿 m^3）
渭河流域	616	31.539	13.800	1.267
汾河流域	138	17.283	6.091	0.169
头龙区间	206	37.550	16.367	2.942
合计	960	86.372	36.258	4.378

但是还应该看到，黄河中游水土保持综合治理改变了产流产沙的下垫面条件，在降雨较小时，与治理前相比相同降雨条件下产流产沙量减小，发挥了较大的减水减沙作用，但若遇大面积强暴雨，减水减沙作用将会降低，甚至还会增加产流产沙。如 2002 年 7 月头龙区间支流清涧河发生大暴雨，子长站流量达 5 500 m^3/s，是 1953 年建站以来实测第二大洪峰，清涧河年径流量和输沙量达 2.39 亿 m^3、1.08 亿 t，是水土保持治理后年均值的 1.7 倍和 3.4 倍。

（3）黄土高原退耕还林还草减沙。

1999 年国家全面推行“退耕还林”和“封山禁牧”政策以来，黄土高原地区林草植被得到明显改善，对减少入黄泥沙发挥了重要的作用。据统计，陕西省植被覆盖度由 2000 年的 56.9%上升至 2010 年的 71.1%，年均增加 1.4%，其中榆林市植被覆盖度由 12%上升至 33.2%，延安市植被覆盖度由 45.4%上升至 68.2%。植被覆盖率的显著提高，必然会降低坡面侵蚀产沙强度，进而减少河流输沙量。

同时，由于流域能源重化工基地建设和工业化、城镇化进程的加快，改变了地区的经济结构和生产方式，农村人口大量外迁和劳动力转移，对当地退耕还林、退牧还草、生态自我修复等起到了积极的作用，促进了植被恢复，减少了区域的来沙量。

（4）水资源开发利用，在减少入黄水量的同时，也减少了入黄沙量。

随着经济社会的快速发展，流域水资源利用量显著增加，这也是导致近期入黄水量和沙量大幅减少的重要原因之一。近年来，黄河中游的窟野河、皇甫川、孤山川、清水川等流域内建设了大量工业园区，需要引用大量生产生活用水，为保证引水，水库建设基本上把其上游水量全部用完，沙量也无法进入下游。另外，其取水方式除水库蓄水、河道引水外，还增加了河床内打井、截潜流、矿井水利用等进一步减少了进入下游的水量和沙量。据调查，2008 年和 2009 年，窟野河流域社会经济耗水量接近 2 亿 m^3，而在 20 世纪 70～90 年代初，用水量不足 2 000 万 m^3，根据新的黄河水资源评价成果，该流域浅层地下水可开采量为 0、煤矿开采目前主要在 100 m 以内的浅层，故其所有用水均可视为地表水。

河道径流的减少,特别是汛期径流的减少,不利于河道泥沙的输送,在大部分年份会减少进入黄河的泥沙,相当于增强了河道的临时滞沙功能,但遇大洪水时将可能一并冲刷进入黄河。

(5)道路建设。

我国交通基础设施建设的飞速发展在黄土高原也得到充分体现,高速公路、铁路和“村村通”等的通车里程已经达到 20 世纪 80 年代以前的几十至几千倍。随着环境保护和水土保持监督力度的增强,黄土高原的高速公路和铁路建设对弃土弃渣的处理总体上是规范的,由于道路两侧排水设施齐全,且绿化带很宽,投运后的高速公路和铁路实际上是减轻水土流失。不过,就整个严重水土流失区看,高速公路、铁路以及城镇的占地面积只有总土地面积的 1%,所以其减沙量级不大。

但是,近年大规模兴建的“村村通”乡镇公路存在人为增加水土流失的可能。实地调查看到,由于投资限制,这些乡镇道路基本上不设排水设施,道路两侧的低洼处往往成为积水和排水点。大暴雨后,损毁最多的就是这些乡镇道路,包括道路两侧被人工削整的陡峭山体、道路路基淘空、道路切割等。

(6)煤矿开采影响区域水循环,导致入黄水沙量减少。

黄河流域煤炭等矿产资源丰富,是我国重要的能源基地,黄河流域煤炭资源不仅储量丰富,而且煤类齐全、煤质优良、开采条件较好,区位优势明显。黄河流域已探明的煤产地 685 处,保有储量 4 492 亿 t,占全国煤炭储量的 46.5%,预测煤炭资源总储量约 1.5 万亿 t。近年来,随着黄河流域经济的快速发展,使得煤炭的需求迅速加大,煤矿开采量迅速增加,2006 年流域相关省(区)共产原煤 13.5 亿 t,占全国的 71.4%。

对典型采煤区域的研究表明,由于采煤改变了水文地质条件,水资源的产、汇、补、径、排等发生变化,直接表现为河川径流减少,地下水存蓄量遭到破坏。如窟野河流域,据有关资料分析,该地区煤矿开采、洗选和周边绿化等基本上依靠矿井涌水,吨煤涌水量为 0.3~0.5 m^3,2009 年流域原煤产量为 27 900 万 t,估计涌水量 1 亿~1.4 亿 m^3(不包括煤矿开采可能会破坏地下不透水层而导致的径流下渗量)。地表径流的减少,大部分泥沙会淤积在河道中,也就减少了入黄泥沙量。

(7)河道采砂取土导致洪水流量迅速衰减,挟沙能力降低。

黄河砂石开采始于 20 世纪 70 年代,近年来,采砂、取土的规模和开采范围迅速扩大,部分河段非法采砂活动日益增多,非法采砂活动在给河势稳定、防洪安全、涉水工程设施安全带来不利影响的同时,也给进入黄河水沙带来影响。

由于采砂过程中无序开采、滥采乱挖,导致一些多沙支流河道内坑、洼、坎比比皆是,不少相对较宽河段没有明显主槽,即使洪水期发生高含沙洪水,由于填洼作用导致洪峰、洪量急剧衰减,挟沙能力大幅度降低,大部分泥沙淤积在河道中。这也是近些年支流进入黄河水沙减少的原因之一。

5.2.2　未来黄河水沙量预测

5.2.2.1　**水量预测**

黄河未来径流量变化,受流域降雨、下垫面条件以及水资源开发利用等多种因素的影响。

(1)未来降雨变化对径流量的影响。

影响黄河流域降雨变化的原因涉及地形、地势、气温、蒸发等多方面因素。黄河流域地形、地势相对稳定,在数十年乃至数百年的较短地质时期内,不会发生明显变化。气温升高、蒸发加大等气候条件变化与全球气候变暖是一致的,这个变化趋势是极其平缓的,是否会导致黄河流域年降水、汛期降水、暴雨强度及频次发生明显变化,未来长时期黄河流域的降水(暴雨)是增大、减小或者持平,其对水沙变化有多大影响,尚无明确结论。半个多世纪以来的实测资料表明,黄河流域降水总体上变化趋势不大,基本上呈周期性的变化。

(2)水土保持减水作用分析。

第二期黄河水沙变化基金研究提出,20 世纪 70 年代、80 年代以及 1990~1996 年头龙区间水利水保措施年均减水量分别为 8.23 亿 m^3、14.89 亿 m^3、12.68 亿 m^3,年均减沙量分别为 2.26 亿 t、3.96 亿 t、3.16 亿 t。可见看出,水利水保措施减水量随着减沙作用的增加而增加,水利水保措施每减沙 1 亿 t,相应减水量为 3.6 亿~4.0 亿 m^3。

"十一五"国家科技支撑计划课题"黄河流域水沙变化情势评价研究",在黄河水沙变化基金成果的基础上,研究提出头龙区间控制区及泾洛渭汾河 1997~2006 年水土保持措施(不包括水利措施)年均减水量为 26.37 亿 m^3,年均减沙量为 3.99 亿 t,由此可以推算水土保持措施减沙 1 亿 t,相应减水量为 6.6 亿 m^3。

《黄河流域综合规划》在考虑黄河中游水土保持生态环境用水对流域水资源的影响中提出未来水利水保措施减沙 5 亿 t、6 亿 t、8 亿 t 情况下,相应径流量减少量为 15 亿 m^3、20 亿 m^3、30 亿 m^3,水土保持措施减沙 1 亿 t,相应减水量为 5 亿 m^3,与上述研究成果基本一致。本研究在分析不同情境方案径流量变化时,按水土保持措施减沙 1 亿 t,相应减水量为 5 亿 m^3 考虑。

(3)水资源开发利用量预估。

黄河流域属于资源性缺水河流,水资源供需矛盾突出,随着经济社会的快速发展,国民经济用水量持续增加,现状地表水开发利用率达到近 70%,已超出黄河水资源承载能力。

1999 年国家实施了黄河水量统一调度,依据国务院颁布的"87 分水方案",按照总量控制、丰增枯减的原则,确定了各省(区)地表水耗水年度分配指标。《黄河流域水资源综合规划》根据黄河流域水资源条件变化和现有黄河可供水量分配方案的实际,统筹考虑维持黄河健康生命和以水资源的可持续利用支撑经济社会可持续发展的综合需求,合理提出了黄河水资源配置方案。规划提出,现状至南水北调工程生效前,配置河道外各省(区)可利用水量为 341.16 亿 m^3。南水北调东中线生效后至南水北调西线一期工程生效前,配置河道外各省(区)可利用水量 332.79 亿 m^3。南水北调西线等调水工程生效后,考虑南水北调西线一期工程等跨流域调水工程生效后,配置河道外 401.05 亿 m^3,入海水量 211.37 亿 m^3。按照这一配置方案,南水北调西线工程生效前,黄河头道拐以上,年需要耗用河川径流量 123.44 亿 m^3;头龙区间需耗用河川径流量 17.35 亿 m^3。

(4)未来水量变化趋势。

对于未来黄河水量的变化,大部分研究成果以气候要素为基础,利用数学模型进行预测，定性给出黄河径流变化趋势，但由于考虑未来情景模式不同，对未来水量变化的预测成果大不相同，甚至出现相反的结论。

进入21世纪以来，黄河流域下垫面条件发生了明显的变化，黄河水沙量也随之发生变化，2000~2015年黄河龙门、华县、河津、洑头四站（简称四站）年均来沙量2.96亿t，来水量244亿m^3，该时段黄河来水来沙过程体现了近时期人类活动及下垫面的影响，可以将该时段实测来水量作为黄河来沙量3亿t情景方案的设计水量。在此基础上，考虑不同情景方案水利水保措施减沙作用对减水的影响，黄河来沙量6亿t、8亿t时，未来四站来水量分别考虑为259亿m^3、269亿m^3，考虑区间四站至三门峡区间引水量约20亿m^3，则小浪底入库相应水量为239亿m^3和249亿m^3。

5.2.2.2 沙量预测

根据黄土高原历史侵蚀背景值研究成果，除任美锷认为在北宋以前黄河年输沙量为2亿t外，其他各家研究成果认为，在远古时期流域植被较好的情况下，黄土高原侵蚀背景值为6亿~11亿t。

黄河有实测资料以来，出现了1922~1932年连续枯水枯沙段，该时段来沙量与近年来沙量对比见表5-13。1922~1932年连续枯沙段，三门峡（陕县，相当于天然）站多年平均沙量10.67亿t，与正常降雨年份沙量相差5.3亿t。

表5-13 黄河三门峡（陕县）水文站枯沙段实测沙量对比

时段	水量（亿m^3）			沙量（亿t）			最小沙量（亿t）
	7~10月	11月~次年6月	7月~次年6月	7月~10月	11月~次年6月	7月~次年6月	
1922年7月~1932年6月	183.63	128.89	312.53	8.78	1.89	10.67	4.83
1990年7月~2013年6月	103.19	121.77	224.96	4.85	0.33	5.18	1.11
2000年7月~2015年6月	107.16	118.04	225.20	2.97	0.22	3.19	0.50

受气候变化及人类活动的影响，近期黄河来沙量明显减少，1997~2011年黄河三门峡站输沙量仅为3.6亿t。从黄土高原水土保持各项措施减沙机制看，林草措施是通过改善土壤植被减沙，具有长效性，而水库和淤地坝拦沙主要依靠库容，当泥沙淤积量达到可淤积库容的最大值后，即失去拦沙能力，具有时效性。根据“十一五”国家科技支撑计划课题“黄河流域水沙变化情势评价研究”和“十二五”研究成果，1997~2014年黄河潼关以上水库和淤地坝年均拦沙量约2.4亿t，考虑该时期水库及淤地坝拦沙量，可以估算，近期沙量大幅度减少的1997~2015年，黄河的来沙量约6亿t。

水利部黄河水利委员会、中国水利水电科学研究院联合完成的《黄河水沙变化研究》综合考虑黄河水沙问题的复杂性、未来主要因素对黄河水沙变化影响的发展趋势以及一些不确定性因素，预估在黄河古贤水库投入运行后，未来30~50年黄河潼关站年均径流量210亿~220亿m^3，年均输沙量3亿~5亿t；考虑到规划的淤地坝实施进度有可能滞后于预期，淤地坝在未来50~60年仍可能会发挥少部分拦沙作用，预估未来50~100年潼关站年均径流量 200 亿~210 亿 m³,年均输沙量 5 亿~7 亿 t。

据实测资料统计,黄河三门峡站 2000 年以来(2000~2015 年)、近 20 年(1993~2015 年)、近 30 年(1983~2015 年)、近 40 年(1973~2015 年)、近 50 年(1963~2015 年)输沙量分别为 3.19 亿 t、4.79 亿 t、5.95 亿 t、7.52 亿 t、8.92 亿 t,见表 5-14。

表 5-14　黄河四站、三门峡不同时段实测水量、沙量统计

时间		水量(亿 m³)			沙量(亿 t)		
		7~10 月	11 月~次年 6 月	7 月~次年 6 月	7~10 月	11 月~次年 6 月	7 月~次年 6 月
四站	2000~2015	107.16	118.04	225.20	2.97	0.22	3.19
	近 10 年	125.37	137.25	262.62	2.18	0.29	2.47
	近 20 年	112.51	128.83	241.34	4.28	0.67	4.95
	近 30 年	133.21	141.60	274.81	5.13	0.96	6.09
	近 40 年	154.99	145.92	300.91	6.52	0.98	7.50
	近 50 年	172.96	153.90	326.86	8.42	1.13	9.55
三门峡	2000~2015	107.16	118.04	225.20	2.97	0.22	3.19
	近 10 年	114.99	126.32	241.31	2.96	0.23	3.19
	近 20 年	102.38	116.72	219.10	4.58	0.21	4.79
	近 30 年	126.98	133.57	260.55	5.60	0.35	5.95
	近 40 年	149.48	140.02	289.50	7.19	0.33	7.52
	近 50 年	166.79	149.96	316.75	7.97	0.95	8.92

综合以上分析,考虑黄土高原侵蚀背景值成果、黄河实测沙量变化、近期研究成果及专家对未来沙量变化的预估,本研究未来沙量按三种情景方案设计,即黄河来沙量分别按 3 亿 t、6 亿 t、8 亿 t 考虑。

5.2.3　水沙系列选取

1987 年以来,自龙羊峡、刘家峡水库联合调度运行以来,改变了黄河中游潼关、三门峡断面的水沙量年内分布,水沙过程趋于均衡,大流量(2 000 m³/s 以上)洪水天数明显减少;随着黄河流域经济社会发展,区域用水量增加,近期小浪底入库水沙量处于历史较枯水平,2000 年以来年均入库水量、沙量分别为 220.02 亿 m³ 和 2.99 亿 t,且 2014 年、2015 年潼关断面来沙量不到 1 亿 t。

目前,小浪底水库处于拦沙后期运行第一阶段,本研究重点是针对近期水沙变化特点进行水库运行方式优化,因此水沙条件长度不宜过长,初步考虑为 10 年。

1987~2015 年(水文年)实测年入库水沙量过程见表 5-15 和图 5-5,年均水量 259.73 亿 m³,年均沙量 7.98 亿 t。水量变化丰枯转换频繁,1987~2002 年由丰到枯,2003~2012 年来水又逐渐转丰,2013~2015 年由丰转枯。沙量变化则总体表现为持续减少,从 10 年滑动平均过程来看,由 9 亿 t 左右逐渐减少至 2.30 亿 t;就单个年份看,2015 年入库沙量最少,仅 0.50 亿 t。

考虑近期水沙系列的变化情况,结合水库运行方案计算需求,初步选取了 3 个水沙系列,见表 5-16。

表 5-15　实测历年入库水沙量过程(三门峡站,1987~2015 年)

年份(水文年)	水量(亿 m^3)	沙量(亿 t)	水量 10 年滑动(亿 m^3)	沙量 10 年滑动(亿 t)
1987	210.26	2.78	279.40	8.83
1988	361.52	15.96	273.36	9.01
1989	413.08	8.19	255.91	7.98
1990	320.52	9.17	233.33	7.68
1991	180.35	3.05	216.01	7.08
1992	291.03	11.22	214.21	7.16
1993	288.95	5.88	197.14	6.39
1994	271.48	12.27	194.16	6.58
1995	239.26	8.50	183.83	5.63
1996	217.54	11.24	183.73	5.16
1997	149.90	4.64	181.30	4.31
1998	186.95	5.63	192.32	4.15
1999	187.36	5.16	195.17	3.70
2000	147.25	3.17	198.27	3.35
2001	162.38	3.92	206.44	3.38
2002	120.29	3.50	217.36	3.16
2003	259.21	7.76	241.36	3.15
2004	168.18	2.73	244.66	2.77
2005	238.22	3.87	251.79	2.63
2006	193.23	2.69	242.12	2.30
2007	260.16	3.11		
2008	215.46	1.11		
2009	218.27	1.62		
2010	229.01	3.51		
2011	271.58	1.75		
2012	360.26	3.33		
2013	292.18	3.95		
2014	239.49	1.39		
2015	141.57	0.50		
平均	259.73	7.98		

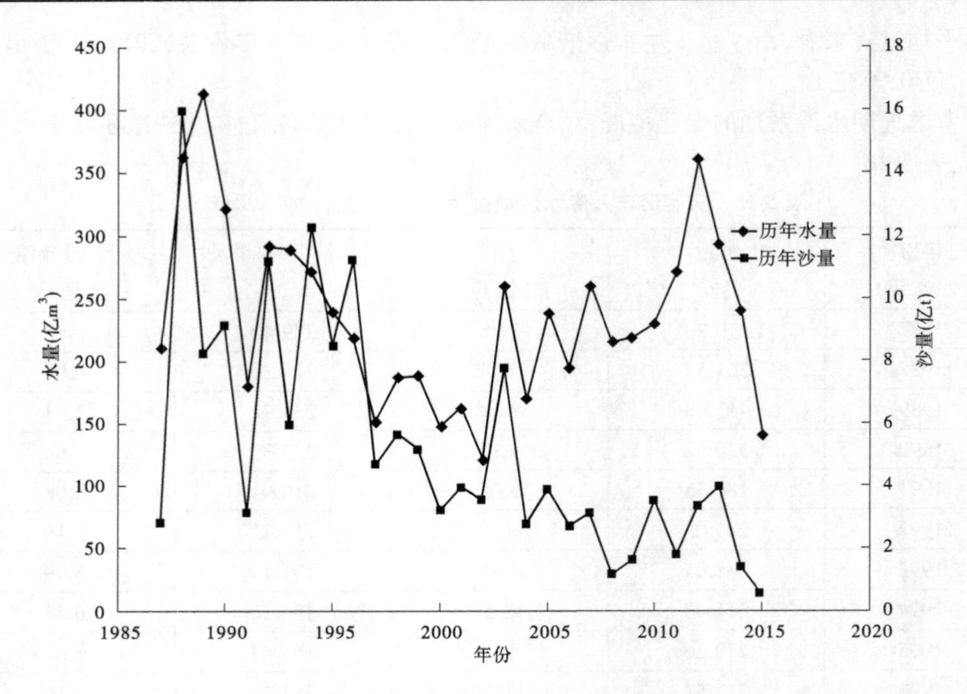

图 5-5　小浪底入库年水沙量过程

表 5-16　水沙系列特征值

系列	水量(亿 m³)			沙量(亿 t)			含沙量(kg/m³)		
	7~10月	11月~次年6月	7月~次年6月	7~10月	11月~次年6月	7月~次年6月	7~10月	11月~次年6月	7月~次年6月
2002~2011(简称 2002 系列)	98.82	118.54	217.36	2.98	0.18	3.16	30.2	1.5	14.6
1993~1997+2004~2008(简称 1993 系列)	102.03	122.20	224.24	5.36	0.24	5.60	52.5	2.0	25.0
1989~1998(简称 1989 系列)	116.81	139.09	255.91	7.52	0.46	7.98	64.4	3.3	31.2

第 6 章　库区及下游河道数学模型率定和验证

6.1　库区一维水沙数学模型

6.1.1　模型基本方程

6.1.1.1　基本方程

小浪底水库库区冲淤计算采用水库水动力学模型进行计算。模型为一维恒定流悬移质泥沙数学模型,基本方程包括水流连续方程、水流运动方程、泥沙连续方程(或称悬移质扩散方程)及河床变形方程。

(1)水流连续方程:

$$\frac{\mathrm{d}Q}{\mathrm{d}x} = 0 \tag{6-1}$$

(2)水流运动方程:

$$\frac{\mathrm{d}}{\mathrm{d}x}\left(\frac{Q^2}{A}\right) + gA\left(\frac{\mathrm{d}Z}{\mathrm{d}x} + J\right) = 0 \tag{6-2}$$

(3)泥沙连续方程(分粒径组):

$$\frac{\partial}{\partial x}(QS_k) + \gamma\frac{\partial A_{dk}}{\partial t} = 0 \tag{6-3}$$

(4)河床变形方程:

$$\gamma\frac{\partial Z_b}{\partial t} = \alpha\omega(S - S_*) \tag{6-4}$$

式中,Q 为流量;x 为流程;g 为重力加速度;A 为过水面积;Z 为水位;J 为能坡;S 为含沙量;k 为粒径组;A_{dk} 为冲淤面积;t 为时间;γ 为淤积物干容重;Z_b 为冲淤厚度;α 为恢复饱和系数;ω 为泥沙沉速;S_* 为水流挟沙力。

6.1.1.2　基本方程离散

一维数学模型的计算方法可分为两大类:一类是将水流和泥沙方程式直接联立求解;另一类是先解水流方程式求出有关水力要素后,再解泥沙方程式,推求河床冲淤变化,如此交替进行。前者称为耦合解,适用于河床变形比较急剧的情况;后者称为非耦合解,适用于河床变形比较和缓的情况。另外,根据边界上的水流、泥沙条件,上述两大类还可分为非恒定流解和恒定流解两类。非耦合解一般均直接使用有限差分法,而耦合解则既可直接使用有限差分法,也可先采用特征线法,将偏微分方程组化成特征线方程和特征方程,进一步求解,其中特征方程仍用有限差分法求解。

一般水流数学模型,为简化计算,多采用非耦合的恒定流解,并直接使用有限差分法。在进行水流计算时采用隐式差分格式,而在计算河床冲淤时则采用显式差分格式。

模型采用如下差分格式进行离散:

$$\left.\begin{aligned} f(x,t) &= \frac{f_{i+1}^{n} + f_{i}^{n}}{2} \\ \frac{\partial f}{\partial x} &= \frac{f_{i+1}^{n} - f_{i}^{n}}{\Delta x} \\ \frac{\partial f}{\partial t} &= \frac{(f_{i+1}^{n+1} - f_{i+1}^{n}) + (f_{i}^{n+1} - f_{i}^{n})}{2\Delta t} \end{aligned}\right\} \tag{6-5}$$

由式(6-1),考虑流量沿程变化得:

$$Q_i = Q_{\text{out}} + \frac{Q_{\text{in}} - Q_{\text{out}}}{Dis} Dis_i \tag{6-6}$$

式中,Dis 为距坝里程。

由式(6-2)得:

$$Z_i = Z_{i-1} + \Delta X_i \overline{J_i} + \frac{\left(\frac{Q^2}{A}\right)_{i-1} - \left(\frac{Q^2}{A}\right)_i}{g\overline{A_i}} \tag{6-7}$$

由式(6-3)得:

$$S_{k,i} = \frac{Q_{i+1} S_{k,i+1} - \frac{\gamma(\Delta A_{dk,i+1} + \Delta A_{dk,i})}{2\Delta t} \Delta X_i}{Q_i} \tag{6-8}$$

将式(6-4)河床变形方程直接应用于各粒径组和各子断面,得:

$$\Delta Z_{bk,i,j} = \frac{\alpha \omega_k (S_{k,i,j} - S_{*k,i,j}) \Delta t}{\gamma} \tag{6-9}$$

以上各式中,$\overline{J_i} = \frac{J_i + J_{i-1}}{2}$,$\overline{A_i} = \frac{A_i + A_{i-1}}{2}$;断面编号自上而下依次减小;其余符号含义同前。

6.1.2 模型计算参数及关键问题处理

6.1.2.1 糙率

水库冲淤变化过程中,糙率的变化是非常复杂的,做以下处理:

$$n_{t,i,j} = n_{t-1,i,j} - \alpha \frac{\Delta A_{i,j}}{A_0} \tag{6-10}$$

式中,$\Delta A_{i,j}$ 为某时刻各子断面的冲淤面积;t 为时间;常数 α、A_0 和初始糙率 n 根据实测库区水面线、断面形态、河床组成等综合确定。

6.1.2.2 水流挟沙力

水流挟沙力是表征一定来水来沙条件下河床处于冲淤平衡状态时的水流挟带泥沙能

力的综合性指标,也是研究数学模型不可缺少的一个概念。关于水流挟沙力的研究,长期以来,国内外工程界和学术界的许多专家学者或从理论出发,或根据不同的河渠测验资料和实验室资料,提出了不少半理论的、半经验的或者经验性的水流挟沙力公式。目前,国内外绝大部分挟沙力公式只适用于低含沙水流,其中,张瑞瑾的通用公式具有广泛的使用价值。对于高含沙水流,由于泥沙含量高和细颗粒的存在,改变了水流的流变、流动和输沙特性,使得其挟沙问题较一般挟沙水流更加复杂。在众多挟沙力公式中,张红武公式的处理过程尚有一定的经验性,但其计算范围的包容性相对较好,计算高含沙水流更为符合实际。为此,模型采用张红武水流挟沙力公式:

$$S_* = 2.5\left[\frac{0.0022 + S_v}{\kappa}\ln\left(\frac{h}{6D_{50}}\right)\right]^{0.62}\left(\frac{\gamma_m}{\gamma_s - \gamma_m}\frac{V^3}{gh\omega}\right)^{0.62} \tag{6-11}$$

式中,D_{50}为床沙中值粒径,mm;γ_s 为沙粒容重;γ_m 为浑水容重;h 为水深,m;V 为流速,m/s;κ 为卡门常数,$\kappa = 0.4 - 1.68\sqrt{S_v}(0.365 - S_v)$;$S_v$ 为体积比计算的进口断面平均含沙量。

6.1.2.3　分组挟沙力

分组挟沙力计算式如下:

$$S_{*k} = \left\{\frac{P_k\frac{S}{S+S_*} + P_{uk}\left(1 - \frac{S}{S+S_*}\right)}{\sum_{k=1}^{nfs}\left[P_k\frac{S}{S+S_*} + P_{uk}\left(1 - \frac{S}{S+S_*}\right)\right]}\right\}S_* \tag{6-12}$$

式中,S 为上游断面平均含沙量;P_k 为上游断面来沙级配;P_{uk}为表层床沙级配;nfs 为总粒径组数。

6.1.2.4　沉速

单颗粒泥沙的自由沉降速度公式如下:

$$\omega_{0k} = \begin{cases}\dfrac{\gamma_s - \gamma_0}{18\mu_0}d_k^{\ 2} & (d_k < 0.1\ \text{mm})\\ (\lg S_a + 3.79)^2 + (\lg\varphi - 5.777)^2 = 39 & (0.1\ \text{mm} \leqslant d_k < 1.5\ \text{mm})\end{cases} \tag{6-13}$$

其中,粒径判数 $\varphi = \dfrac{g^{\frac{1}{3}}\left(\dfrac{\gamma_s - \gamma_0}{\gamma_0}\right)^{\frac{1}{3}}d_k}{\nu_0^{\frac{2}{3}}}$;

沉速判数 $S_a = \dfrac{\omega_{0k}}{g^{\frac{1}{3}}\left(\dfrac{\gamma_s - \gamma_0}{\gamma_0}\right)^{\frac{1}{3}}\nu_0^{\frac{1}{3}}}$。

含沙量对沉速有一定的影响,需对单颗粒泥沙的自由沉降速度做修正。张红武的挟沙力公式的沉速计算方法如下:

$$\omega_{sk} = \omega_{0k}\left[\left(1 - \frac{S_v}{2.25\sqrt{d_{50}}}\right)^{3.5}(1 - 1.25S_v)\right] \tag{6-14}$$

式中，d_{50}为悬沙中值粒径，mm。

混合沙的平均沉速 ω_s 计算式如下：

$$\omega_s = \sum_{k=1}^{nfs} P_k \omega_{sk} \tag{6-15}$$

6.1.2.5 恢复饱和系数

在不同的粒径组采用不同的 α_k 值，在求解 S 时，取

$$\alpha_k = 0.001/\omega_k^{\ 0.5} \tag{6-16}$$

试算后判断是冲刷还是淤积，然后用式(6-17)重新计算恢复饱和系数。

$$\alpha_k = \begin{cases} \alpha_* / \omega_k^{\ 0.3} & S > S_* \\ \alpha_* / \omega_k^{\ 0.7} & S < S_* \end{cases} \tag{6-17}$$

式中，ω_k 的单位为 m/s，α_* 为根据实测资料率定的参数，一般进口断面小些，越往坝前越大。

6.1.2.6 子断面含沙量与断面平均含沙量的关系

根据泥沙连续方程，建立子断面含沙量与断面平均含沙量的经验关系式：

$$\frac{S_{k,i,j}}{S_{k,i}} = \frac{Q_i \cdot S^{\beta}_{*k,i}}{\sum_j Q_{i,j} \cdot S^{\beta}_{*k,i,j}} \left(\frac{S_{*k,i,j}}{S_{*k,i}} \right)^{\beta} \tag{6-18}$$

式中，i、j、k 分别为断面、子断面和粒径组。

综合参数 β 的大小与河槽断面形态、流速分布等因素有关。β 值增大，主槽含沙量增大；β 值减小，主槽含沙量减小。在水库运行的不同时期、库区的不同河段 β 值应有所不同，根据小浪底水库有关测验资料，一般情况下取 0.6。

6.1.2.7 床沙级配的计算方法

床沙级配采用韦直林的计算方法。关于河床组成，分子断面来进行计算。对于每一个子断面，淤积物概化为表、中、底三层，各层的厚度和平均级配分别记为 h_u、h_m、h_b和 P_{uk}、P_{mk}、P_{bk}。表层为泥沙的交换层，中间层为过渡层，底层为泥沙冲刷极限层。

假定在每一计算时段内，各层间的界面都固定不变，泥沙交换限制在表层进行，中层和底层暂时不受影响。在时段末，根据床面的冲刷或淤积，往下或往上移动表层和中层，保持这两层的厚度不变，而令底层厚度随冲淤厚度的大小而变化。

具体的计算方法如下：

设在某一时段的初始时刻，表层级配为 $P_{uk}^{(0)}$，该时段内的冲淤厚度和第 k 组泥沙的冲淤厚度分量分别为 ΔZ_b 和 ΔZ_{bk}，则时段末表层级配为

$$P'_{uk} = \frac{h_u \cdot P_{uk}^{(0)} + \Delta Z_{bk}}{h_u + \Delta Z_b} \tag{6-19}$$

然后重新定义各层的位置和组成。各层的级配组成根据淤积或冲刷两种情况按如下方法计算。

1）淤积情况

表层：

$$P_{uk} = P'_{uk} \tag{6-20}$$

中层：若 $\Delta Z_b > h_m$，则新的中层位于原表层底面以上，显然有

$$P_{mk} = P'_{uk} \tag{6-21}$$

否则，有

$$P_{mk} = \frac{\Delta Z_b P'_{uk} + (h_m - \Delta Z_b) P_{mk}^{(0)}}{h_m} \tag{6-22}$$

底层：新底层的厚度为

$$h_b = h_b^{(0)} + \Delta Z_b \tag{6-23}$$

如果 $\Delta Z_b > h_m$，则

$$P_{bk} = \frac{(\Delta Z_b - h_m) P'_{uk} + h_m P_{mk}^{(0)} + h_b^{(0)} P_{bk}^{(0)}}{h_b} \tag{6-24}$$

否则

$$P_{bk} = \frac{\Delta Z_b P_{mk}^{(0)} + h_b^{(0)} P_{bk}^{(0)}}{h_b} \tag{6-25}$$

2）冲刷情况

表层：

$$P_{uk} = \frac{(h_u + \Delta Z_b) P'_{uk} - \Delta Z_b P_{mk}^{(0)}}{h_u} \tag{6-26}$$

中层：

$$P_{mk} = \frac{(h_m + \Delta Z_b) P_{mk}^{(0)} - \Delta Z_b P_{bk}^{(0)}}{h_m} \tag{6-27}$$

底层：

$$h_b = h_b^{(0)} + \Delta Z_b \tag{6-28}$$

$$P_{bk} = P_{bk}^{(0)} \tag{6-29}$$

以上各式中，右上角标(0)表示该变量修改前的值；为了书写方便，断面及子断面编号均被省略。

6.1.2.8　支流库容的处理

对于库区支流较多的水库，由于模型中考虑的支流不全，导致数学模型中水库的总库容与实际总库容偏小。

为了让数学模型计算库容与实际库容闭合，采用塑造一条支流来填补缺失库容的方法。塑造这条支流的原则为：塑造支流的库容曲线与缺少库容的库容曲线基本相当，塑造支流所在位置为支流沟口断面河底高程与干流断面河底高程基本相等的位置。

6.1.2.9　异重流计算

异重流计算方法如下。

1）潜入条件

利用三门峡水库的资料，分析验证了异重流一般潜入条件为

$$h = \max(h_0, h_n) \tag{6-30}$$

式中，$h_0 = \left(\frac{Q^2}{0.6\eta_g g B^2}\right)^{\frac{1}{3}}$；$h_n = \left(\frac{fQ^2}{8J_0\eta_g g B^2}\right)^{\frac{1}{3}}$。

式中，Q、B、J_0、η_g、f 分别为异重流流量、宽度、河底比降、重力修正系数和阻力系数。异重流阻力系数一般在0.025~0.03变化，模型中 $f = 0.025$。

2)异重流的计算

一般采用均匀流方程计算异重流的水力参数。存在的问题是：当河道宽窄相间、变化较大时，计算的水面线跌荡起伏；而且当河底出现负坡时，就不能继续计算。故需采用非均匀流运动方程来计算异重流厚度，具体计算方法如下：

潜入后第一个断面水深：

$$h'_1 = \frac{1}{2}(\sqrt{1 + 8Fr_0^2} - 1)h_0 \tag{6-31}$$

式中，0为下标，代表潜入点。

潜入后其余断面均按非均匀异重流运动方程计算，该方程形式与一般明流相同，只是以 η_g 对重力加速度进行了修正。

异重流淤积计算与明流计算相同，分组挟沙力计算暂不考虑河床补给影响。

异重流运行到坝前，将产生一定的爬高，若坝前淤积面加爬高尚不超过最低出口高程，则出库水流含沙量为0。

6.1.2.10　断面修正方法

按照全断面的冲淤面积修正断面，淤积时水平淤积抬高，冲刷时只冲主槽。

6.1.2.11　能坡计算

关于能坡 J 的计算，采用曼宁公式 $U = R^{1/6}J^{1/2}/n$，式中 U、R、n 分别为断面平均流速、水力半径和糙率。对于宽浅河道通常用平均水深 H 来替代 R，曼宁公式可以变形为

$$J = \left(\frac{n}{AR^{\frac{2}{3}}}Q\right)^2 \approx \left(\frac{n}{AH^{\frac{2}{3}}}Q\right)^2 = \frac{Q^2}{K^2} \tag{6-32}$$

式中，K 为流量模数。

考虑到断面形态不规则，将式(6-32)应用于各个子断面，有 $J_j = Q_j^{\ 2}/K_j^{\ 2}$，其中 $K_j = A_jH_j^{\frac{2}{3}}/n_j$。进一步假定各子断面能坡近似等于断面平均能坡，则 $Q = \sum_j Q_j = \sum K_jJ_j^{\frac{1}{2}} = J^{\frac{1}{2}}\sum_j K_j$，因而有

$$K = \sum_j K_j \tag{6-33}$$

$$Q_j = \frac{K_j}{K}Q \tag{6-34}$$

式中，下角标 j 为子断面编号。

6.1.3　模型计算主要步骤

模型计算主要步骤如下：

(1)基本资料的输入。主要包括入库流量、输沙率及级配、河床断面资料等。

(2)水力要素计算。由相应计算公式可以求得各断面及子断面的面积、河宽、水深、水力半径及流速等。

(3)泥沙计算。

①计算各子断面分组沙挟沙力 $S_{*k,i,j}$；

②求各粒径组断面平均含沙量 $S_{k,i}$，计算式为

$$S_{k,i} = \frac{F_{i+1} + D_1 C_1}{Q_i\left(1 + \frac{D_1 C_2}{C_3}\right)} \tag{6-35}$$

式中：$F_{i+1} = Q_{i+1}S_{k,i+1} - \frac{\gamma' \Delta x_i}{2\Delta t}\Delta A_{dk,i+1}$；$D_1 = 0.5\Delta X_i \alpha \omega_k$；$C_1 = \sum_j b_{i,j}S_{*k,i,j}$；$C_2 = \sum_j b_{i,j}S^{\beta}_{*k,i,j}$；$C_3 = \sum_j Q_{i,j}S^{\beta}_{*k,i,j}$。

③求子断面分组沙含沙量 $S_{k,i,j}$。

(4)河床变形计算。计算各断面及子断面的冲淤面积，根据断面分配模式，修正节点高程。

(5)调整床沙级配。

(6)输出计算结果。

6.1.4　模型率定和验证

采用小浪底水库 1999 年 11 月~2007 年 10 月实测入出库水沙过程和发电量资料，对库区一维水沙数学模型进行参数率定；采用小浪底水库 2007 年 11 月~2015 年 10 月实测入、出库水沙过程和发电量资料，对库区一维水沙数学模型率定的参数进行验证。

6.1.4.1　模型率定情况

根据水库库区实测水面线、淤积现状等综合确定，模型初始糙率选取 0.018~0.04。

1)水库冲淤量

1999 年 11 月~2007 年 10 月，小浪底水库实测输沙率法冲淤量为 25.69 亿 t，数学模型计算冲淤量为 26.99 亿 t，模型计算成果比实测冲淤量多 1.24 亿 t，误差约为 5%。小浪底水库实测冲淤量与模型计算冲淤量对比见表 6-1。

表 6-1　小浪底水库实测冲淤量与模型计算冲淤量对比(1999 年 11 月~2007 年 10 月)

运行年	实测冲淤量(亿 t)				计算冲淤量(亿 t)			
	11 月~次年 6 月	7~10 月	11 月~次年 10 月	累计	11 月~次年 6 月	7~10 月	11 月~次年 10 月	累计
1999~2000	0.24	3.13	3.37	3.37	0.24	3.07	3.31	3.31
2000~2001	0	2.71	2.71	6.08	0	2.88	2.88	6.19
2001~2002	0.97	2.77	3.74	9.82	0.93	2.50	3.43	9.62
2002~2003	−0.04	6.65	6.61	16.43	0	7.63	7.63	17.25
2003~2004	0	1.30	1.30	17.73	0	1.61	1.61	18.86
2004~2005	0.44	3.18	3.62	21.35	0.30	3.42	3.72	22.58
2005~2006	0.18	1.74	1.92	23.27	0	1.87	1.87	24.45
2006~2007	0.43	1.99	2.42	25.69	0.46	2.08	2.54	26.99

2)水库淤积形态

数学模型计算的库区纵剖面与实测对比见图6-1。由图6-1可知,模型能够模拟小浪底水库库区冲淤变化过程,与实测资料符合良好。

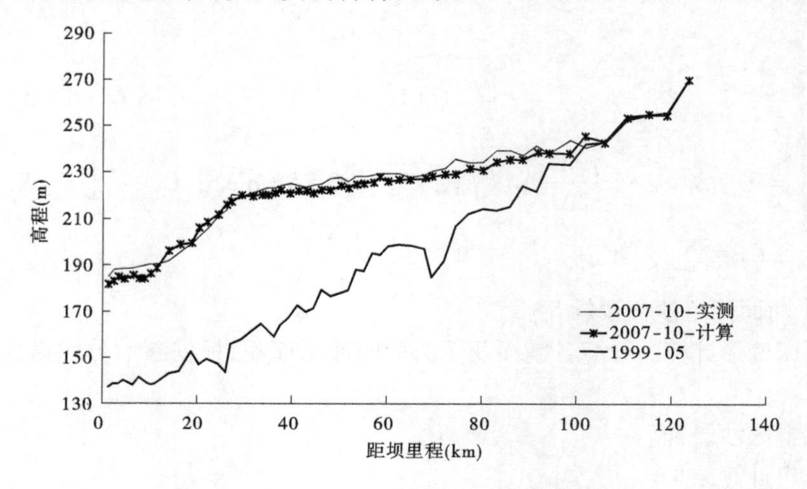

图6-1 2007年10月深泓点纵剖面对比

3)电站发电量

小浪底电站2000~2007年电站发电量计算值与实测值对比见表6-2和图6-2。由此可知,模型计算值与实测值基本一致,相对误差均在5%以内。

表6-2 小浪底电站历年发电量计算值与实测值对比(2000~2007年)

年份	实测值(亿kW·h)	计算值(亿kW·h)	相对误差(%)
2000	6.13	5.99	2.28
2001	21.09	21.20	0.52
2002	32.72	33.52	2.44
2003	34.82	34.62	0.57
2004	50.01	49.75	0.52
2005	50.26	50.90	1.27
2006	58.06	58.76	1.21
2007	58.87	56.22	4.50

6.1.4.2 模型验证情况

1)水库冲淤量

2007年11月~2015年10月,小浪底水库实测输沙率法冲淤量为12.86亿t,数学模型计算冲淤量为13.41亿t,模型计算成果比实测冲淤量多0.55亿t,误差为4.3%。小浪底水库实测冲淤量与模型计算冲淤量对比见表6-3。

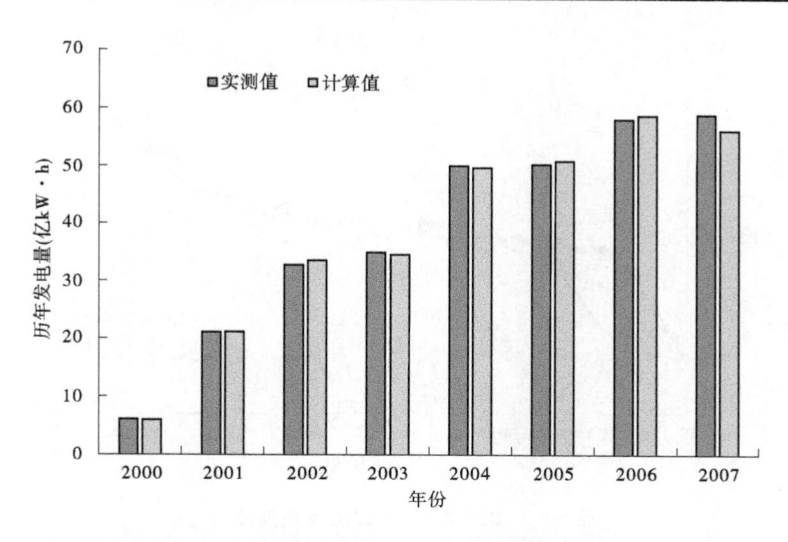

图 6-2　小浪底电站历年发电量计算值与实测值对比(2000~2007 年)

表 6-3　小浪底水库实测冲淤量与模型计算冲淤量对比(2007 年 11 月~2015 年 10 月)

运行年	实测冲淤量(亿 t)				计算冲淤量(亿 t)			
	11 月~次年 6 月	7~10 月	11 月~次年 10 月	累计	11 月~次年 6 月	7~10 月	11 月~次年 10 月	累计
2007~2008	0.38	0.49	0.87	0.87	0.37	0.53	0.90	0.90
2008~2009	0.36	1.58	1.94	2.81	0.35	1.66	2.01	2.91
2009~2010	0	2.42	2.42	5.23	0	2.50	2.50	5.41
2010~2011	0	1.42	1.42	6.65	0.01	1.48	1.49	6.90
2011~2012	0	2.03	2.03	8.68	0.01	2.09	2.10	9.00
2012~2013	0.01	2.53	2.54	11.22	0	2.62	2.62	11.62
2013~2014	0	1.12	1.12	12.34	0	1.19	1.19	12.81
2014~2015	0	0.50	0.50	12.84	0	0.60	0.60	13.41

2)水库淤积形态

数学模型计算的库区纵剖面与实测对比见图 6-3。由图 6-3 可知,模型能够模拟小浪底水库库区冲淤变化过程,与实测资料符合良好。

3)电站发电量

小浪底电站 2008~2015 年发电量计算值与实测值对比见表 6-4 和图 6-4。由此可知,模型计算值与实测值基本一致,相对误差均在 5%以内。

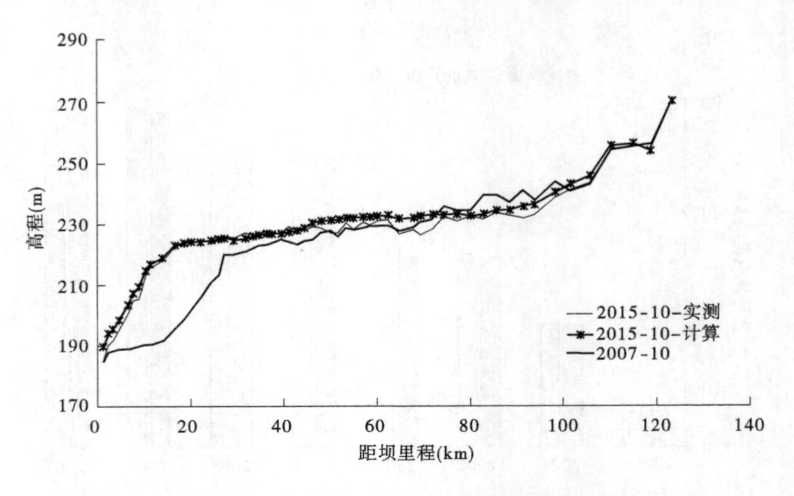

图 6-3　2015 年 10 月深泓点纵剖面对比

表 6-4　小浪底电站历年发电量对比(2008~2015 年)

年份	实测值	计算值	相对误差(%)
2008	55.44	56.42	1.77
2009	50.14	49.02	2.23
2010	51.77	51.25	1.00
2011	62.26	63.66	2.25
2012	90.02	89.02	1.11
2013	77.79	77.96	0.22
2014	58.36	59.62	2.16
2015	64.17	65.19	1.59

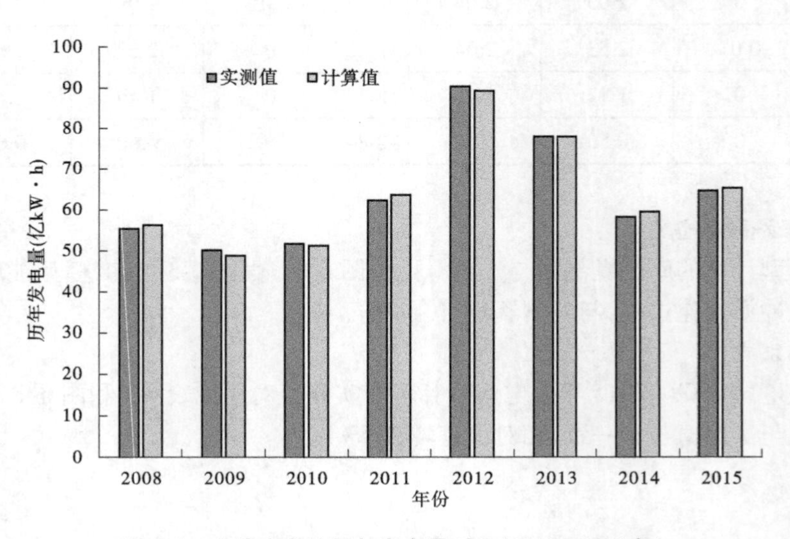

图 6-4　小浪底电站历年发电量对比(2008~2015 年)

综上,模型率定和验证计算结果表明,数学模型能较好地模拟小浪底水库的泥沙冲淤过程,可用于小浪底水库运行方式比选工作中。

6.2　下游一维水动力学模型

6.2.1　模型基本方程

模型的基本控制方程为水流连续方程、水流运动方程、泥沙连续方程及河床变形方程。

水流连续方程:

$$\frac{\mathrm{d}Q}{\mathrm{d}X} + q_l = 0 \tag{6-36}$$

水流运动方程:

$$\frac{\mathrm{d}}{\mathrm{d}X}\left(\frac{Q^2}{A}\right) + \mathrm{g}A\left(\frac{dZ}{\mathrm{d}X} + J\right) + U_l q_l = 0 \tag{6-37}$$

泥沙连续方程(分粒径组):

$$\frac{\partial}{\partial X}(QS_k) + \gamma' \frac{\partial A_{dk}}{\partial t} + q_{sk} = 0 \tag{6-38}$$

河床变形方程:

$$\gamma' \frac{\partial Z_{bk}}{\partial t} = \alpha_k \omega_k (S_k - S_{*k}) \tag{6-39}$$

式中,Q 为流量;A 为过水断面面积;Z 为水位;J 为能坡;S 为含沙量;A_d 为断面冲淤面积;q_l 为单位流程上的侧向出(入)流量(出为正,入为负);U_l 为侧向出(入)流流速在主流方向上的分量;q_s 为单位流程上的侧向输沙率(出为正,入为负);γ' 为泥沙干容重;Z_b 为河床高程;ω 为沉速;S_* 为水流挟沙力;X 为流程;t 为时间;k 为粒径组编号。

将河床变形方程式(6-39)用于子断面,有

$$\gamma' \frac{\partial Z_{bk,i,j}}{\partial t} = \alpha_k \omega_k (S_{k,i,j} - S_{*k,i,j}) \tag{6-40}$$

式中,i 为断面编号;j 为子断面编号;其余符号意义同前。

其中,子断面含沙量 $S_{k,i,j}$ 与全断面含沙量 $S_{k,i}$ 有以下经验关系

$$\frac{S_{k,i,j}}{S_{k,i}} = C\left(\frac{S_{*k,i,j}}{S_{*k,i}}\right)^{\beta} \tag{6-41}$$

其中,

$$C = \frac{Q_i S_{*k,j}{}^{\beta}}{\sum_j Q_{i,j} S_{*k,j}{}^{\beta}} \tag{6-42}$$

式中,β 为指数,由实测资料求得。

6.2.2　模型计算主要步骤

模型计算采用非耦合解法。

6.2.2.1　水流计算

将水流连续方程(1.0)、水流运动方程(2.0)离散为

$$Q_{i+1} = Q_i - \Delta X_i \cdot q_{li} \tag{6-43}$$

$$Z_i = Z_{i+1} + \Delta X_i[\overline{J_i} + (u_l \cdot q_l)/(g\overline{A_i})] + \left[\left(\frac{Q^2}{A}\right)_{i+1} - \left(\frac{Q^2}{A}\right)_i\right]/(g\overline{A_i}) \tag{6-44}$$

由式(6-43)和式(6-44)可计算各断面的流量、水位、断面流量模数、断面过水面积、断面流速、水深等水力因子。

6.2.2.2　泥沙计算

(1)求全断面的平均含沙量(第 k 组)。

将泥沙连续方程式(6-38)离散为

$$S_{k,i} = \{Q_{i-1}S_{i-1} - [\gamma'(\Delta A_{dk,i-1} + \Delta D_{ak,i})/(2\Delta t) + q_{sk,i-1}]\Delta X_{i-1}\}/Q_i \tag{6-45}$$

将河床变形方程式(6-40)离散为

$$\Delta Z_{bk,i,j} = \alpha_k \omega_k (S_{k,i,j} - S_{*k,i,j})\Delta t/\gamma' \tag{6-46}$$

将式(6-44)、式(6-46)一起代入式(6-45)得

$$S_{k,i} = (F_{i-1} + C_1)/C_2 \tag{6-47}$$

其中

$$F_{i-1} = \{Q_{i-1}S_{k,i-1} - [\gamma'\Delta A_{dk,i-1}/(2\Delta t) + q_{sk,i-1}]\Delta X_{i-1}\}/Q_i$$

$$C_1 = D_1 \sum_j b_{i,j} S_{*k,i,j}/Q_i$$

$$C_2 = D_1 \sum_j b_{i,j} S^{\beta}_{*k,i,j} \Big/ \sum_j Q_{i,j} S^{\beta}_{*k,i,j} + 1$$

$$D_1 = \Delta X_{i-1}\alpha_k \omega_k/2$$

(2)按式(6-41)计算子断面含沙量。

(3)按式(6-46)计算子断面冲淤厚度。

(4)修正河床组成。

(5)按相邻两子断面的冲淤厚度及过水宽度所占的权重,修正节点上的河床高程。

1)模型率定情况

模型率定时段为 2000 年 7 月~2007 年 6 月,共计 7 年。

(1)模型进口水沙条件。

模型率定的进口水沙条件为小浪底站实测逐日流量、含沙量和泥沙级配,支流控制站黑石关站及小董站的实测逐日流量、含沙量,各河段引水量,出口控制条件为利津站水位流量关系。

(2)起始地形条件及初始床沙组成。

采用 2000 年汛前实测大断面及床沙级配为初始地形和初始床沙组成。

(3)率定计算成果。

通过水动力学模型计算下游河道各河段冲淤量和下游实测大断面冲淤量对比情况见

表 6-5 和图 6-5~图 6-9。

表 6-5　水动力学模型下游各河段冲淤量率定计算成果　（单位:亿 t）

时段（年-月）	花园口以上		花园口—高村		高村—艾山		艾山—利津		利津以上	
	计算	实测	计算	实测	计算	实测	计算	实测	计算	实测
2000-07~2001-06	-0.53	-0.45	-0.33	-0.84	0.1	0.02	-0.08	0.05	-0.84	-1.22
2001-07~2002-06	-0.34	-0.41	-0.45	-0.47	0.08	0.14	-0.04	-0.15	-0.75	-0.89
2002-07~2003-06	-0.34	-0.18	-1.05	-0.47	-0.1	-0.21	-0.36	-0.42	-1.85	-1.28
2003-07~2004-06	-0.95	-1.53	-1.38	-1.22	-0.6	-0.47	-1.14	-0.76	-4.07	-3.98
2004-07~2005-06	-0.47	-0.32	-1.07	-0.51	-0.19	-0.25	-0.34	-0.41	-2.07	-1.49
2005-07~2006-06	-0.59	-0.7	-1.02	-1.13	-0.19	-0.3	-0.45	-0.35	-2.25	-2.48
2006-07~2007-06	-0.23	-0.2	-0.52	-0.8	-0.2	-0.34	-0.25	-0.08	-1.2	-1.42
7 年合计	-3.45	-3.79	-5.82	-5.44	-1.10	-1.41	-2.66	-2.12	-13.03	-12.76

由表 6-5 可见,模型率定全下游累计冲刷量 13.03 亿 t,与实测冲刷量只相差了 0.27 亿 t,误差为 2.0%;沿程各个河段累计冲淤量相差在 0.31 亿~0.54 亿 t。模型率定对比情况见图 6-5~图 6-9。由图可以看出,全下游各时段计算的累计冲淤量与实测结果符合较好,下游各个河段冲淤变化趋势也是比较一致的。由此看来,模型率定情况是比较好的。

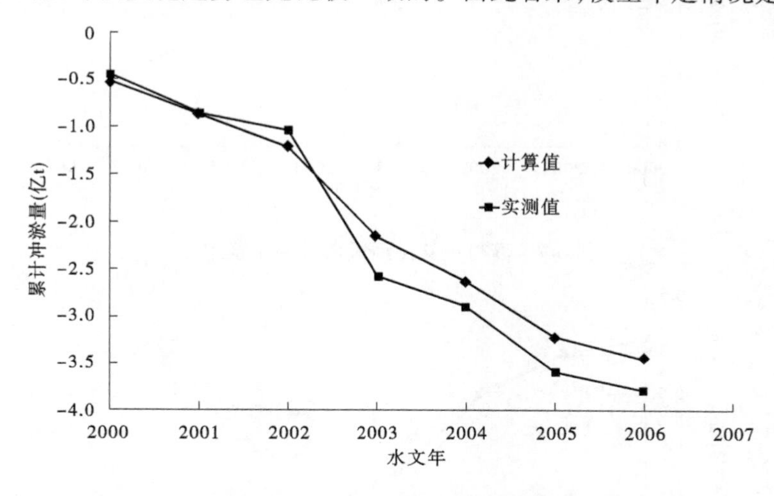

图 6-5　花园口以上河段累计冲淤量率定情况对比

2）模型验证情况

模型验证时段为 2007 年 7 月~2015 年 6 月,共计 8 年。

（1）模型进口水沙条件。

模型验证的进口水沙条件为小浪底站实测逐日流量、含沙量和泥沙级配,支流控制站黑石关站及小董站的实测逐日流量、含沙量,各河段引水量;出口控制条件为利津站水位流量关系。

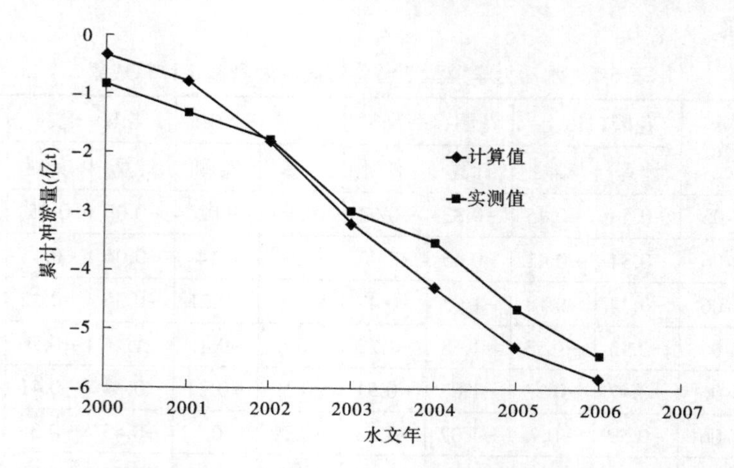

图 6-6　花园口—高村河段累计冲淤量率定

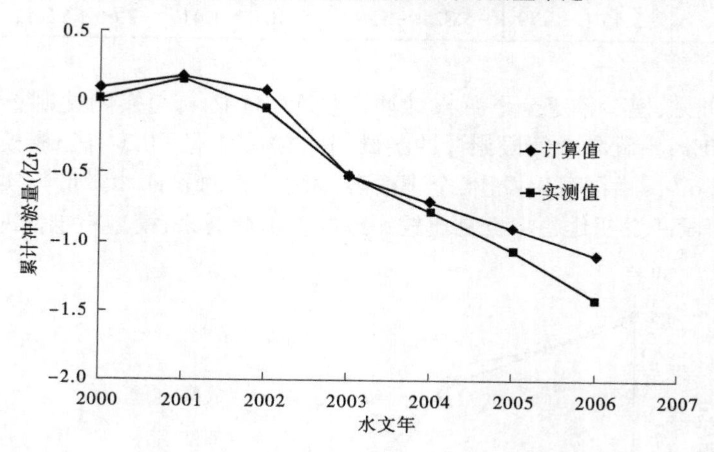

图 6-7　高村—艾山河段累计冲淤量率定

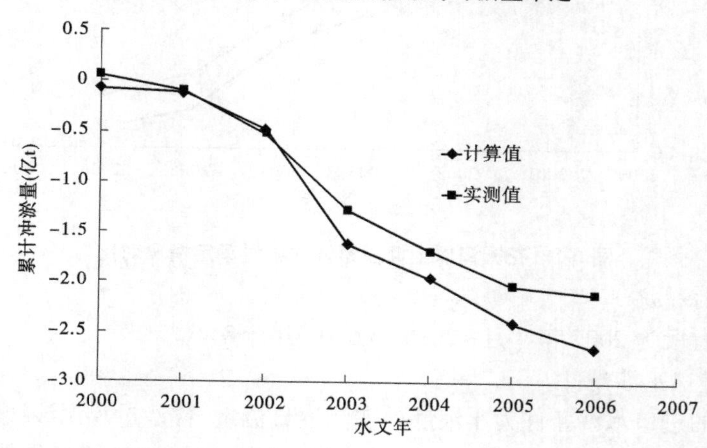

图 6-8　艾山—利津河段累计冲淤量率定

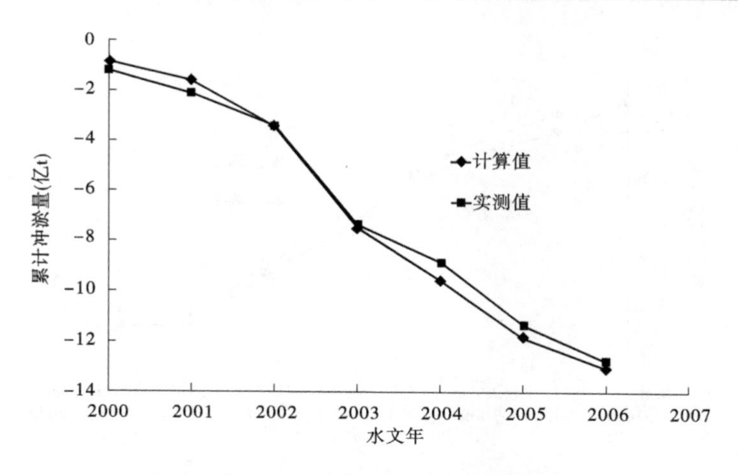

图6-9　利津以上河段累计冲淤量率定

(2)起始地形条件及初始床沙组成。

采用2007年汛前实测大断面及床沙级配为初始地形和初始床沙组成。

(3)验证计算成果。

通过水动力学模型计算下游河道各河段冲淤量和下游实测大断面冲淤量对比情况见表6-6和图6-10~图6-14。

表6-6　下游河道水动力学模型河段冲淤量验证计算成果　(单位:亿t)

时段(年-月)	花园口以上		花园口—高村		高村—艾山		艾山—利津		利津以上	
	计算	实测	计算	实测	计算	实测	计算	实测	计算	实测
2007-07~2008-06	-0.63	-0.65	-0.85	-0.73	-0.56	-0.43	-0.29	-0.41	-2.33	-2.22
2008-07~2009-06	-0.38	-0.15	-0.77	-0.41	-0.11	-0.44	-0.03	-0.01	-1.29	-1.01
2009-07~2010-06	-0.23	-0.30	-0.38	-0.62	-0.23	-0.21	-0.21	-0.11	-1.05	-1.24
2010-07~2011-06	-0.35	-0.39	-0.89	-0.95	-0.41	-0.36	-0.35	-0.31	-2.00	-2.01
2011-07~2012-06	-0.58	-0.54	-0.75	-0.82	-0.15	-0.11	0.01	-0.02	-1.47	-1.49
2012-07~2013-06	-0.49	-0.53	-0.69	-0.65	-0.21	-0.24	-0.33	-0.28	-1.72	-1.70
2013-07~2014-06	-0.56	-0.54	-0.75	-0.78	-0.24	-0.27	-0.47	-0.48	-2.02	-2.07
2014-07~2015-06	-0.02	0.05	-0.63	-0.71	-0.22	-0.18	-0.05	-0.02	-0.92	-0.86
8年合计	-3.24	-3.05	-5.71	-5.67	-2.13	-2.24	-1.72	-1.64	-12.80	-12.60

由表6-6可见,模型验证全下游累计冲刷量为12.80亿t,与实测冲刷量只相差了0.20亿t,误差为1.6%;沿程各个河段累计冲淤量相差在0.04亿~0.19亿t。模型验证对比情况见图6-10~图6-14。由图可以看出,全下游各时段计算的累计冲淤量与实测结果符合较好,下游各个河段冲淤变化趋势也是比较一致的。由此看来,模型验证计算成果合理,可用于本次小浪底水库减淤运行方式比选下游河道冲淤分析计算工作。

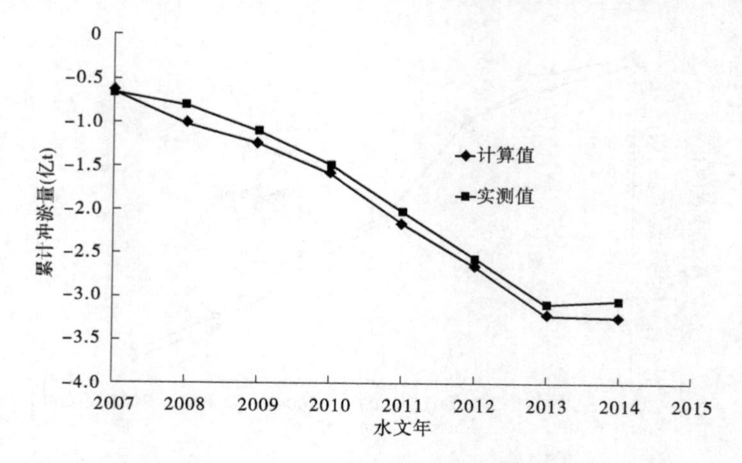

图 6-10　花园口以上河段累计冲淤量对比情况

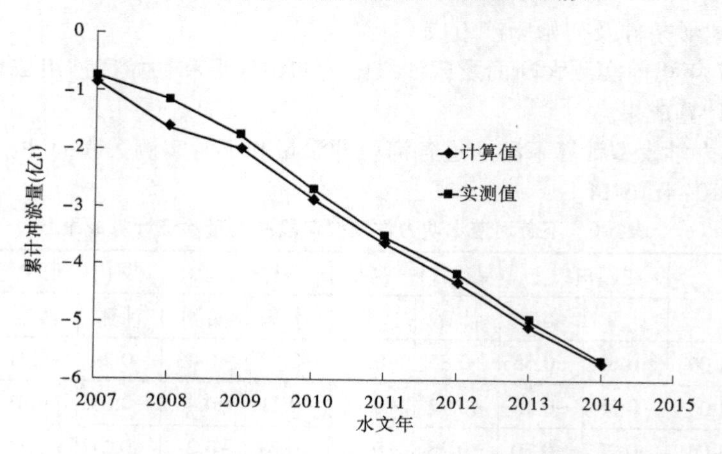

图 6-11　花园口—高村河段累计冲淤量对比情况

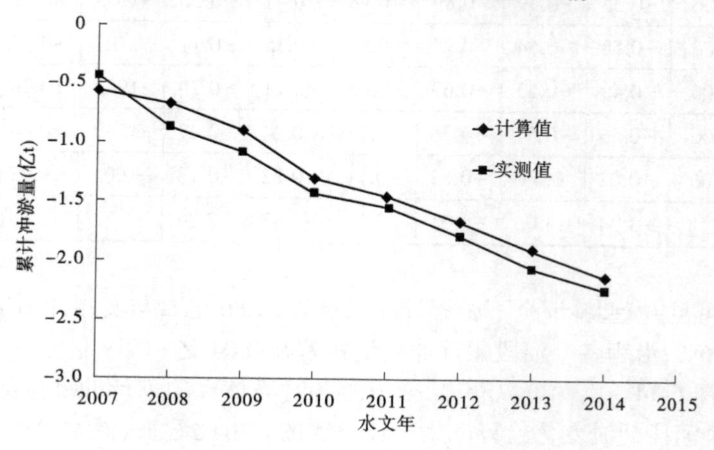

图 6-12　高村—艾山河段累计冲淤量对比情况

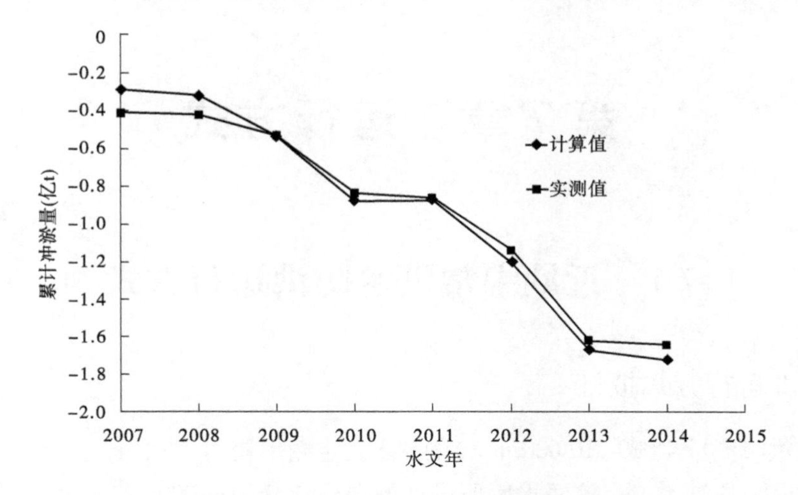

图 6-13　艾山—利津河段累计冲淤量对比情况

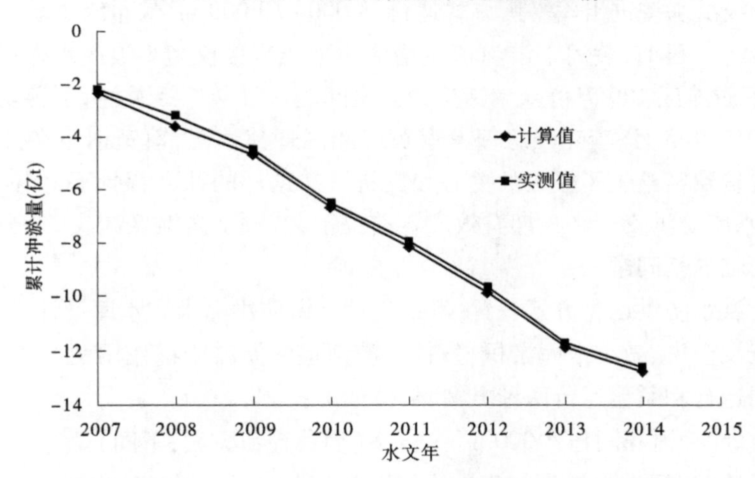

图 6-14　利津以上河段累计冲淤量对比情况

第 7 章　运行方式

7.1　近期中常洪水防洪运行方式

7.1.1　防洪运行方式拟订

花园口洪峰流量 4 000~10 000 m^3/s 的洪水发生频率较高,基本上为 1 年 2 次,是水库调度中经常面临的洪水。小浪底水库原设计的保滩流量为 8 000 m^3/s,对花园口 4 000~8 000 m^3/s 量级洪水按进出库平衡方式运行,8 000~10 000 m^3/s 量级洪水按控制花园口 8 000 m^3/s 运行。目前,黄河下游河道主槽最小平滩流量仅为小浪底水库设计保滩流量的 1/2,黄河下游滩区 189 万群众生活生产安全问题被社会广泛关注,下游防洪形势已发生了变化。2017 年 5 月,李克强总理考察黄河滩区迁建情况,对黄河下游滩区安全建设和滩区群众脱贫致富给予了极大的关心和支持。在这样的社会背景下,如何通过水库调节,在不影响水库防洪安全和长期有效库容前提下,兼顾下游滩区减灾,是当前小浪底水库实际调度面临的新问题。

本次中常洪水防洪运行方式设置,考虑近期下游防洪需求和水库设计运行特点,从减少下游滩区淹没损失、减小水库淤积+发挥下游河道的淤滩刷槽作用两个角度出发,拟订中常洪水控制运行和敞泄运行两种方案,具体如下:

方案一:水库控泄花园口 4 000 m^3/s 方案(简称控泄方案,下同)。

最新批复的《黄河洪水调度方案》(国汛〔2015〕19 号)提出对花园口 4 000~10 000 m^3/s 洪水进行适时控泄,以减小滩区灾害损失;水库最高运行水位原则上不超过 254 m,以确保水库设计的长期防洪库容。小浪底拦沙期防洪减淤运行方式研究阶段,分析了 1954~2008 年间共 99 场中常洪水按花园口 4 000 m^3/s 控泄所需的防洪库容,提出花园口 10 000 m^3/s(约 5 年一遇)洪水,水库按花园口 4 000 m^3/s 控泄,所需最大防洪库容为 35 亿 m^3左右,90%的洪水所需最大防洪库容为 18 亿 m^3。目前,小浪底水库 230~254 m 间有 37 亿 m^3调洪库容,满足水库控泄花园口 4 000 m^3/s 的库容需求,因此从避免滩区受淹角度考虑,拟订水库控泄花园口 4 000 m^3/s 方案。

方案二:水库敞泄滞洪方案(简称敞泄方案,下同)。

小浪底水库设计阶段,未提出对 4 000~8 000 m^3/s 量级洪水进行控制运行的要求,对 8 000~10 000 m^3/s 量级洪水,按 8 000 m^3/s 进行保滩运行。水库拦蓄洪水,尤其是高含沙洪水,会很快淤损水库库容,减少小浪底水库运行年限。鉴于小浪底水库的特殊战略地位,应长期维持小浪底水库较大库容,发挥小浪底水库防御大洪水的作用。因此,从减少水库淤积角度考虑，拟订水库敞泄滞洪方案。

7.1.2　典型洪水调算及分析比较

采用三门峡、小浪底、陆浑、故县、河口村等水库联合防洪调度模型对一般含沙量典型洪水 1982 年 8 月、1983 年 8 月和高含沙典型洪水 1954 年 9 月、1988 年 8 月和 1996 年 8 月进行水库调节计算，并采用库区水沙数学模型进行库区泥沙冲淤计算，分析库水位、库区淤积量、淤积形态、库容变化和下游洪水情况。

实测典型洪水按上述方式调算结果见表 7-1。各典型洪水水库淤积量变化、库容变化及库区淤积形态见图 7-1～图 7-15。其中，小浪底水库汛限水位 230.00 m，库区泥沙冲淤计算河床边界条件采用 2016 年 4 月实测断面，相应的库区淤积量为 30.86 亿 m^3，高程 275 m 以下库容为 96.67 亿 m^3。三门峡、陆浑、故县、河口村等水库按《黄河洪水调度方案》规定的方式运行。

7.1.2.1　一般含沙量典型"19820815"次洪水

"19820815"次洪水历时 10 d，潼关实测最大含沙量 47 kg/m^3，含沙量较低。小浪底水库入库水量 16.5 亿 m^3、沙量 0.43 亿 m^3，最大入库流量 5 150 m^3/s，小花间洪峰流量 2 750 m^3/s，花园口站洪峰流量 6 640 m^3/s。

1) 水库淤积量

1982 年 8 月洪水过程，水库淤积量变化见图 7-1 和表 7-1。控泄方案，水库累计淤积泥沙 0.24 亿 m^3，排沙比为 44.37%；敞泄方案，水库累计淤积泥沙 0.19 亿 m^3，排沙比为 55.96%。控泄方案比敞泄方案多淤积泥沙 0.05 亿 m^3。

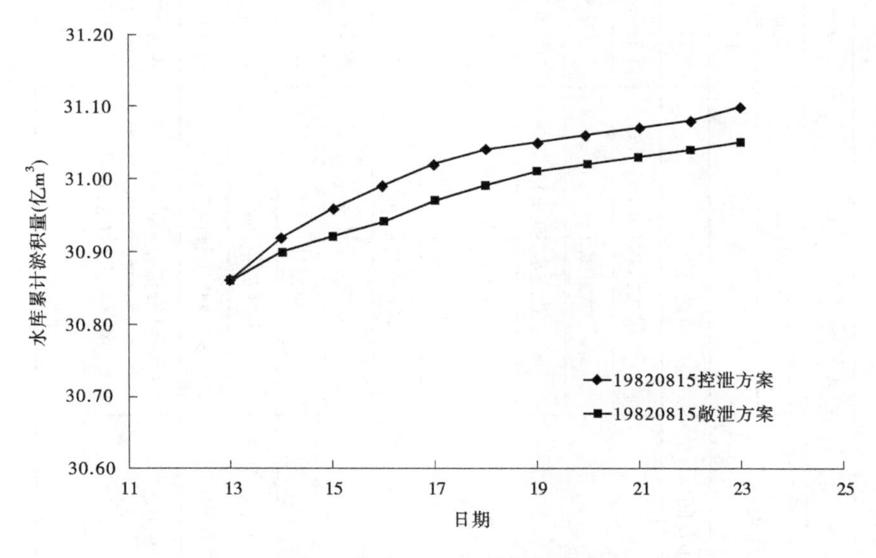

图 7-1　水库淤积量变化(一般含沙量典型洪水 1982 年 8 月)

表 7-1 控泄方案与敞泄方案库群调洪计算结果比较

项目			19820815		19830802		19540905		19880821		19960805	
			控泄	敞泄	控泄	敞泄	控泄	敞泄	控泄	敞泄	控泄	敞泄
洪水类型			一般含沙量洪水				高含沙量洪水					
潼关		洪峰流量(m^3/s)	2 400	2 400	6 200	6 200	10 100	10 100	7 010	7 010	7 400	7 400
		最大含沙量(kg/m^3)	47	47	80	80	676	676	234	234	468	468
小花间		洪峰流量(m^3/s)	2 750	2 750	2 030	2 030	3 840	3 840	2 440	2 440	3 620	3 620
小浪底水库		最大入库(m^3/s)	5 150	5 150	5 990	5 990	8 320	8 320	5 910	5 910	6 130	6 130
		最大出库(m^3/s)	3 220	5 150	3 920	5 990	3 700	8 300	3 650	5 910	3 690	6 130
		最高水位(m)	232.36	230.00	240.72	230.00	244.76	230.00	242.12	230.00	235.76	230.00
		拦蓄洪量(亿 m^3)	2.38	0	13.84	0	20.33	0	16.03	0	6.62	0
		来水量(亿 m^3)	16.5	16.5	109.8	109.8	69.7	69.7	59.2	59.2	37.6	37.6
		来沙量(亿 m^3)	0.43	0.43	2.92	2.92	6.12	6.12	5.81	5.81	5.18	5.18
		淤积量(亿 m^3)	0.24	0.19	1.64	1.21	3.67	1.62	3.44	1.99	2.96	1.92
		排沙比(%)	44.37	55.96	43.86	58.58	40.06	73.54	40.77	65.73	42.84	62.93
花园口	中游水库作用前	洪峰流量(m^3/s)	6 640	6 640	8 180	8 180	9 530	9 530	7 230	7 230	7 860	7 860
		>4 000 洪量(亿 m^3)	1.89	1.89	13.82	13.82	23.83	23.83	15.09	15.09	8.82	8.82
	中游水库作用后	洪峰流量(m^3/s)	4 000	6 640	4 000	7 930	4 190	8 840	4 000	7 230	4 000	6 990
		>4 000 洪量(亿 m^3)	0	1.89	0	13.82	0.22	23.83	0	15.09	0	8.82
孙口		洪峰流量(m^3/s)	3 870	5 180	4 000	6 980	4 080	7 940	3 960	6 610	4 000	6 200

2)水库蓄水位及库容变化

1982年8月洪水过程,水库蓄水情况及275 m以下库容变化见表7-1、图7-2。控泄方案,水库最高蓄水位232.36 m,拦蓄洪量2.38亿m^3;敞泄方案,水库最高蓄水位230.00 m。洪水过程结束时,控泄方案水库275 m以下库容为96.43亿m^3,比敞泄方案库容96.48亿m^3少0.05亿m^3。

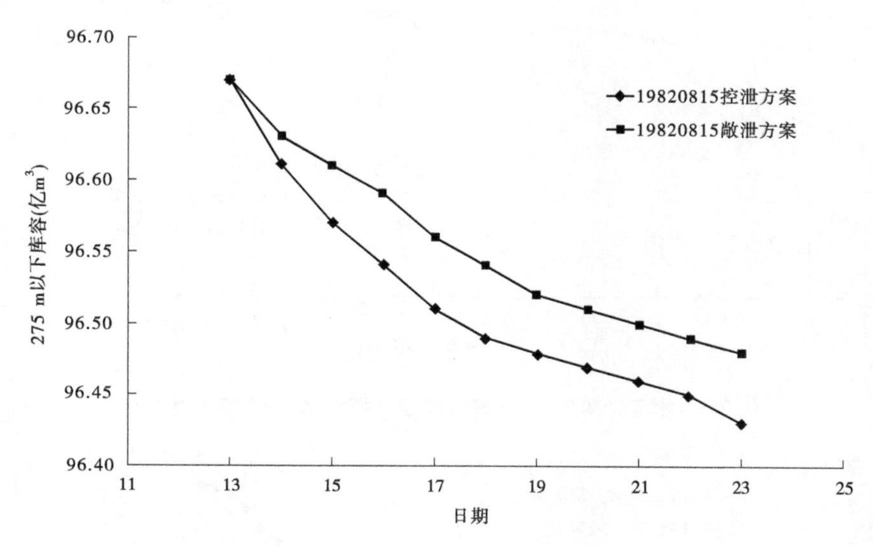

图7-2 高程275 m以下库容变化(一般含沙量典型洪水1982年8月)

3)水库淤积形态

控泄方案和敞泄方案水库淤积形态比较见图7-3。由图7-3可知,由于该场洪水过程仅持续10 d,且来沙量少,两方案淤积形态差别不大。敞泄方案水库运行水位低,库区上游泥沙被冲向坝前,坝前25 km上游淤沙高程略低于控泄方案,坝前25 km范围内淤沙高程略高于控泄方案。

4)进入下游洪水情况

由表7-1可见,控泄方案,可将花园口站洪峰流量削减至4 000 m^3/s,洪峰削减率为40%;孙口站洪峰流量为3 870 m^3/s,小于当前下游河道最小平滩流量4 200 m^3/s。敞泄方案,花园口站最大洪峰流量6 640 m^3/s,洪峰削减率为0;孙口站洪峰流量5 180 m^3/s。

7.1.2.2 一般含沙量典型"19830802"次洪水

"19830802"次洪水历时37 d,潼关实测最大含沙量80 kg/m^3,含沙量较低。小浪底水库入库水量109.8亿m^3、沙量2.92亿m^3,最大入库流量5 990 m^3/s;小花间洪峰流量2 030 m^3/s;花园口站洪峰流量8 180 m^3/s。

1)水库淤积量

1983年8月洪水过程,水库淤积量变化见图7-4和表7-1。控泄方案,水库累计淤积泥沙1.64亿m^3,排沙比为43.86%;敞泄方案,水库累计淤积泥沙1.21亿m^3,排沙比为58.58%。控泄方案比敞泄方案多淤积泥沙0.43亿m^3。

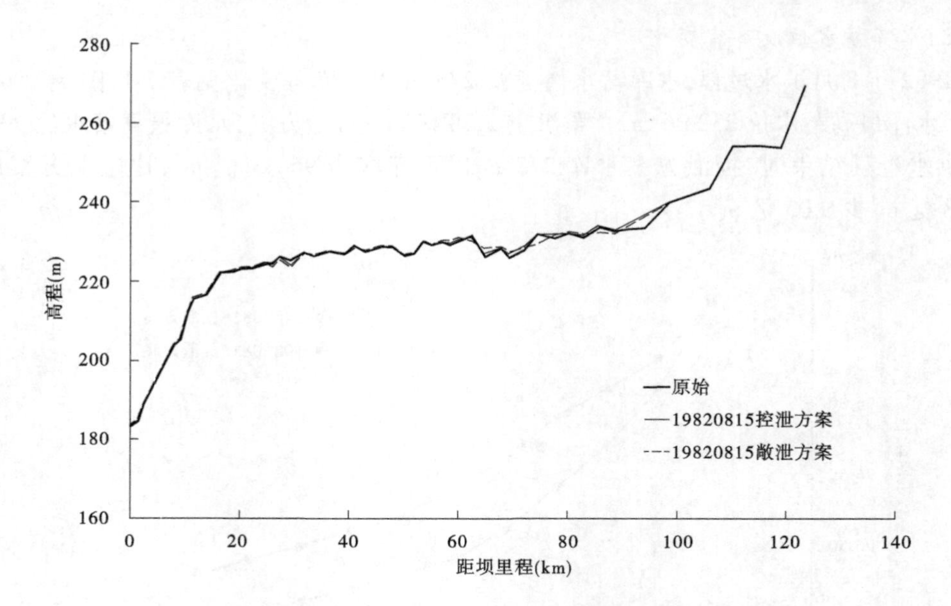

图 7-3　水库淤积形态(一般含沙量典型洪水 1982 年 8 月)

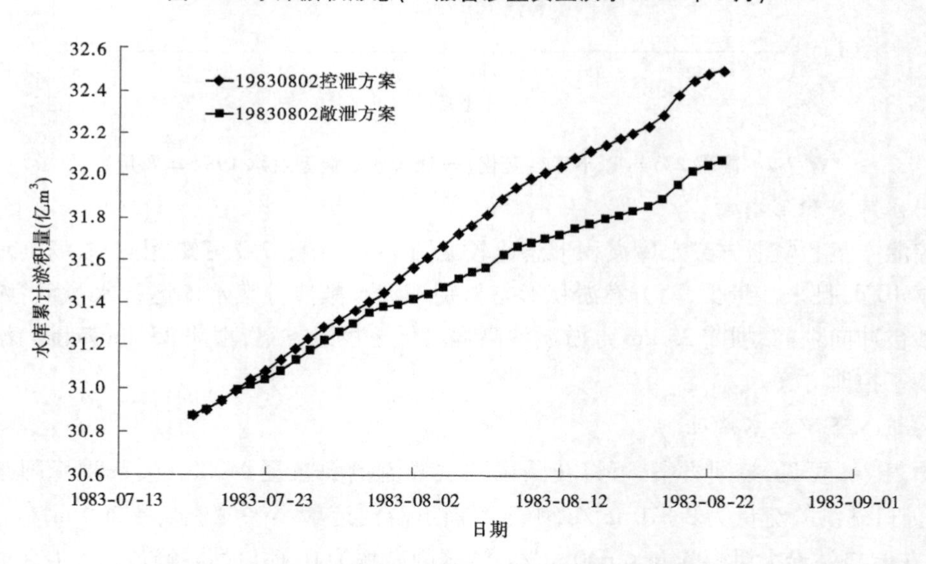

图 7-4　水库淤积量变化(一般含沙量典型洪水 1983 年 8 月)

2)水库蓄水位及库容变化

1983 年 8 月洪水过程,水库蓄水情况及 275 m 以下库容变化见表 7-1、图 7-5。控泄方案,水库最高蓄水位 240.72 m,拦蓄洪量 13.84 亿 m^3;敞泄方案,水库最高蓄水位 230.00 m。洪水过程结束时,控泄方案水库 275 m 以下库容为 95.03 亿 m^3,比敞泄方案库容 95.46 亿 m^3少 0.43 亿 m^3。

3)水库淤积形态

控泄方案和敞泄方案水库淤积形态比较见图 7-6。由图 7-6 可知,敞泄方案水库运行

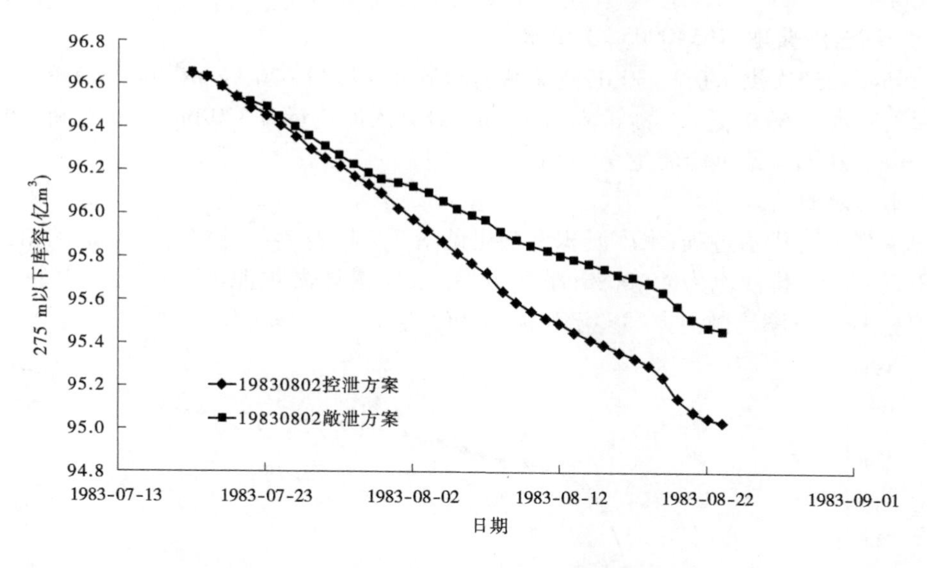

图7-5 高程275 m以下库容变化(一般含沙量典型洪水1983年8月)

水位低,库区上游泥沙被冲向坝前,坝前23 km上游淤沙高程低于控泄方案,坝前23 km范围内淤沙高程略高于控泄方案。

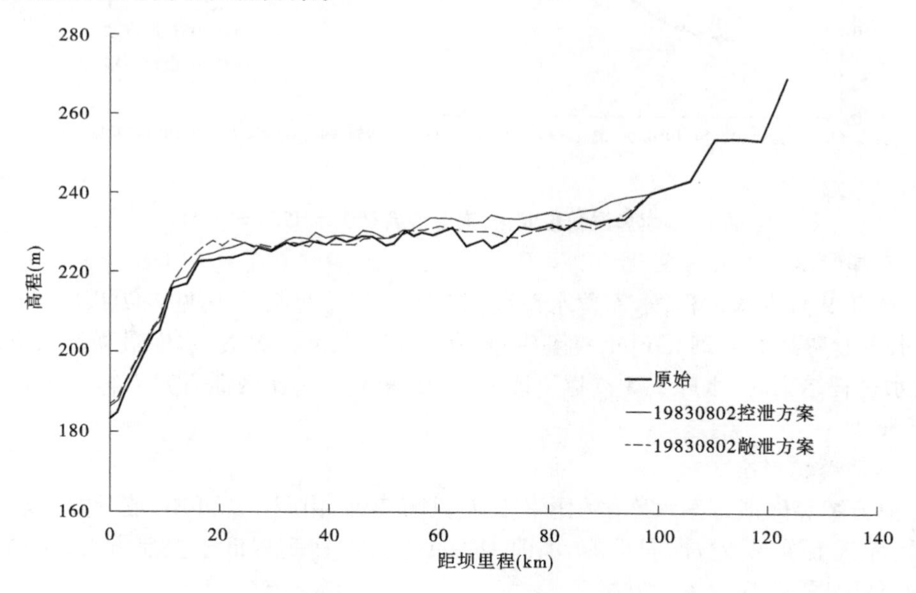

图7-6 水库淤积形态(一般含沙量典型洪水1983年8月)

4)进入下游洪水情况

由表7-1可见,控泄方案,可将花园口站洪峰流量削减至4 000 m^3/s,洪峰削减率为51%;孙口站洪峰流量为4 000 m^3/s,小于当前下游河道最小平滩流量4 200 m^3/s。敞泄方案,小浪底水库洪峰削减量为0;由于三门峡、故县等水库的滞洪削峰作用,花园口站最大洪峰流量由天然的8 180 m^3/s减小至7 930 m^3/s;孙口站洪峰流量为6 980 m^3/s。

7.1.2.3　高含沙典型“19540905”次洪水

“19540905”次洪水历时 30 d,潼关站实测最大含沙量 676 kg/m^3,含沙量较高。小浪底水库入库水量 69.7 亿 m^3、沙量 6.12 亿 m^3,最大入库流量 8 320 m^3/s;小花间洪峰流量 3 840 m^3/s;花园口站洪峰流量 9 530 m^3/s。

1)水库淤积量

1954 年 9 月洪水过程,水库淤积量变化见图 7-7 和表 7-1。控泄方案,水库累计淤积泥沙 3.67 亿 m^3,排沙比为 40.06%;敞泄方案,水库累计淤积泥沙 1.62 亿 m^3,排沙比为 73. 54%。控泄方案比敞泄方案多淤积泥沙 2.05 亿 m^3。

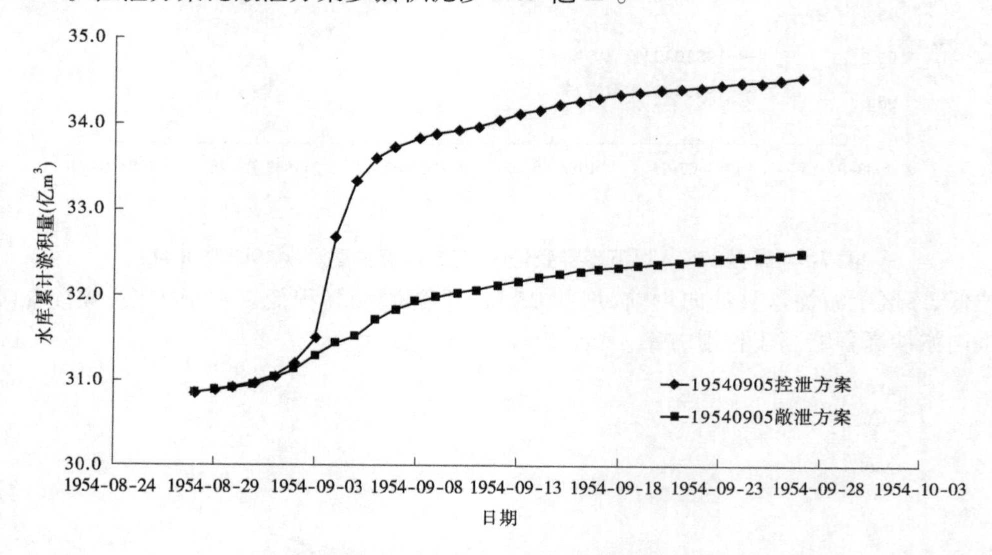

图 7-7　水库淤积量变化(高含沙典型洪水 1954 年 9 月)

2)水库蓄水位及库容变化

1954 年 9 月洪水过程,水库蓄水情况及 275 m 以下库容变化见表 7-1、图 7-8。控泄方案,水库最高蓄水位 244.76 m,拦蓄洪量 20.33 亿 m^3;敞泄方案,水库最高蓄水位 230.00 m。洪水过程结束时,水库 275 m 以下库容为 93.00 亿 m^3,比敞泄方案库容 95.05 亿 m^{3}少 2.05 亿 m^3。

3)水库淤积形态

控泄方案和敞泄方案水库淤积形态比较见图 7-9。由图 7-9 可知,敞泄方案水库运行水位低,库区上游泥沙被冲向坝前,坝前 18 km 上游淤沙高程低于控泄方案,坝前 18 km 范围内淤沙高程略高于控泄方案。

4)进入下游洪水情况

由表 7-1 可见,控泄方案,由于小花间来水较大,水库作用后花园口站洪峰流量为 4 190 m^3/s,洪峰削减率为 56%;孙口站洪峰流量为 4 080 m^3/s,小于当前下游河道最小平滩流量 4 200 m^3/s。敞泄方案,三门峡水库、小浪底水库自然滞洪,花园口站最大洪峰流量由天然的 9 530 m^3/s 减小至 8 840 m^3/s,孙口站洪峰流量 7 940 m^3/s。

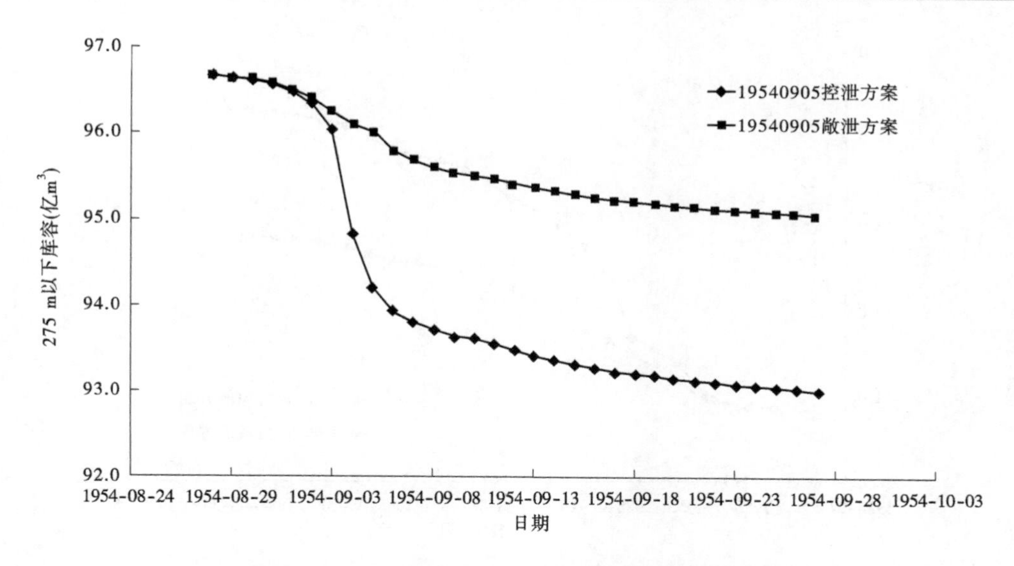

图 7-8 高程 275 m 以下库容变化(高含沙典型洪水 1954 年 9 月)

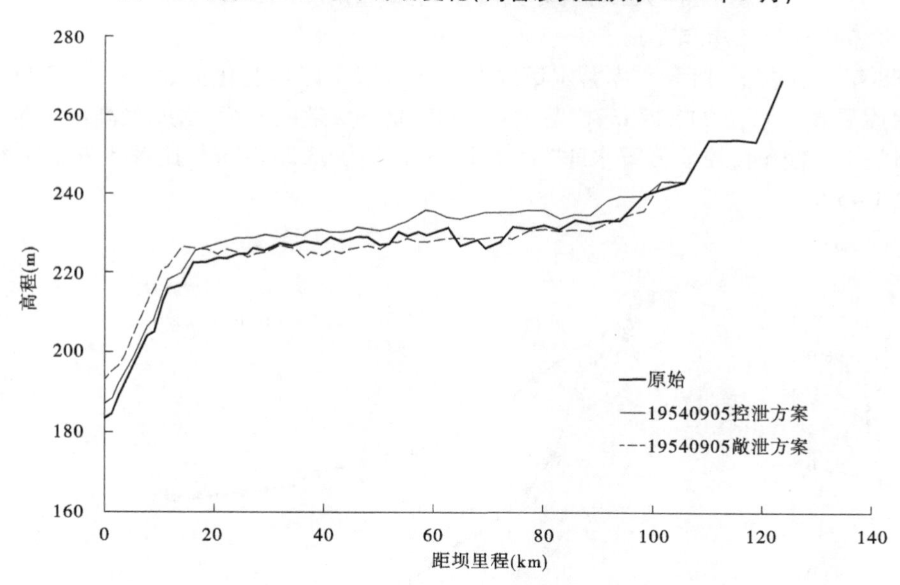

图 7-9 水库淤积形态(高含沙典型洪水 1954 年 9 月)

7.1.2.4 高含沙典型“19880821”次洪水

“19880821”次洪水历时 23 d,潼关实测最大含沙量 234 kg/m^3,含沙量较高。小浪底水库入库水量 59.2 亿 m^3、沙量 5.81 亿 m^3,最大入库流量 5 910 m^3/s;小花间洪峰流量 2 440 m^3/s;花园口站洪峰流量 7 230 m^3/s。

1)水库淤积量

1988 年 8 月洪水过程,水库来沙量为 5.81 亿 m^3,水库淤积量变化见图 7-10 和表 7-1。控泄方案,水库累计淤积泥沙 3.44 亿 m^3,排沙比为 40.77%;敞泄方案,水库累计淤积泥沙 1.99 亿 m^3,排沙比为 65.73%。控泄方案比敞泄方案多淤积泥沙 1.45 亿 m^3。

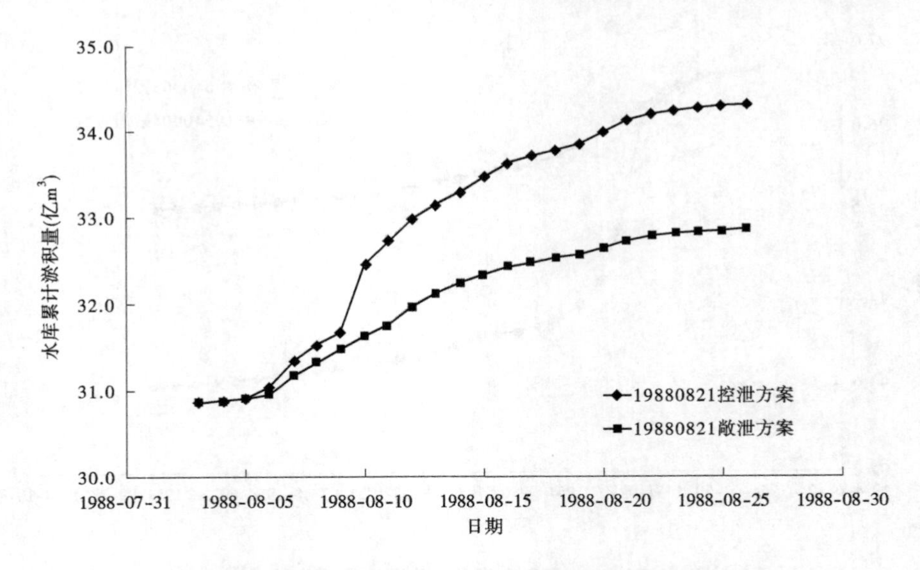

图 7-10 水库淤积量变化(高含沙典型洪水 1988 年 8 月)

2)水库蓄水位及库容变化

1988 年 8 月洪水过程,水库蓄水情况及 275 m 以下库容变化见表 7-1、图 7-11。控泄方案,水库最高蓄水位 242.12 m,拦蓄洪量 16.03 亿 m^3;敞泄方案,水库最高蓄水位 230.00 m。洪水过程结束时,控泄方案水库 275 m 以下库容为 93.23 亿 m^3,比敞泄方案库容94.68 亿 m^3少 1.45 亿 m^3。

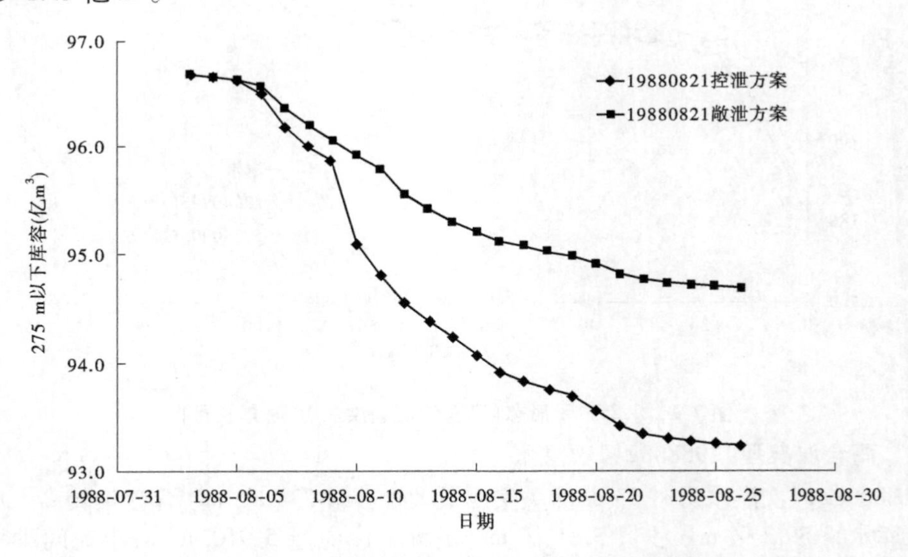

图 7-11 高程 275 m 以下库容变化(高含沙典型洪水 1988 年 8 月)

3)水库淤积形态

控泄方案和敞泄方案水库淤积形态比较见图 7-12。由图 7-12 可知,敞泄方案水库运行水位低,库区上游泥沙被冲向坝前,坝前 20 km 上游淤沙高程低于控泄方案,坝前 20 km 范围内淤沙高程略高于控泄方案。

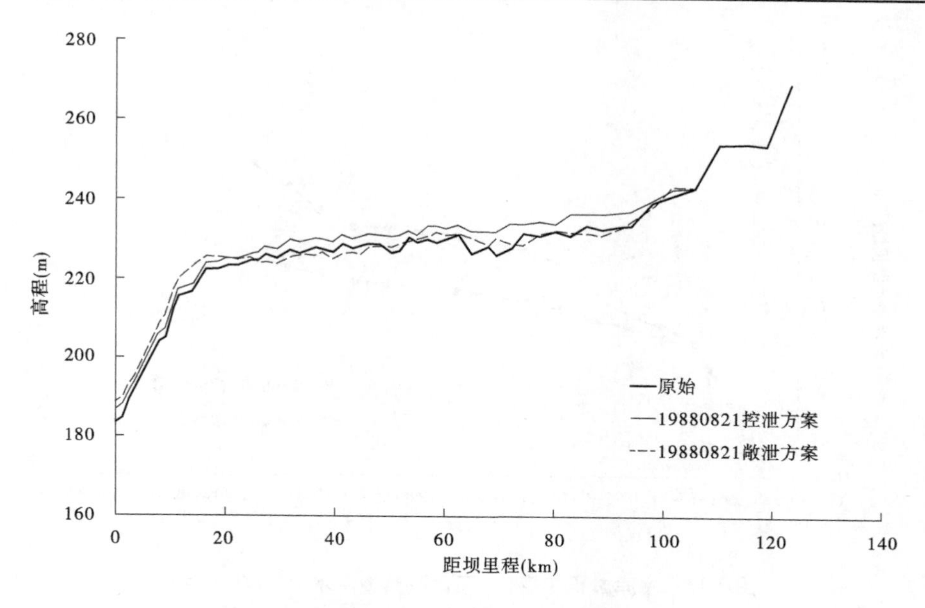

图 7-12　水库淤积形态(高含沙典型洪水 1988 年 8 月)

4)进入下游洪水情况

由表 7-1 可见,控泄方案,可将花园口站洪峰流量削减至 4 000 m^3/s,洪峰削减率为 45%;孙口站洪峰流量为 3 960 m^3/s,小于当前下游河道最小平滩流量 4 200 m^3/s。敞泄方案,小浪底水库洪峰削减量为 0,花园口站最大洪峰流量 7 230 m^3/s,孙口站洪峰流量 6 610 m^3/s。

7.1.2.5　高含沙典型"19960805"次洪水

"19960805"次洪水历时 16 d,潼关站实测最大含沙量 468 kg/m^3,含沙量较高。小浪底入库水量 37.6 亿 m^3、沙量 1.92 亿 m^3,最大入库流量 6 130 m^3/s;小花间洪峰流量 3 840 m^3/s;花园口站洪峰流量 7 860 m^3/s。

1)水库淤积量

1996 年 8 月洪水过程,水库来沙量为 5.18 亿 m^3,水库淤积量变化见图 7-13 和表 7-1。控泄方案,水库累计淤积泥沙 2.96 亿 m^3,排沙比为 42.84%;敞泄方案,水库累计淤积泥沙 1.92 亿 m^3,排沙比为 62.93%。控泄方案比敞泄方案多淤积泥沙 1.04 亿 m^3。

2)水库蓄水位及库容变化

1996 年 8 月洪水过程,水库蓄水情况及 275 m 以下库容变化见表 7-1、图 7-14。控泄方案,水库最高蓄水位 235.76 m,拦蓄洪量 6.62 亿 m^3;敞泄方案,水库最高蓄水位 230.00 m。洪水过程结束时,控泄方案水库 275 m 以下库容为 93.71 亿 m^3,比敞泄方案库容 94.75 亿 m^3少 1.04 亿 m^3。

3)水库淤积形态

控泄方案和敞泄方案水库淤积形态比较见图 7-15。由图 7-15 可知,敞泄方案水库运行水位低,库区上游泥沙被冲向坝前,坝前 22 km 上游淤沙高程低于控泄方案,坝前 22 km 范围内淤沙高程略高于控泄方案。

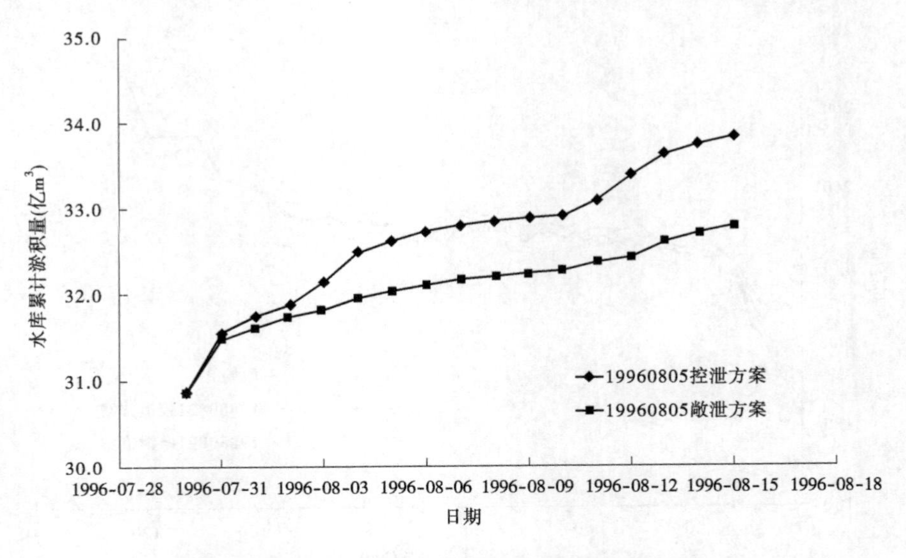

图 7-13　水库淤积量变化(高含沙典型洪水 1996 年 8 月)

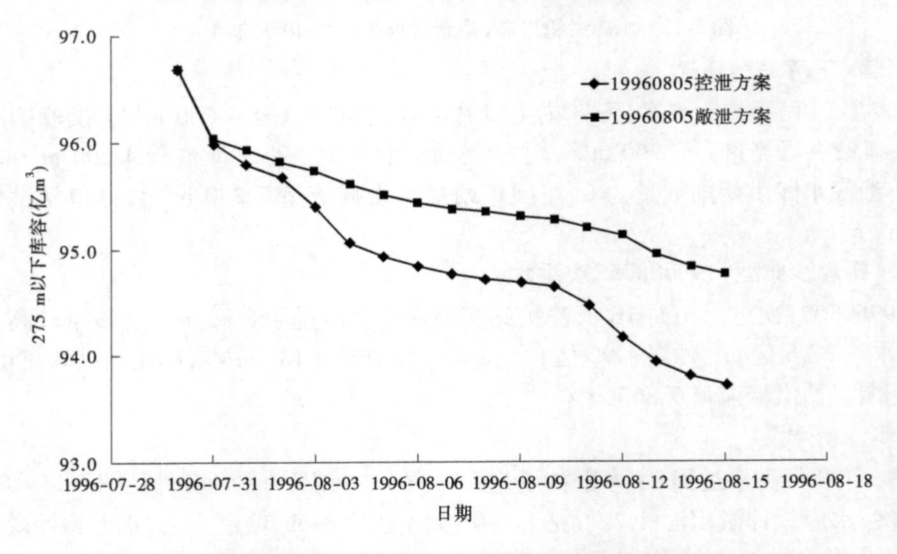

图 7-14　高程 275 m 以下库容变化(高含沙典型洪水 1996 年 8 月)

4)进入下游洪水情况

由表 7-1 可见,控泄方案,可将花园口站洪峰流量削减至 4 000 m^3/s,洪峰削减率为 49%;孙口站洪峰流量为 4 000 m^3/s,小于当前下游河道最小平滩流量 4 200 m^3/s。敞泄方案,由于三门峡、陆浑等水库的滞洪削峰作用,花园口站最大洪峰流量由天然的 7 860 m^3/s 减小至 6 990 m^3/s,孙口站洪峰流量 6 200 m^3/s。

7.1.2.6　综合分析

从各典型洪水调算结果可以看出:

(1)从水库蓄水情况看,水库控泄花园口 4 000 m^3/s 方案,各典型洪水需拦蓄洪量均不超过 37 亿 m^3,水库最高蓄水位 244.76 m,不影响水库设计的长期防洪库容。水库敞泄

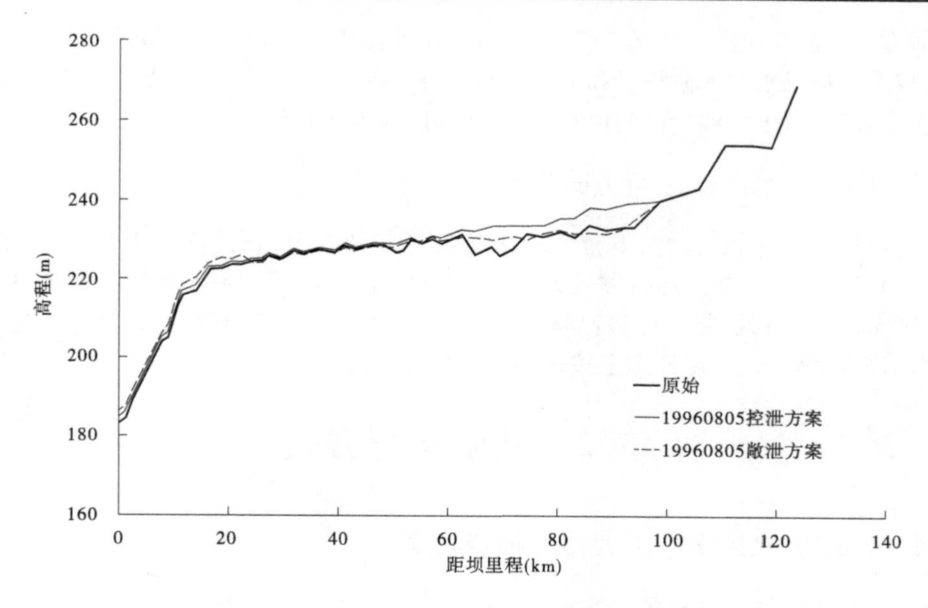

图7-15　水库淤积形态(高含沙典型洪水1996年8月)

滞洪方案,水库最高蓄水位230.00 m。

(2)从水库淤积情况看,控泄方案水库淤积量为0.24亿~3.67亿m^3,排沙比为40.06%~44.37%;敞泄方案,水库淤积量0.19亿~1.99亿m^3,排沙比55.96%~73.54%。与控泄方案相比,敞泄方案水库淤积量小、排沙比大。高含沙典型洪水敞泄方案和控泄方案水库淤积量和排沙比相差较大。

通过不同方案库区淤积形态变化过程可知,水库与来沙过程、坝前水位均有关系,当水库来沙量越大,不同运行方案淤积形态差别越大;水库运行水位越低,库区上游泥沙被冲向坝前,淤积三角洲往坝前推进的速度越快。

(3)从下游洪水情况看,控泄方案,水库作用后花园口站最大洪峰流量4 190 m^3/s,4 000 m^3/s以上最大洪量0.22亿m^3,洪峰削减量为40%~56%,4 000 m^3/s以上洪量削减量为99%~100%;水库作用后孙口站洪峰流量为3 870~4 080 m^3/s,当前下游河道最小平滩流量约4 200 m^3/s,水库控泄可有效减小下游滩区淹没损失。敞泄方案,花园口站最大洪峰流量8 840 m^3/s,4 000 m^3/s以上最大洪量35.28亿m^3,洪峰削减量最大为11%,4 000 m^3/s以上洪量削减量为0;水库作用后孙口站洪峰流量5 180~7 940 m^3/s,水库敞泄对下游滩区淹没影响较大。

总体而言,各量级洪水敞泄方案水库淤积量小、排沙比大,水库运行水位越低,库区上游泥沙被冲向坝前,淤积三角洲往坝前推进的速度越快,但水库敞泄对下游滩区淹没影响较大。控泄方案基本能将花园口流量控制到4 000 m^3/s,下游卡口河段洪峰流量低于现状下游河道最小平滩流量,避免了滩区受淹。对于1982年8月、1983年8月两场含沙量较低的洪水,不同防洪运行方案差别较小,控泄方案比敞泄方案多淤积泥沙0.05亿~0.43亿m^3,排沙比相差不大,相差11.59%~14.72%;对于1954年9月、1988年8月和1996年8月三场含沙量超过200 kg/m^3的洪水,不同防洪运行方案差别较大,单场洪水控泄方案比敞泄方案多淤积泥沙 1.04 亿～2.05 亿 m^3，排沙比相差较大，相差 20.09%～33.48%。因此，权衡单场洪水水库淤积量和下游洪水淹没情况，对于含沙量较低的中常洪水，认为控泄方案较优；对于含沙量高的中常洪水，认为敞泄方案较优。

7.1.3 中常洪水防洪运行方式推荐

综合考虑水库减淤、黄河下游和滩区防洪等多种因素，制订近期中常洪水（花园口 4 000～10 000 m^3/s）防洪运行方式为：对一般含沙量洪水，小浪底水库按控制花园口站流量 4 000 m^3/s 运行，控制水库最高运行水位不超过 254 m；对于潼关站含沙量超过 200 kg/m^3 的高含沙洪水，水库原则上按进出库平衡方式运行。

7.2 减淤运行方式

7.2.1 小浪底水库运行方式以往研究成果

7.2.1.1 初步设计阶段成果

设计拟订的水库运行原则是在首先满足防洪、防凌和减淤要求的前提下尽可能发挥供水、灌溉和发电的综合效益，同时要保持必需的长期有效库容。水库汛期采取"逐步抬高水位，拦粗排细"的运行方式。具体调节指令如下：

（1）入库流量小于 400 m^3/s 时，水库补水 400 m^3/s 发电。

（2）入库流量 400～800 m^3/s 时，水库按入库流量泄流。

（3）入库流量 800～2 000 m^3/s 时，水库蓄水，泄流 800 m^3/s。

（4）流量大于 2 000 m^3/s 时，出库流量等于入库流量。

（5）流量大于 8 000 m^3/s 时，水库蓄水，泄流 8 000 m^3/s。

（6）当蓄水量大于 3 亿 m^3 时，按 5 000 m^3/s 流量下泄，直至预留 2 亿 m^3 蓄水量；水库淤积量大于 79 亿 m^3 时，转为敞泄排沙，库区冲刷 3 亿 m^3 后恢复上述调水运行。

7.2.1.2 国家"八五"攻关阶段成果

"八五"期间，黄委设计院和黄河水利科学研究院、清华大学、中国水科院、武汉大学、西安理工大学等单位就小浪底水库的运行方式进行了一些新的探索研究，进一步深化了对黄河水沙条件和河道演变特点的认识，扩展了小浪底水库运行方式研究的思路。这一阶段的小浪底水库运行方式研究成果大致分为四类：

（1）控蓄速冲（清华大学）。主导思想是增大调节库容，且充分发挥调节库容的调节作用，增强对水沙的调节，把泥沙调节到大流量洪水期输送，并强调调水作用，视水库汛期限制水位下调节库容大小，确定造峰流量。相应调控库容为 5 亿 m^3 以上，调控上限流量 2 500 m^3/s 或 3 500 m^3/s（见表 7-2）。

（2）高蓄速冲（黄河水利科学研究院）。强调泥沙多年调节，水库按最大兴利要求调水且不造峰。主汛期蓄水位一次抬高至 254 m，按发电及供水要求放水，蓄水拦沙不造峰；当库区淤积量大于 60 亿～70 亿 m^3，来水又较大时（大于 2 300 m^3/s，并继续上涨），降低水位泄空冲刷，形成高含沙水流输沙过程。"高蓄速冲"方式提出的多年调节泥沙思想有一定的借鉴作用。

表7-2 控蓄速冲方式调控指标

调控库容(亿 m^3)	调控上限流量(m^3/s)	泄水造峰条件
>10	3 500	$Q_{入}$>3 500 m^3/s或水位高于254 m,控制水位不低于230 m
5~10	2 500	$Q_{入}$>2 500 m^3/s且$S/Q \leqslant 0.025$或$V_{调}$>5亿 m^3

(3)逐步抬高水位,拦粗排细运行方式的补充研究(黄委设计院)。汛期调水运行,避免下泄800~2 500 m^3/s流量,最大可调水量3亿 m^3,造峰可调水量2亿 m^3。在整个运行过程中库水位变化缓慢,对径流调节作用较小。"逐步抬高"方式突出了水库"拦粗排沙"作用,但调节库容小,对水量调节作用有限。

(4)分阶段抬高水位运行(黄委设计院)。是为水库多年调节泥沙产生大流量高含沙水流输沙而提出的。水库拦沙过程中分为三个阶段:第一阶段汛期运行水位逐步抬高到235 m,坝前淤积面达到230 m时,降低水位冲刷库区淤积,最低冲刷水位205 m,控制冲刷时间不超过3年,即转入逐步抬高继续拦沙运行;第二阶段控制汛期运行水位达240 m时,又转入降低水位冲刷;第三阶段汛期运行水位达254 m时,转入降低水位冲刷,形成高滩深槽。调水运行条件与逐步抬高水位、拦粗排细运行补充研究方式相同。

总之,通过"八五"攻关研究,一致认为,增大水库调节库容,且充分发挥调节库容的作用,增强对水沙的调节,把泥沙调节到大流量洪水期输送,通过拦沙和调水调沙增大水库对下游河道的减淤效益。

7.2.1.3 小浪底水库初期运行方式研究成果

小浪底水库初期运行方式研究阶段,推荐采用调控流量2 600 m^3/s,调控库容8亿 m^3,起始运行水位210 m,控制出库流量量级分化,避免下泄对下游河道冲淤不利的800~2 600 m^3/s洪水过程。考虑提前两天预报入库水沙,即根据潼关、三门峡的实时水沙条件,拟订小浪底水库主汛期水沙日调节方式。具体调节方式如下:

(1)当潼关和三门峡平均流量小于2 500 m^3/s时,小浪底出库仅满足供水需要,即出库凑泄花园口流量为800 m^3/s,同时小浪底出库流量不小于600 m^3/s,满足机组调峰发电需要。

(2)当潼关和三门峡平均流量大于2 500 m^3/s且水库可调节水量大于或等于4亿 m^3时,水库凑泄花园口流量大于或等于2 600 m^3/s。即当入库流量加黑石关、武陟流量大于或等于2 600 m^3/s时,出库流量按入库流量下泄,并控制花园口流量不超过下游平滩流量;当入库流量加黑石关、武陟流量小于2 600 m^3/s时,水库凑泄花园口流量为2 600 m^3/s,水库凑泄过程中,若前一天凑不够2 600 m^3/s,则不再凑泄,若凑泄6 d后,水库可调水量仍大于2亿 m^3,水库按下游平滩流量凑泄花园口断面流量,直至水库可调水量等于2亿 m^3。

(3)当潼关和三门峡平均流量大于2 500 m^3/s但水库可调节水量小于4亿 m^3时,小浪底水库按供水发电需要进行调节,即出库凑泄花园口流量为800 m^3/s,同时小浪底出库流量不小于600 m^3/s,满足机组调峰发电需要。

(4)当7月中旬至9月上旬水库可调节水量达到8亿 m^3(按调控上限流量2 600 m^3/s

造峰6 d需要的调控库容为8亿 m^3)，水库凑泄花园口流量大于或等于2 600 m^3/s。即当入库流量加黑石关、武陟流量大于或等于2 600 m^3/s时，出库流量按入库流量下泄，并控制花园口流量不超过下游平滩流量；当入库流量加黑石关、武陟流量小于2 600 m^3/s时，水库凑泄花园口流量为2 600 m^3/s，水库凑泄过程中，可调水量不小于2亿 m^3；若凑泄6 d后，水库可调水量大于2亿 m^3，水库按下游平滩流量凑泄，直至水库可调水量等于2亿 m^3。

(5)当9月中下旬入库流量加黑石关、武陟流量大于或等于2 600 m^3/s时，出库流量按入库流量下泄，并控制花园口流量不超过下游平滩流量。当入库流量加黑石关、武陟流量小于2 600 m^3/s时，不再造峰，水库可提前蓄水。

(6)当花园口断面过流量可能超过下游平滩流量时，小浪底水库开始蓄洪调节，尽量控制洪水不漫滩。

7.2.1.4 小浪底水库拦沙后期运行方式研究成果

小浪底水库拦沙期后期运行方式研究阶段提出“多年调节泥沙，相机降低水位冲刷，拦沙和调水调沙”的运行方式；推荐采用调控流量3 700 m^3/s，历时5 d，调控库容13亿 m^3，并将拦沙后期划分为3个运行阶段：拦沙后期第一阶段(拦沙初期结束至水库淤积量达42亿 m^3)、拦沙后期第二阶段(水库淤积量42亿~75.5亿 m^3)、拦沙后期第三阶段(第二阶段结束至坝前滩面高程达254 m)。

拦沙后期第一阶段汛期运行方式如下。

1)7月1~10日

水库控制出库流量不小于800 m^3/s，满足黄河下游“卡脖子旱”灌溉需求。

2)7月11日~9月10日(主汛期)

(1)入库流量加黑石关、武陟流量小于4 000 m^3/s时。

①水库可调节水量小于6亿 m^3时，小浪底出库流量仅满足机组调峰发电需要，出库流量为400 m^3/s。

②潼关、三门峡平均流量小于2 600 m^3/s，小浪底水库可调节水量大于或等于6亿 m^3且小于13亿 m^3时，出库流量仅满足机组调峰发电需要，出库流量为400 m^3/s。

③当预报入库流量大于或等于2 600 m^3/s，且含沙量大于或等于200 kg/m^3时，水库适当拦截非漫滩高含沙洪水。具体调度指令如下：

a. 当水库蓄水量大于或等于3亿 m^3(方式二为2亿 m^3)时，提前2 d凑泄花园口流量等于下游主槽平滩流量，直至水库蓄水等于3亿 m^3后，出库流量等于入库流量。

b. 当水库蓄水量小于3亿 m^3时，提前2 d蓄水至3亿 m^3后，出库流量等于入库流量。

c. 当入库流量小于2 600 m^3/s，高含沙调节结束。

④当潼关、三门峡平均流量大于或等于2 600 m^3/s，且水库可调节水量大于或等于6亿 m^3时，水库相机凑泄造峰，凑泄花园口流量大于或等于3 700 m^3/s。即当入库流量加黑石关、武陟流量大于或等于3 700 m^3/s时，出库流量按入库流量下泄；当入库流量加黑石关、武陟流量小于3 700 m^3/s时，水库凑泄花园口流量为3 700 m^3/s，若凑泄5 d后，水库可调水量仍大于2亿 m^3，水库凑泄花园口断面流量为下游主槽平滩流量，直至水库可调水量等于2亿 m^3，若最后一天凑泄流量不足2 600 m^3/s，则凑泄造峰调节结束，当日蓄水，出库流量等于400 m^3/s；若水库可调水量预留2亿 m^3后，水库造峰流量不足5 d，则不

再预留，水库继续造峰，满足 5 d 要求，但水库水位不得低于 210 m；当水库造峰结束后，相邻日期入库流量加黑石关、武陟流量大于或等于 2 600 m^3/s，则出库流量按入库流量下泄，直到入库流量加黑石关、武陟流量小于 2 600 m^3/s 时，水库开始蓄水，出库流量等于 400 m^3/s。

⑤当水库可调节水量大于或等于 13 亿 m^3 时，水库蓄满造峰，凑泄花园口流量大于或等于3 700 m^3/s。即当入库流量加黑石关、武陟流量大于或等于 3 700 m^3/s 时，出库流量按入库流量下泄；当入库流量加黑石关、武陟流量小于 3 700 m^3/s 时，水库凑泄花园口流量为3 700 m^3/s，若凑泄 5 d 后，水库可调水量仍大于 2 亿 m^3，水库凑泄花园口断面流量为下游主槽平滩流量，直至水库可调水量等于 2 亿 m^3，若最后一天凑泄流量不足 2 600 m^3/s，则凑泄造峰调节结束，当日改为蓄水，出库流量等于 400 m^3/s；若水库可调水量预留 2 亿 m^3 后，水库造峰流量不足 5 d，则不再预留，水库继续造峰，满足 5 d 要求，但水库水位不得低于 210 m；当水库造峰结束后，相邻日期入库流量加黑石关、武陟流量大于或等于 2 600 m^3/s，则出库流量按入库流量下泄，直到入库流量加黑石关、武陟流量小于 2 600 m^3/s 时，水库开始蓄水，出库流量等于 400 m^3/s。

（2）入库流量加黑石关、武陟流量大于或等于 4 000 m^3/s 时进行防洪运行。

3）9 月 11～30 日

（1）入库流量加黑石关、武陟流量小于 4 000 m^3/s 时。

①当水库在 9 月 10 日执行的造峰过程且不足 5 d 时，则在 9 月 11 日开始继续造峰至 5 d。

②当入库流量加黑石关、武陟流量大于或等于 2 600 m^3/s 时，出库流量按入库流量下泄；当入库流量加黑石关、武陟流量小于 2 600 m^3/s 时，不再造峰，水库提前蓄水，即凑泄出库流量为 400 m^3/s，满足发电、供水要求。

（2）入库流量加黑石关、武陟流量大于或等于 4 000 m^3/s 时，进行防洪运行。

4）10 月 1～31 日

当入库流量加黑石关、武陟流量小于 4 000 m^3/s 时，水库按下游供水、灌溉需求流量 400 m^3/s 泄水，为满足防洪要求，保持坝前水位不超过 265 m；当入库流量加黑石关、武陟流量大于或等于 4 000 m^3/s 时，进行防洪运行。

7.2.2　减淤运行方案拟订

小浪底水库运行以来，黄河下游河道平滩流量已恢复至4 200 m^3/s 左右，调水调沙期间泄放大流量洪水过程对于下游河道的冲刷效率正趋于减弱；在以往小浪底水库运行方式研究成果的基础上，结合下游河道地形边界现状，以充分利用下游河道高效输沙能力，减缓库区及河道淤积，长期维持下游河道中水河槽过流能力，充分发挥水库综合效益为原则，拟订近期水库运行方式。本次运行方式研究是对以往研究成果的继承和有利补充。

7.2.2.1　**方案一（现状方案）**

根据《小浪底水利枢纽拦沙后期（第一阶段）运用调度规程》和近期水库实际调度运行情况，目前小浪底水库前汛期（7 月 1 日～8 月 31 日）汛限水位为 230 m，后汛期（9 月 1 日～10 月 31 日）汛限水位为 248 m，8 月下旬坝前水位可向后汛期过渡，10 月下旬坝前运行水位可向非汛期过渡。小浪底水库运行以来，黄河下游河道持续冲刷，最小平滩流量已经恢复至 4 200 m^3/s，水库汛期适宜的调水调沙流量为 2 600～4 000 m^3/s。结合近期入库水沙变化情况,拟订水库现状调度运行方案。具体调节指令如下。

1)拦沙后期第一阶段

当入库流量加黑石关、武陟流量小于4 000 m^3/s时。

(1)7月1~10日。

水库将6月底预留的可调水量逐渐泄放至2亿m^3,以满足7月上旬供水、灌溉需要;若遇枯水年份,则不再预留2亿m^3,补水直至可调水量泄完。即当可调水量小于2亿m^3时,若入库流量大于或等于800 m^3/s,出库流量等于800 m^3/s,否则补水使出库流量等于800 m^3/s,直至蓄水泄空后出库流量等于入库流量;当可调节的蓄水量大于或等于2亿m^3时,若入库流量大于或等于800 m^3/s,则出库流量等于入库流量,否则补水使出库流量等于800 m^3/s,直至蓄水泄空后出库流量等于入库流量。

(2)7月11日~8月31日。

①当水库可调节水量大于或等于8亿m^3时,水库蓄满造峰,凑泄花园口流量大于或等于2 600 m^3/s。当入库流量加黑石关、武陟流量大于或等于2 600 m^3/s时,出库流量按入库流量下泄;当入库流量加黑石关、武陟流量小于2 600 m^3/s时,水库凑泄花园口流量为2 600 m^3/s,若凑泄6 d后,水库可调水量仍大于2亿m^3,水库凑泄花园口断面流量为下游主槽平滩流量,直至水库可调水量等于2亿m^3,若最后一天凑泄流量不足2 600 m^3/s,则凑泄造峰调节结束,当日改为蓄水,出库流量等于300 m^3/s;若水库可调节水量预留2亿m^3后,水库造峰流量不足6 d,则不再预留,水库继续造峰,满足6 d要求,但水库水位不得低于210 m;当水库造峰结束后,相邻日期入库流量加黑石关、武陟流量大于或等于2 600 m^3/s,则出库流量按入库流量下泄,直到入库流量加黑石关、武陟流量小于2 600 m^3/s时,水库开始蓄水,出库流量等于300 m^3/s。

②当潼关、三门峡平均流量大于或等于2 600 m^3/s,且水库可调节水量大于或等于4亿m^3时,水库相机凑泄造峰,凑泄花园口流量大于或等于2 600 m^3/s。具体调度同①。

③当潼关、三门峡平均流量大于或等于2 600 m^3/s,且水库可调节水量大于或等于6亿m^3时,水库相机凑泄造峰,凑泄花园口流量大于或等于3 700 m^3/s,具体调节同①。②与③同时满足时优先执行③。

④当预报入库流量大于或等于2 600 m^3/s,且含沙量大于或等于200 kg/m^3时,水库适当拦截非漫滩高含沙洪水。

a.当水库蓄水量大于或等于3亿m^3,提前2 d凑泄花园口流量等于下游主槽平滩流量,直至水库蓄水等于3亿m^3后,出库流量等于入库流量。

b.当水库蓄水量小于3亿m^3时,提前2 d蓄水至3亿m^3后,出库流量等于入库流量。

c.当入库流量小于2 600 m^3/s,高含沙调节结束。

⑤其他情况:控制水位不超汛限水位运行(7月1日~8月20日为230 m,8月下旬为248 m),即当水位小于230 m时,控制出库流量300 m^3/s,蓄水至230 m,之后入出库平衡运行。

(3)9月1日~10月31日。

①小浪底出库流量仅满足供水、机组调峰发电需要,出库流量为300 m^3/s,控制坝前运行水位不超过后汛期汛限水位(248 m,10月下旬265 m)。

②当预报入库流量大于或等于2 600 m^3/s,且含沙量大于或等于200 kg/m^3时,水库适当拦截非漫滩高含沙洪水。具体调节同7月11日~8月31日。

(4)11月1日~次年5月31日。

每年11月至次年5月水库按下游供水、灌溉需求调节径流,控制水位不高于275 m。

(5)6月1日~6月30日。

根据来水情况,首先满足下游供水、灌溉最小需求流量下泄,至6月30日预留8亿m^3左右的蓄水量(8亿m^3水基本能满足7月上旬供水、灌溉要求);当水库有多余的蓄水量时,按控制花园口4 000 m^3/s流量造峰,冲刷下游河道。

2)拦沙后期第二阶段

当入库流量加黑石关、武陟流量小于4 000 m^3/s时。

(1)7月1日~10日。

同第一阶段。

(2)7月11日~8月31日。

①当水库可调库容(210~230 m库容)小于2亿m^3时,先按下游平滩流量泄空水库蓄水,之后水库进行敞泄排沙,直至调控库容恢复至3亿m^3时结束。

②当潼关、三门峡平均流量大于或等于2 600 m^3/s时,水库降低水位泄水冲刷。提前2 d泄水,利用大水排沙冲刷恢复库容,待洪水过后(入库流量小于2 600 m^3/s)再恢复调水运行。在凑泄造峰和防洪调度过程中遇到此条,则执行此条。

③当水库可调节水量大于或等于8亿m^3时,水库蓄满造峰,凑泄花园口流量大于或等于2 600 m^3/s。(具体调度同第一阶段)

④当预报入库流量大于或等于2 600 m^3/s,且含沙量大于或等于200 kg/m^3时,水库适当拦截非漫滩高含沙洪水。

a. 当水库蓄水量大于或等于3亿m^3,提前2 d凑泄花园口流量等于下游主槽平滩流量,直至水库蓄水等于3亿m^3后,出库流量等于入库流量。

b. 当水库蓄水量小于3亿m^3时,提前2 d蓄水至3亿m^3后,出库流量等于入库流量。

c. 当入库流量小于2 600 m^3/s时,高含沙调节结束。

⑤其他情况:控制水位不超汛限水位运行(7月1日~8月20日为230 m,8月21~31日为248 m),即当水位小于230 m时,控制出库流量300 m^3/s,蓄水至230 m,之后入出库平衡运行。

(3)9月1日~10月31日。

同第一阶段。

(4)11月1日~次年5月31日。

同第一阶段。

(5)6月1日~6月30日。

同第一阶段。

7.2.2.2 方案二(2 600 m^3/s/6 d方案)

调控上限流量采用2 600 m^3/s,历时不少于6 d,调控库容为8亿m^3。入库流量加黑石关、武陟流量小于4 000 m^3/s时,进行调水调沙调度;而当入库流量加黑石关、武陟流量大于 4 000 m³/s 时,进入防洪调度。具体调节指令如下。

1)拦沙后期第一阶段

(1)7 月 1 ~10 日。

水库将 6 月底预留的可调水量逐渐泄放至 2 亿 m³,以满足 7 月上旬供水、灌溉需要;若遇枯水年份,则不再预留 2 亿 m³,补水直至可调水量泄完。即当可调水量小于 2 亿 m³时,若入库流量大于或等于 800 m³/s,出库流量等于 800 m³/s,否则补水使出库流量等于 800 m³/s,直至蓄水泄空后出库流量等于入库流量;当可调节的蓄水量大于或等于 2 亿 m³时,若入库流量大于或等于 800 m³/s,则出库流量等于入库流量,否则补水使出库流量等于 800 m³/s,直至蓄水泄空后出库流量等于入库流量。

(2)7 月 11 日 ~8 月 31 日。

①当入库流量小于 2 600 m³/s 时,小浪底出库流量仅满足最小需求流量,出库流量为 300 m³/s。

②潼关、三门峡平均流量小于 2 600 m³/s,小浪底水库可调节水量大于或等于 4 亿 m³,且小于 8 亿 m³时,出库流量仅满足最小需求流量,出库流量为 300 m³/s。

③当预报入库流量大于或等于 2 600 m³/s,且含沙量大于或等于 200 kg/m³ 时,水库适当拦截非漫滩高含沙洪水。

a. 当水库蓄水量大于或等于 3 亿 m³时,提前 2 d 凑泄花园口流量等于下游主槽平滩流量(4 000 m³/s),直至水库蓄水等于 3 亿 m³后,出库流量等于入库流量。

b. 当水库蓄水量小于 3 亿 m³时,提前 2 d 蓄水至 3 亿 m³后,出库流量等于入库流量。

c. 当入库流量小于 2 600 m³/s 时,高含沙调节结束。

④当潼关、三门峡平均流量大于或等于 2 600 m³/s,且水库可调节水量大于或等于 4 亿 m³时,水库相机凑泄造峰,凑泄花园口流量大于或等于 2 600 m³/s。即当入库流量加黑石关、武陟流量大于或等于 2 600 m³/s 时,出库流量按入库流量下泄;当入库流量加黑石关、武陟流量小于 2 600 m³/s 时,水库凑泄花园口流量为 2 600 m³/s,若凑泄 6 d 后,水库可调水量仍大于 2 亿 m³,水库凑泄花园口断面流量为下游主槽平滩流量,直至水库可调水量等于 2 亿 m³,若最后一天凑泄流量不足 2 600 m³/s,则凑泄造峰调节结束,当日蓄水,出库流量等于 300 m³/s;若水库可调水量预留 2 亿 m³后,水库造峰流量不足 6 d,则不再预留,水库继续造峰,满足 6 d 要求,但水库水位不得低于 210 m;当水库造峰结束后,相邻日期入库流量加黑石关、武陟流量大于或等于 2 600 m³/s,则出库流量按入库流量下泄,直到入库流量加黑石关、武陟流量小于 2 600 m³/s 时,水库开始蓄水,出库流量等于 300 m³/s。

⑤当水库可调节水量大于或等于 8 亿 m³时,水库蓄满造峰,凑泄花园口流量大于或等于2 600 m³/s。即当入库流量加黑石关、武陟流量大于或等于 2 600 m³/s 时,出库流量按入库流量下泄;当入库流量加黑石关、武陟流量小于 2 600 m³/s 时,水库凑泄花园口流量为2 600 m³/s,若凑泄 6 d 后,水库可调水量仍大于 2 亿 m³,水凑泄花园口断面流量为下游主槽平滩流量,直至水库可调水量等于 2 亿 m³,若最后一天凑泄流量不足 2 600 m³/s,则凑泄造峰调节结束,当日改为蓄水,出库流量等于 300 m³/s;若水库可调水量预留 2 亿 m³后,水库造峰流量不足 6 d,则不再预留,水库继续造峰,满足 6 d 要求,但水库水位不得

低于210 m；当水库造峰结束后，相邻日期入库流量加黑石关、武陟流量大于或等于2 600 m^3/s，则出库流量按入库流量下泄，直到入库流量加黑石关、武陟流量小于2 600 m^3/s时，水库开始蓄水，出库流量等于300 m^3/s。

（3）9月1～30日。

①当水库在9月1日执行的造峰过程不足6 d时，则在9月1日开始继续造峰至6 d。

②当入库流量加黑石关、武陟流量大于或等于2 600 m^3/s时，出库流量按入库流量下泄；当入库流量加黑石关、武陟流量小于2 600 m^3/s时，不再造峰，水库提前蓄水，即凑泄出库流量为300 m^3/s，满足发电、供水要求。

（4）10月1～31日。

当入库流量加黑石关、武陟流量小于4 000 m^3/s时，水库按下游供水、灌溉需求流量300 m^3/s泄水，为满足防洪要求，保持坝前水位不超过265 m；当入库流量加黑石关、武陟流量大于或等于4 000 m^3/s时，进行防洪运行。

（5）11月1日～次年5月31日。

每年11月至次年5月水库按下游防凌、供水、灌溉需求调节径流，控制水位不高于275 m。

（6）6月1～30日。

根据来水情况，首先满足下游供水、灌溉最小需求流量，以6月30日水库水位不超过254 m为前提，有条件时预留8亿m^3左右的蓄水量（8亿m^3水基本能满足7月上旬供水、灌溉要求）；当水库有多余的蓄水量时，按下游主槽平滩流量造峰，冲刷下游河道。

2）拦沙后期第二阶段调节指令

拦沙后期第二阶段，即水库累计淤积量为42亿m^3至拦沙期结束的运行阶段，水库主汛期开始进行相机降低水位冲刷。

（1）7月1～10日。

调节指令同第一阶段。

（2）7月11日～8月31日。

①潼关、三门峡平均流量小于2 600 m^3/s，且小浪底水库可调节水量小于8亿m^3时，出库流量等于300 m^3/s，满足机组调峰发电要求。

②当预报入库流量大于或等于2 600 m^3/s，且含沙量大于或等于200 kg/m^3时，执行高含沙洪水调节，具体调节与第一阶段相同。

③当潼关、三门峡平均流量大于或等于2 600 m^3/s时，水库降低水位泄水冲刷。提前2 d泄水，利用大水排沙冲刷恢复库容，待洪水过后（入库流量小于2 600 m^3/s）再恢复调水运行。在凑泄造峰和防洪调度过程中遇到此条，则执行此条。

④当潼关、三门峡平均流量大于或等于2 600 m^3/s，且水库可调节水量大于或等于4亿m^3时，水库相机凑泄造峰，凑泄花园口流量大于或等于2 600 m^3/s。具体调节与第一阶段相同。

⑤当水库可调节水量大于或等于8亿m^3时，水库蓄满造峰，凑泄花园口流量大于或等于2 600 m^3/s。具体调节与第一阶段相同。

（3）9月1日～次年6月30日。

调节指令同第一阶段。

3)拦沙后期第三阶段调节指令

水库淤积量大于或等于75.5亿m^3,且滩面高程达到254 m时,进入拦沙后期第三阶段运行,当水库累计淤积量大于或等于79亿m^3时,先泄空水库蓄水,之后水库进行敞泄排沙,直至淤积量小于或等于76亿m^3时恢复以上调节运行。在泄水过程中,小黑武流量不大于下游河道的平滩流量。其他调节与第二阶段相同。

7.2.2.3　**方案三**(3 700 m^3/s/5 d **方案**)

调控上限流量采用3 700 m^3/s,历时不少于5 d,调控库容为13亿m^3。入库流量加黑石关、武陟流量小于4 000 m^3/s时,进行调水调沙调度;而当入库流量加黑石关、武陟流量大于4 000 m^3/s时,进入防洪调度。具体调节指令如下。

1)拦沙后期第一阶段

(1)7月1～10日。

水库将6月底预留的可调水量逐渐泄放至2亿m^3,以满足7月上旬供水、灌溉需要;若遇枯水年份,则不再预留2亿m^3,补水直至可调水量泄完。即当可调水量小于2亿m^3时,若入库流量大于或等于800 m^3/s,则出库流量等于800 m^3/s,否则补水使出库流量等于800 m^3/s,直至蓄水泄空后出库流量等于入库流量;当可调节的蓄水量大于或等于2亿m^3时,若入库流量大于或等于800 m^3/s,则出库流量等于入库流量,则补水使出库流量等于800 m^3/s时,直至蓄水泄空后出库流量等于入库流量。

(2)7月11日～8月31日。

①水库可调节水量小于6亿m^3时,小浪底出库流量仅满足机组调峰发电需要,出库流量为300 m^3/s。

②潼关、三门峡平均流量小于2 600 m^3/s,小浪底水库可调节水量大于或等于6亿m^3,且小于13亿m^3时,出库流量仅满足机组调峰发电需要,出库流量为300 m^3/s。

③当预报入库流量大于或等于2 600 m^3/s,且含沙量大于或等于200 kg/m^3时,水库适当拦截非漫滩高含沙洪水。

a. 当水库蓄水量大于或等于3亿m^3时,提前2 d凑泄花园口流量等于下游主槽平滩流量(4 000 m^3/s),直至水库蓄水等于3亿m^3后,出库流量等于入库流量。

b. 当水库蓄水量小于3亿m^3时,提前2 d蓄水至3亿m^3后,出库流量等于入库流量。

c. 当入库流量小于2 600 m^3/s时,高含沙调节结束。

④当潼关、三门峡平均流量大于或等于2 600 m^3/s,且水库可调节水量大于或等于6亿m^3时,水库相机凑泄造峰,凑泄花园口流量大于或等于3 700 m^3/s。即当入库流量加黑石关、武陟流量大于或等于3 700 m^3/s时,出库流量按入库流量下泄;当入库流量加黑石关、武陟流量小于3 700 m^3/s时,水库凑泄花园口流量为3 700 m^3/s,若凑泄5 d后,水库可调水量仍大于2亿m^3,水库凑泄花园口断面流量为下游主槽平滩流量,直至水库可调水量等于2亿m^3,若最后一天凑泄流量不足2 600 m^3/s,则凑泄造峰调节结束,当日蓄水,出库流量等于300 m^3/s;若水库可调水量预留2亿m^3后,水库造峰流量不足5 d,则不再预留,水库继续造峰,满足5 d要求,但水库水位不得低于210 m;当水库造峰结束后,相邻日期入库流量加黑石关、武陟流量大于或等于2 600 m^3/s,则出库流量按入库流量下

泄，直到入库流量加黑石关、武陟流量小于2 600 m^3/s 时，水库开始蓄水，出库流量等于300 m^3/s。

⑤当水库可调节水量大于或等于13亿 m^3 时，水库蓄满造峰，凑泄花园口流量大于或等于3 700 m^3/s。即当入库流量加黑石关、武陟流量大于或等于3 700 m^3/s 时，出库流量按入库流量下泄；当入库流量加黑石关、武陟流量小于3 700 m^3/s 时，水库凑泄花园口流量为3 700 m^3/s，若凑泄5 d后，水库可调水量仍大于2亿 m^3，水库凑泄花园口断面流量为下游主槽平滩流量，直至水库可调水量等于2亿 m^3，若最后一天凑泄流量不足2 600 m^3/s，则凑泄造峰调节结束，当日改为蓄水，出库流量等于300 m^3/s；若水库可调水量预留2亿 m^3 后，水库造峰流量不足5 d，则不再预留，水库继续造峰，满足5 d要求，但水库水位不得低于210 m；当水库造峰结束后，相邻日期入库流量加黑石关、武陟流量大于或等于2 600 m^3/s，则出库流量按入库流量下泄，直到入库流量加黑石关、武陟流量小于2 600 m^3/s 时，水库开始蓄水，出库流量等于300 m^3/s。

(3)9月1～30日。

①当水库在9月1日前执行的造峰过程且不足5 d时，则在9月1日开始继续造峰至5 d。

②当入库流量加黑石关、武陟流量大于或等于2 600 m^3/s 时，出库流量按入库流量下泄；当入库流量加黑石关、武陟流量小于2 600 m^3/s 时，不再造峰，水库提前蓄水，即凑泄出库流量为300 m^3/s，满足发电、供水要求。

(4)10月1～31日。

当入库流量加黑石关、武陟流量小于4 000 m^3/s 时，水库按下游供水、灌溉需求流量300 m^3/s 泄水，为满足防洪要求，保持坝前水位不超过265 m；当入库流量加黑石关、武陟流量大于或等于4 000 m^3/s 时，进行防洪运行。

(5)11月1日～次年5月31日。

每年11月～次年5月水库按下游防凌、供水、灌溉需求调节径流，控制水位不高于275 m。

(6)6月1日～30日。

根据来水情况，首先满足下游供水、灌溉最小需求流量，以6月30日水库水位不超过254 m为前提，有条件时预留8亿 m^3 左右的蓄水量（8亿 m^3 水基本能满足7月上旬供水、灌溉要求）；当水库有多余的蓄水量时，按下游主槽平滩流量造峰，冲刷下游河道。

2)拦沙后期第二阶段调节指令

拦沙后期第二阶段，即水库累计淤积量为42亿 m^3 至拦沙期结束的运行阶段，水库主汛期开始进行相机降低水位冲刷。

(1)7月1～10日。

调节指令同第一阶段。

(2)7月11日～8月31日。

①潼关、三门峡平均流量小于2 600 m^3/s，且小浪底水库可调节水量小于13亿 m^3 时，出库流量等于300 m^3/s，满足机组调峰发电要求。

②当预报入库流量大于或等于 2 600 m^3/s,且含沙量大于或等于 200 kg/m^3时,执行高含沙洪水调节,具体调节与第一阶段相同。

③当潼关、三门峡平均流量大于或等于 2 600 m^3/s 时,水库降低水位泄水冲刷。提前 2 d 泄水,利用大水排沙冲刷恢复库容,待洪水过后(入库流量小于 2 600 m^3/s)再恢复调水运行。在凑泄造峰和防洪调度过程中遇到此条,则执行此条。

④当潼关、三门峡平均流量大于或等于 2 600 m^3/s,且水库可调节水量大于或等于 6 亿 m^3时,水库相机凑泄造峰,凑泄花园口流量大于或等于 3 700 m^3/s。具体调节与第一阶段相同。

⑤当水库可调节水量大于或等于 13 亿 m^3时,水库蓄满造峰,凑泄花园口流量大于或等于3 700 m^3/s。具体调节与第一阶段相同。

(3)9 月 1 日 ~次年 6 月 30 日。

调节指令同第一阶段。

3)拦沙后期第三阶段调节指令

水库淤积量大于或等于 75.5 亿 m^3,且滩面高程达到 254 m 时,进入拦沙后期第三阶段运行,当水库累计淤积量大于或等于 79 亿 m^3时,先泄空水库蓄水,之后水库进行敞泄排沙,直至淤积量小于或等于 76 亿 m^3时恢复以上调节运行。在泄水过程中,小黑武流量不大于下游河道的平滩流量。其他与第二阶段调节指令相同。

7.2.2.4　**方案四(254 m 方案)**

小浪底水库设计汛限水位为 254 m,目前该水位以下剩余库容为 46.6 亿 m^3,其中,210 m 以上可调控库容为 44.9 亿 m^3。按目前汛限水位抬升至 254 m 进行控制,制订运行方案,入库流量加黑石关、武陟流量小于 4 000 m^3/s 时,进行调水调沙调度;而当入库流量加黑石关、武陟流量大于 4 000 m^3/s 时,进入防洪调度。调水调沙调度具体调节指令如下。

1)7 月 1 ~10 日

水库将 6 月底预留的可调水量逐渐泄放至 2 亿 m^3,以满足 7 月上旬供水、灌溉需要;若遇枯水年份,则不再预留 2 亿 m^3,补水直至可调水量泄完。即当可调水量小于 2 亿 m^3时,若入库流量大于或等于 800 m^3/s,则出库流量等于 800 m^3/s,否则补水使出库流量等于 800 m^3/s,直至蓄水泄空后出库流量等于入库流量;当可调节的蓄水量大于或等于 2 亿 m^3时,若入库流量大于或等于 800 m^3/s,则出库流量等于入库流量,否则补水使出库流量等于 800 m^3/s,直至蓄水泄空后出库流量等于入库流量。

2)7 月 11 日 ~10 月 31 日

(1)控制坝前水位不超 254 m 运行,即当入库流量小于 300 m^3/s 时,小浪底出库流量仅满足供水、机组调峰发电最小需要,补水凑泄出库流量为 300 m^3/s;当入库流量大于或等于 300 m^3/s,且水位低于 254 m 时,小浪底出库流量为 300 m^3/s,抬升水位至 254 m 运行。

(2)水位达到或超过 254 m 时,水库进行蓄满造峰运行,凑泄花园口流量大于或等于 3 700 m^3/s,历时不小于 5 d。当凑泄历时满足 5 d 要求时,若入库流量仍大于或等于 3 700 m^3/s,则按入出库平衡运行;若入库流量仍小于 3 700 m^3/s,则凑泄结束。

(3)当潼关、三门峡平均流量大于或等于 2 600 m^3/s,且水库可调节水量大于或等于

6 亿 m^3 时,水库相机凑泄造峰,凑泄花园口流量大于或等于 3 700 m^3/s,历时不小于 5 d。具体调节同(2)。

3)11 月 1 日 ~ 次年 5 月 31 日

每年 11 月至次年 5 月水库按下游供水、灌溉需求调节径流,控制水位不高于 275 m。

4)6 月 1 ~ 30 日

根据来水情况,首先满足下游供水、灌溉最小需求流量下泄,至 6 月 30 日预留 8 亿 m^3 左右的蓄水量(8 亿 m^3 水基本能满足 7 月上旬供水、灌溉要求);当水库有多余的蓄水量时,按控制花园口 4 000 m^3/s 流量造峰,冲刷下游河道。

7.2.3　减淤运行方案计算对比分析

以 2016 年汛前实测地形为计算河床边界条件,分别采用 3 个设计水沙条件,通过数学模型计算,分别对 4 个减淤运行方案进行分析比较。

7.2.3.1　水库冲淤计算及调节效果分析

1)方案一(现状方案)计算结果

采用小浪底水库 2016 年汛前实测地形为初始地形边界,通过数学模型计算不同入库水沙条件下,按方案一调度运行时库区的冲淤变化情况。

(1)主汛期平均水位过程。

根据《小浪底水利枢纽拦沙后期(第一阶段)运用调度规程》,拦沙后期第一阶段,8 月 21 日起,前汛期汛限水位可以向后汛期汛限水位过渡。2013 年起,水库前汛期汛限水位调整为 230 m,后汛期汛限水位为 248 m。

统计不同系列水库汛期 7 月 1 日 ~ 8 月 20 日水位变化情况,见图 7-16 和表 7-3。由图 7-16、表 7-3 可知,汛期水位始终维持在 230 m 以下,坝前运用水位低,2002 ~ 2011 系列前 2 年入库水量枯,坝前平均水位低至 217.63 m。

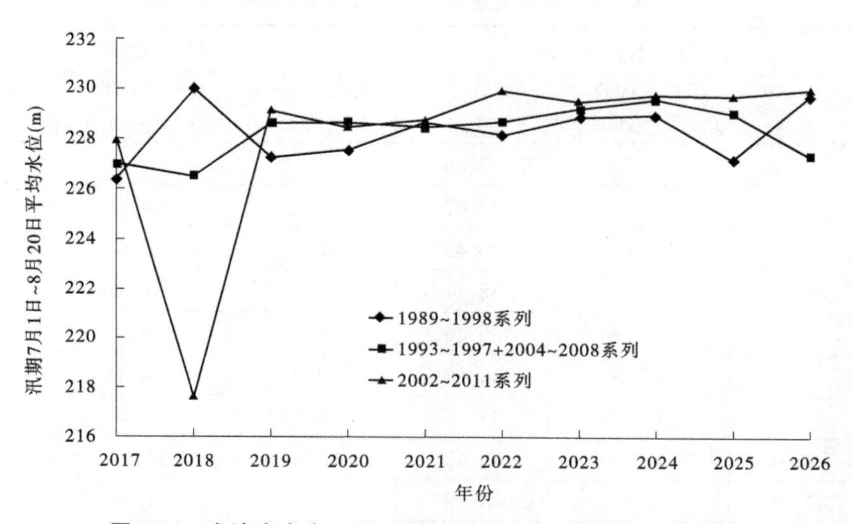

图 7-16　小浪底水库 7 月 1 日 ~ 8 月 20 日平均水位(方案一)

表 7-3　小浪底水库 7 月 1 日～8 月 20 日平均水位(方案一)　(单位:m)

年份	1989～1998 系列	1993～1997＋2004～2008 系列	2002～2011 系列
2017	226.39	227.00	227.97
2018	230.02	226.50	217.63
2019	227.29	228.65	229.16
2020	227.60	228.65	228.49
2021	228.68	228.48	228.77
2022	228.19	228.69	229.92
2023	228.88	229.20	229.53
2024	228.96	229.60	229.80
2025	227.13	229.05	229.75
2026	229.77	227.36	230.00

(2)水库淤积量。

方案一不同系列小浪底水库淤积量见表 7-4 和图 7-17。由图 7-17、表 7-4 可知,方案一,水库运行水位低,水库排沙比大,水库进入拦沙后期第二阶段后,汛限水位 230 m 以下的库容几乎被泥沙淤满,为恢复 230 m 以下库容,水库敞泄排沙,库区发生冲刷,部分年份排沙比超过 100%。不同系列计算时段内累计淤积量分别为 42.64 亿 m^3、40.80 亿 m^3、43.60 亿 m^3。1989～1998 系列、1993～1997＋2004～2008 系列、2002～2011 系列,水库拦沙后期第一阶段结束的年份分别为第 4 年、第 3 年和第 6 年。其中,1989～1998 系列入库水量、沙量均最大,但水库进行调水调沙机会多,排沙比大,拦沙后期第一阶段结束时间反而较 1993～1997＋2004～2008 系列略晚。

表 7-4　小浪底水库冲淤计算结果(方案一)

年份	累计淤积量(亿 m^3)			排沙比(%)		
	1989～1998 系列	1993～1997＋2004～2008 系列	2002～2011 系列	1989～1998 系列	1993～1997＋2004～2008 系列	2002～2011 系列
2016	30.86	30.86	30.86			
2017	34.19	33.35	32.67	46.51	44.10	32.95
2018	38.78	37.61	36.43	34.00	54.34	36.95
2019	40.26	42.22	38.11	35.05	28.34	31.03
2020	43.32	39.68	40.16	63.93	129.91	31.06
2021	41.93	38.34	41.60	131.15	138.45	30.70
2022	39.45	38.77	43.02	126.62	82.58	40.23
2023	43.31	40.18	43.43	40.00	52.47	52.87
2024	42.05	40.77	44.23	114.80	71.82	35.66
2025	42.08	40.71	43.29	99.05	102.39	134.81
2026	42.64	40.80	43.60	87.03	89.10	76.82

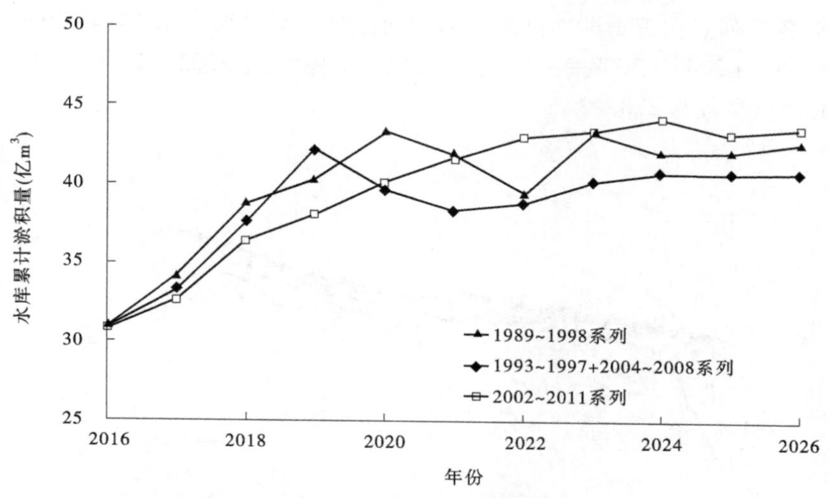

图7-17　小浪底水库冲淤计算结果(方案一)

(3)水库库容变化。

方案一不同系列小浪底水库230 m以下有效库容变化见图7-18。

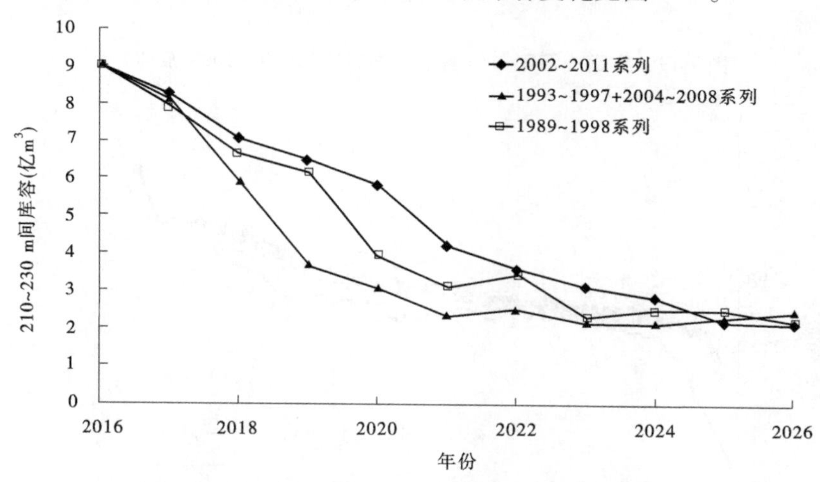

图7-18　小浪底水库230 m以下有效库容变化

计算第2年末,水库230 m以下有效库容低于8亿m³,不满足7月上旬“卡脖子旱”供水需求。当入库蓄水量大于4亿m³,且入库潼关、三门峡流量均大于2 600 m³/s时,满足凑泄花园口流量2 600 m³/s,历时不小于6 d要求。可见,1989~1998系列、1993~1997+2004~2008系列和2002~2011系列水库分别运行至第5年、第4年和第6年时,水库剩余有效库容小于4亿m³,水库失去调水调沙能力。

(4)淤积形态。

①干流淤积形态。

不同时段各系列水库淤积形态对比见图7-19~图7-21。不同系列淤积三角洲顶点距坝里程和顶点高程见表7-5。计算第2年,水库为三角洲淤积形态;2002~2011系列来沙量小,三角洲顶点推进最慢,距坝13.99 km,其他两个系列顶点距坝里程8.96 km。随着时间的推移,各系列淤积三角洲顶点逐渐向坝前推移。计算期末第 10 年,1989 ~ 1998 系列和 1993 ~ 1997 + 2004 ~ 2008 系列已逐渐转化为锥体淤积;2002 ~ 2011 系列顶点距坝里程 6.54 km,顶点高程为 228.43 m。

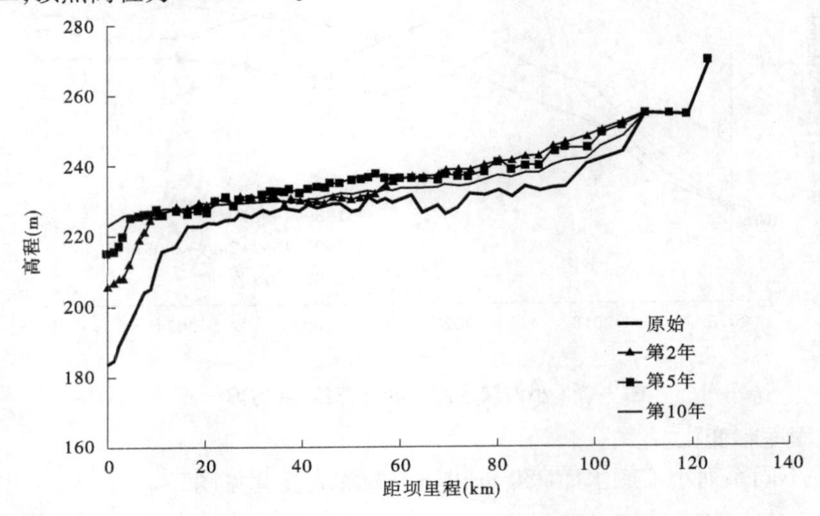

图 7-19　方案一不同年份淤积形态对比(1989 ~ 1998 系列)

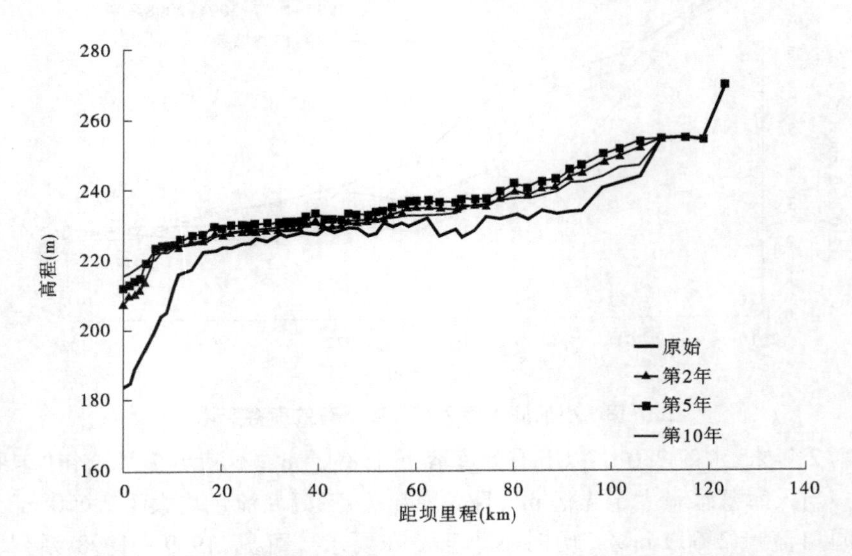

图 7-20　方案一不同年份淤积形态对比(1993 ~ 1997 + 2004 ~ 2008 系列)

②支流淤积形态。

小浪底水库库区支流自身的来水来沙很少,支流淤积属于干流倒灌淤积。套绘不同系列支流畛水河(距坝约 17.03 km)第 5 年和第 10 年淤积形态图,见图 7-22 ~ 图 7-24。不同水沙系列条件下,水库很快失去调水调沙能力,入库泥沙多被排出库外,倒灌支流的泥沙量偏少,各系列支流淤积抬升速度均较慢。

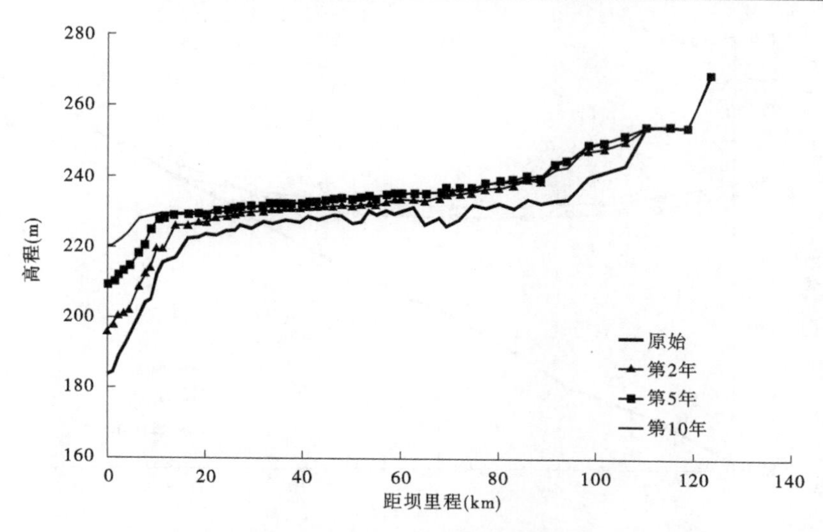

图 7-21 方案一不同年份淤积形态对比(2002 ~ 2011 系列)

表 7-5 不同方案淤积三角洲顶点距坝里程和顶点高程(方案一)

方案	第 2 年		第 5 年		第 10 年	
	顶点距坝里程(km)	顶点高程(m)	顶点距坝里程(km)	顶点高程(m)	顶点距坝里程(km)	顶点高程(m)
1989 ~ 1998 系列	8.96	225.00	4.55	225.21	已转化为锥体淤积	
1993 ~ 1997 + 2004 ~ 2008 系列	8.96	222.57	6.54	223.29	已转化为锥体淤积	
2002 ~ 2011 系列	13.99	225.98	10.32	227.59	6.54	228.43

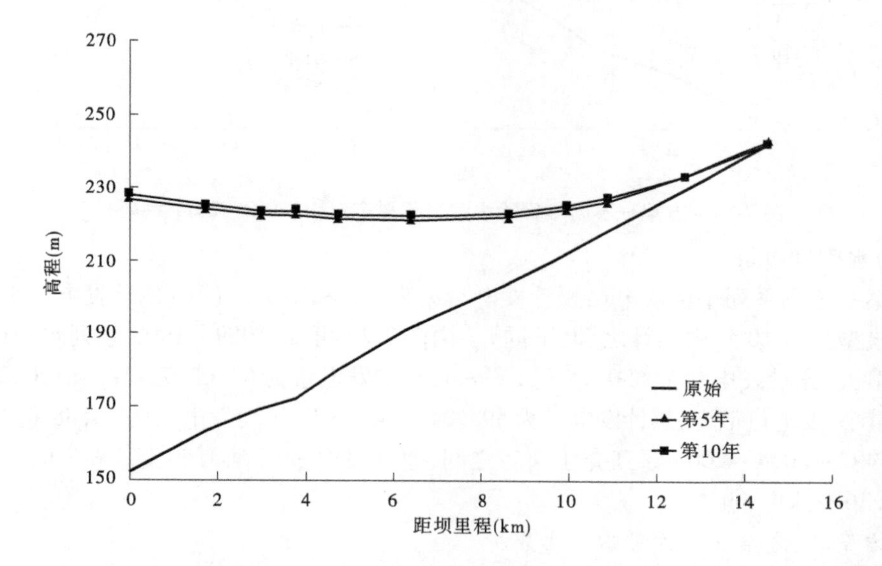

图 7-22 方案一不同年份畛水河淤积形态对比(1989 ~ 1998 系列)

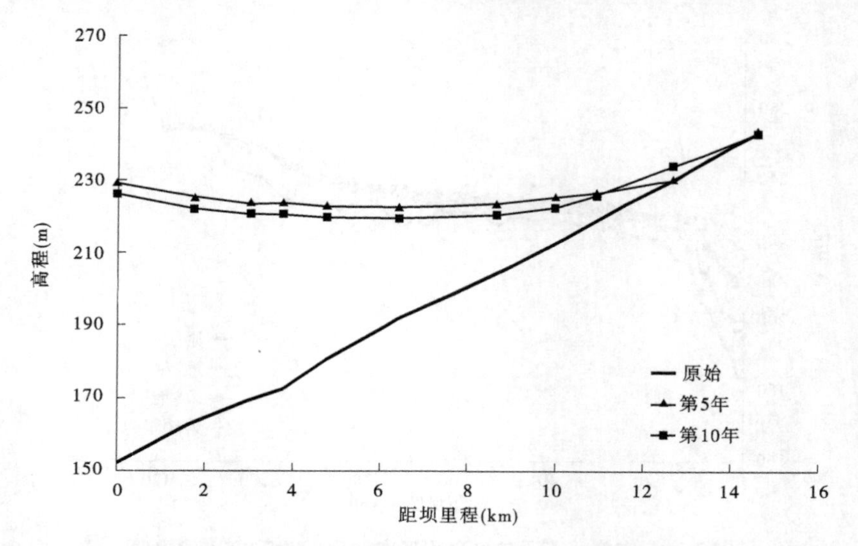

图 7-23 方案一不同年份畛水河淤积形态对比(1993~1997+2004~2008 系列)

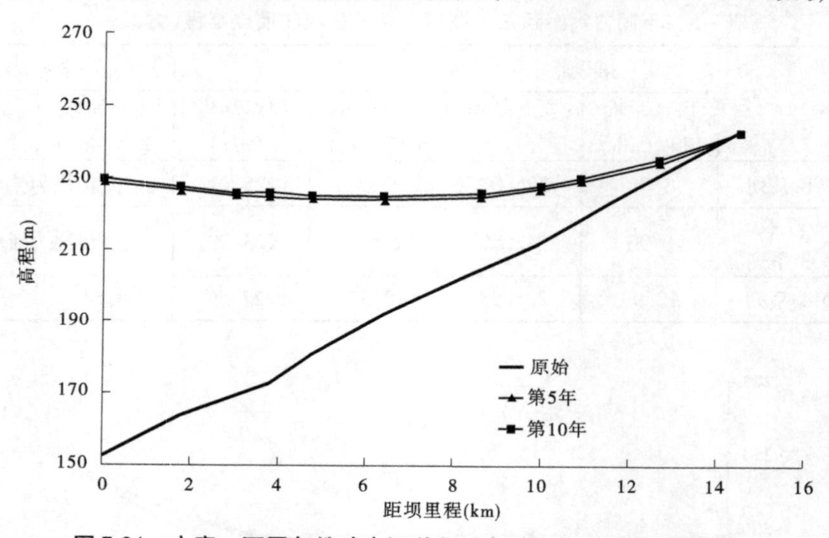

图 7-24 方案一不同年份畛水河淤积形态对比(2002~2011 系列)

(5)水库发电量。

方案一不同系列小浪底电站累计发电量见表 7-6 和图 7-25(注:累计发电量统计数据为数学模型计算 10 年内累计之和,下同)。由图 7-25 可知,1989~1998 系列水量最大,发电量也最大,累计发电量为650.15 亿 kW·h,年均发电量为65.02 亿 kW·h;2002~2011 系列水量小,发电量最少,累计发电量为598.84 亿 kW·h,年均发电量为59.88 亿 kW·h;1993~1997+2004~2008 系列介于两者之间,累计发电量为603.59 亿 kW·h,年均发电量为60.36 亿 kW·h。

2)方案二、方案三及方案四对比分析

(1)1989~1998 系列计算结果对比(设计入库沙量 7.98 亿 t)。

表 7-6　小浪底电站累计发电量(方案一)　　(单位:亿 kW·h)

年份	1989 ~ 1998 系列	1993 ~ 1997 + 2004 ~ 2008 系列	2002 ~ 2011 系列
2017	100.12	71.47	36.79
2018	178.83	137.47	104.12
2019	230.73	199.71	153.78
2020	303.93	254.76	217.60
2021	376.33	295.61	272.42
2022	439.76	346.11	343.03
2023	503.60	412.14	403.51
2024	559.08	469.41	465.15
2025	599.71	541.26	527.27
2026	650.15	603.59	598.84
年均发电量	65.02	60.36	59.88

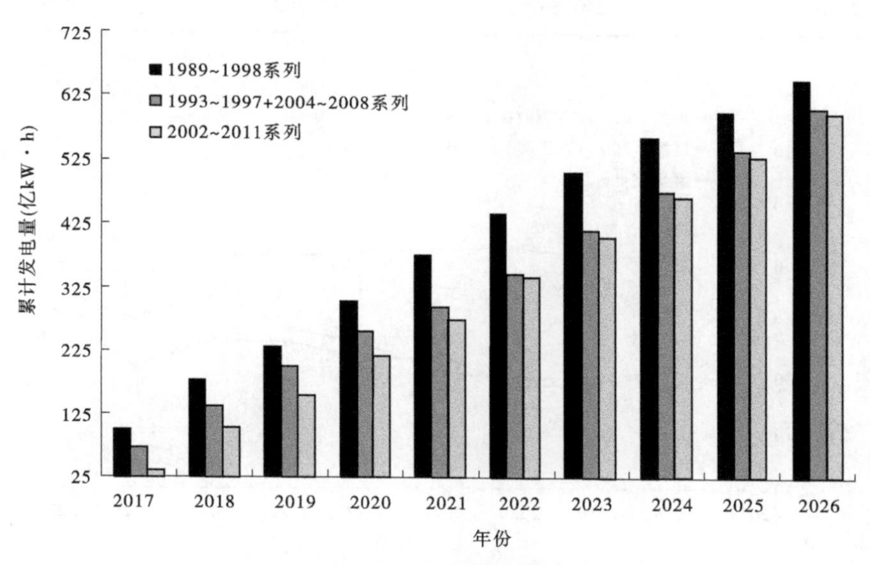

图 7-25　小浪底水库累计发电量(方案一)

①主汛期平均水位过程。

统计不同运行方案水库汛期 7 月 1 日 ~ 8 月 20 日水位变化情况,见表 7-7 和图 7-26。

由此可知,方案二水库按调控库容 8 亿 m^3 运行,随着库区泥沙淤积,主汛期坝前水位逐渐抬升;方案三水库按调控库容 13 亿 m^3 运行,随着库区泥沙淤积,主汛期坝前水位逐渐抬升,方案二水库造峰次数相对较少,坝前水位相对较高;蓄至 254 m 方案,主汛期水库运行水位最高。

表 7-7　小浪底水库 7 月 1 日～8 月 20 日平均水位(1989～1998 系列)　　(单位:m)

年份	方案二 (2 600 m^3/s/6 d)	方案三 (3 700 m^3/s/5 d)	方案四 (254 m 方案)
2017	226.41	228.71	236.40
2018	230.6	230.59	251.39
2019	228.64	229.91	250.85
2020	228.06	229.46	252.40
2021	233.34	230.48	252.30
2022	232.93	235.29	252.06
2023	235.85	238.22	251.24
2024	236.28	244.5	251.44
2025	231.37	240.03	247.98
2026	240.88	244.89	250.10

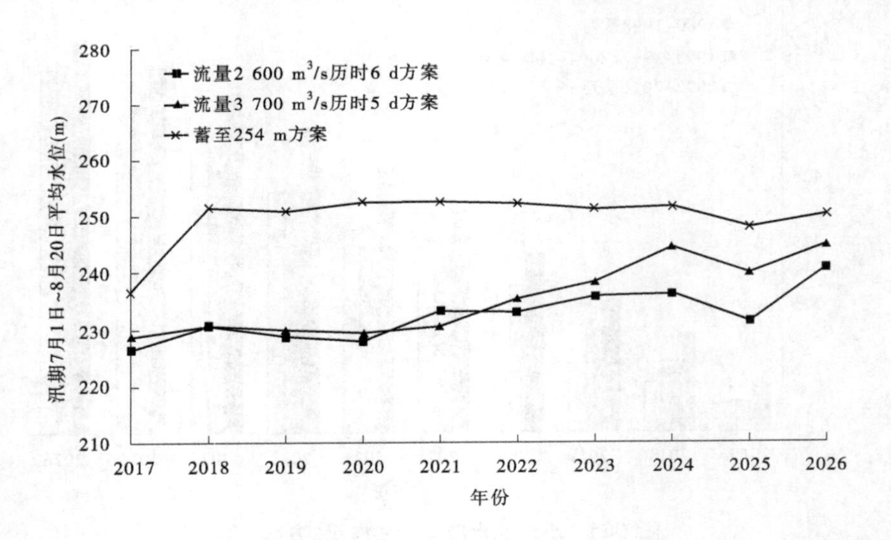

图 7-26　小浪底水库 7 月 1 日～8 月 20 日平均水位(1989～1998 系列)

②水库淤积量。

不同方案小浪底水库淤积量见表 7-8 和图 7-27。由此可知,水库运行 10 年,方案二、方案三和方案四累计淤积泥沙量分别为 55.70 亿 m^3、62.25 亿 m^3 和 69.75 亿 m^3。拦沙后期第一阶段结束时间分别为第 4 年、第 4 年和第 3 年。

表7-8 小浪底水库冲淤计算结果(1989～1998系列)

年份	入库水量(亿 m^3)	入库沙量(亿t)	累计淤积量(亿 m^3)			排沙比(%)		
			方案二	方案三	方案四	方案二	方案三	方案四
2016			30.86	30.86	30.86			
2017	407.47	6.23	33.59	33.92	35.56	56.10	50.80	24.51
2018	314.90	6.95	38.29	38.76	40.83	32.43	30.45	24.19
2019	174.92	2.28	39.84	40.32	42.67	31.75	31.53	19.24
2020	285.77	8.50	43.86	44.87	48.93	52.71	46.45	26.36
2021	284.12	4.46	46.23	48.01	52.74	46.93	29.42	14.52
2022	266.50	9.33	48.16	51.15	57.19	79.30	66.43	52.31
2023	233.81	6.43	52.53	55.72	61.10	32.12	28.79	39.08
2024	212.98	8.50	54.87	60.10	66.13	72.36	48.48	40.81
2025	145.28	3.48	55.07	61.13	68.43	94.36	70.30	33.81
2026	184.77	4.26	55.70	62.25	69.75	85.27	73.73	69.13
时段内累计			24.84	31.39	38.89			
达到42亿 m^3 年份			4	4	3			

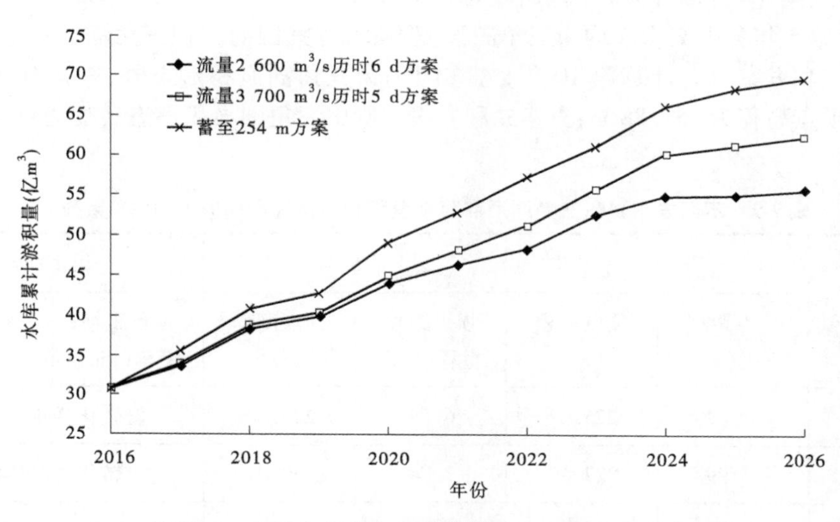

图7-27 小浪底水库冲淤计算结果(1989～1998系列)

③水库库容变化。

不同方案小浪底水库 275 m 以下库容变化见图 7-28。计算开始 2016 年,水库 275 m 以下库容为 96.67 亿 m^3;与库区泥沙冲淤变化相应,计算期末 2026 年,方案二剩余库容为 71.83 亿 m^3;方案三剩余库容为 65.28 亿 m^3;方案四剩余库容为 57.79 亿 m^3。

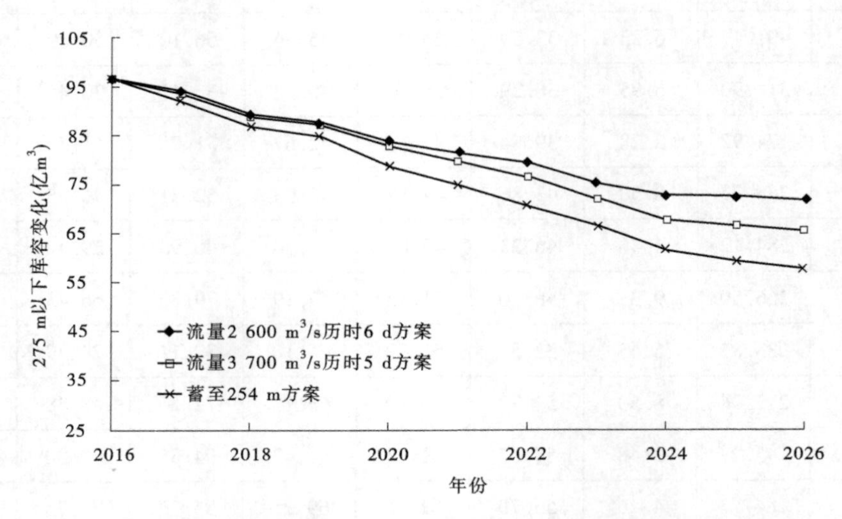

图 7-28 小浪底水库 275 m 以下库容变化(1989 ~ 1998 系列)

④淤积形态。

a. 干流淤积形态。

同一年份不同方案比较。不同方案淤积三角洲顶点距坝里程和顶点高程见表 7-9。计算第 2 年、第 5 年和第 10 年不同时段各方案水库淤积形态变化见图 7-29 ~ 图 7-31。计算第 2 年、第 5 年各方案水库均为三角洲淤积形态,方案四的淤积三角洲顶点最靠上,其次为方案三和方案二。计算第 10 年,方案四仍为三角洲淤积形态外,三角洲顶点距坝 8.96 km,顶点高程为 252.88 m;方案二和方案三则由三角洲淤积形态转变为锥体淤积形态。

表 7-9 不同方案淤积三角洲顶点距坝里程和顶点高程(1989 ~ 1998 系列)

方案	第 2 年		第 5 年		第 10 年	
	顶点距坝里程(km)	顶点高程(m)	顶点距坝里程(km)	顶点高程(m)	顶点距坝里程(km)	顶点高程(m)
方案二	11.42	225.67	6.54	229.80	已转化为锥体淤积	
方案三	13.99	227.60	7.74	230.01	已转化为锥体淤积	
方案四	64.83	252.22	50.19	253.28	8.96	252.88

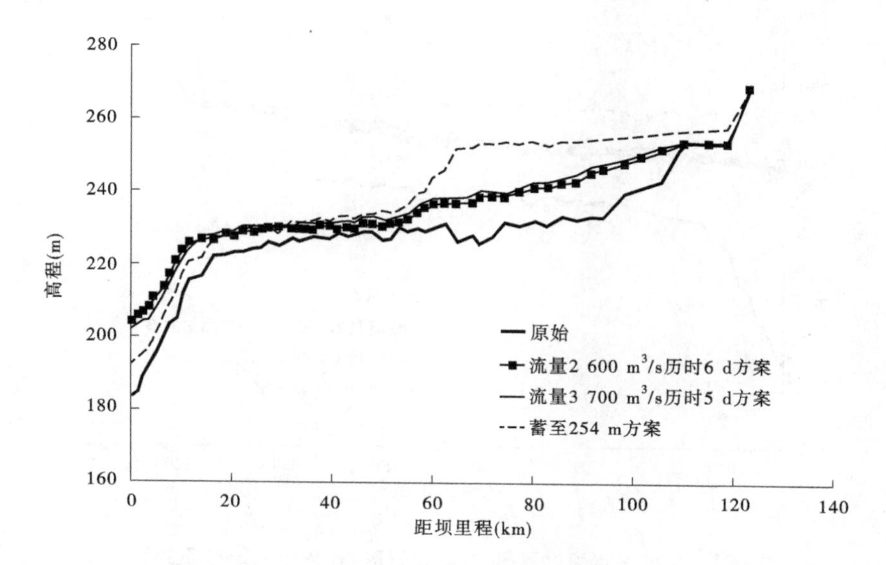

图7-29　小浪底水库计算第2年淤积形态(1989～1998系列)

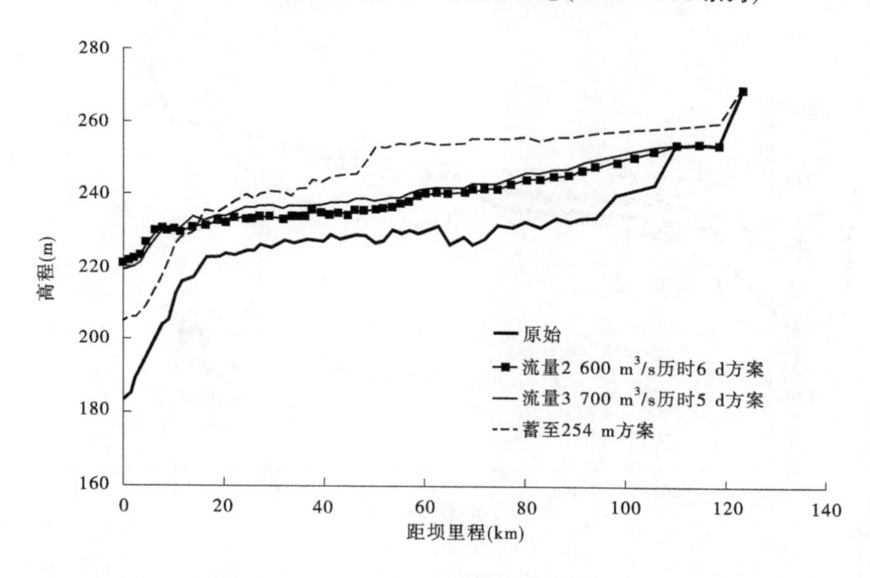

图7-30　小浪底水库计算第5年淤积形态(1989～1998系列)

同一方案不同年份比较。各方案不同年份水库淤积形态变化见图7-32～图7-34。

随着水库运行水位的升高,库区发生淤积,淤积面持续抬升。水库运行过程中,各方案淤积三角洲顶点高程逐渐向坝前推进,最终逐渐转化为锥体淤积。

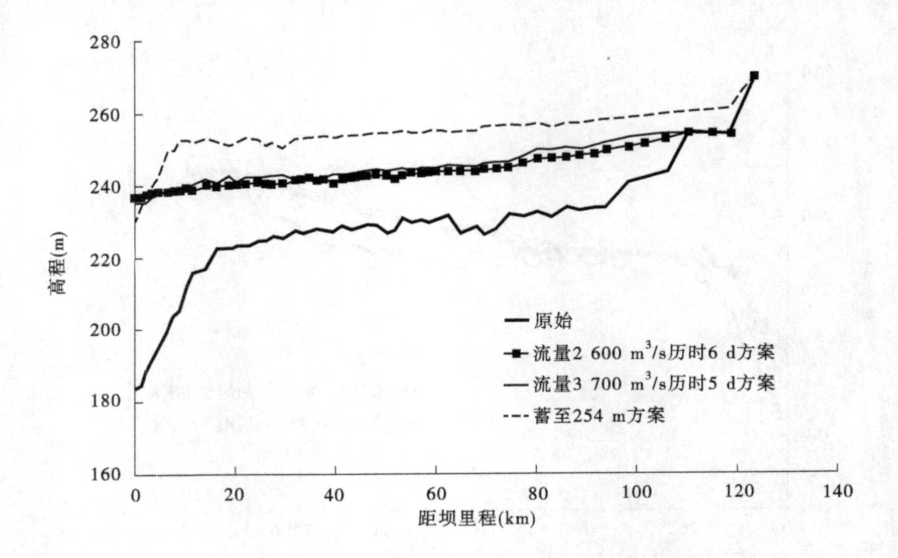

图 7-31　小浪底水库计算第 10 年淤积形态(1989~1998 系列)

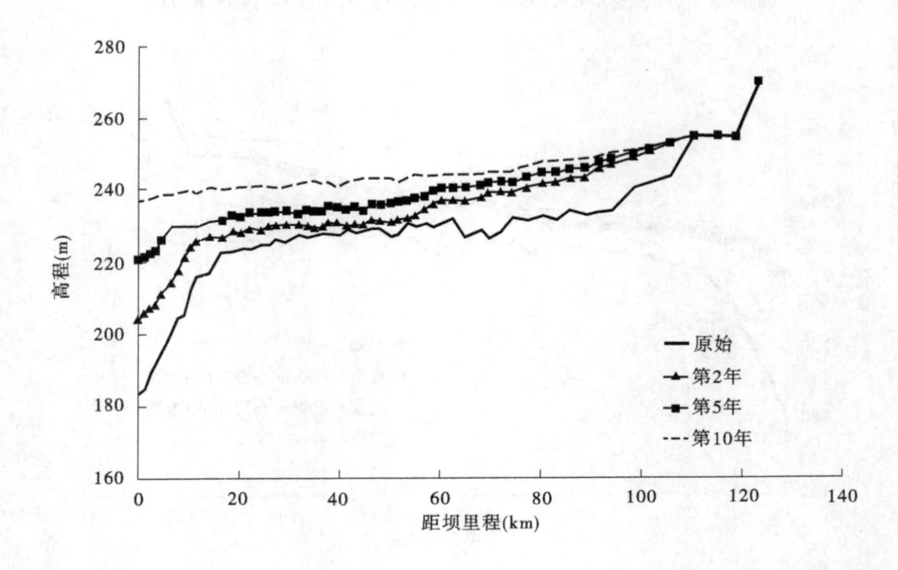

图 7-32　方案二(2 600 m^3/s/6 d)不同年份淤积形态对比(1989~1998 系列)

b. 支流淤积形态。

小浪底水库库区支流自身的来水来沙很少,支流淤积属于干流倒灌淤积。套绘了支流畛水河(距坝约 17.03 km)第 5 年和第 10 年淤积形态图,见图 7-35、图 7-36。综合来看,方案二、方案三支流淤积差别不大,方案三淤积略多;方案四淤积较多,第 10 年淤积三角洲顶点已推进至支流沟口以下,沟口干流淤积面较高,导致支流淤积面迅速抬升。

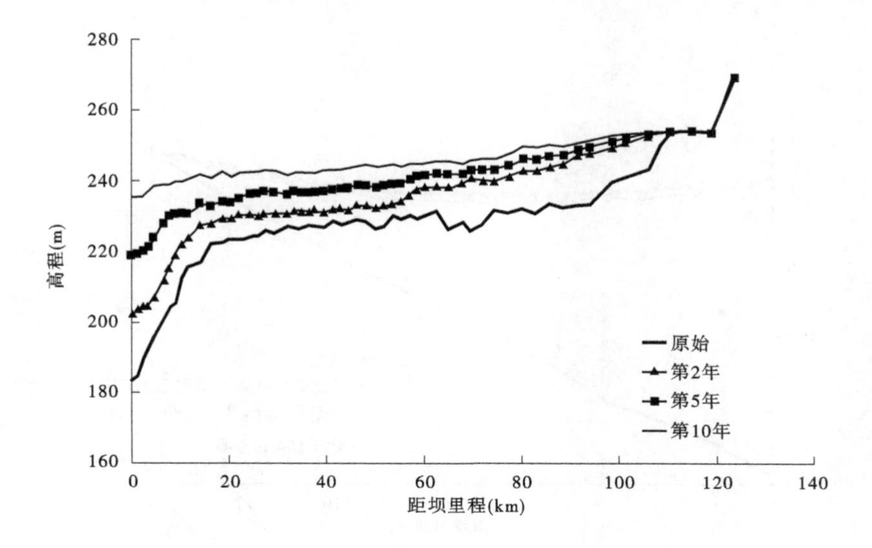

图 7-33　方案三(3 700 $m^3/s/5$ d)不同年份淤积形态对比(1989～1998 系列)

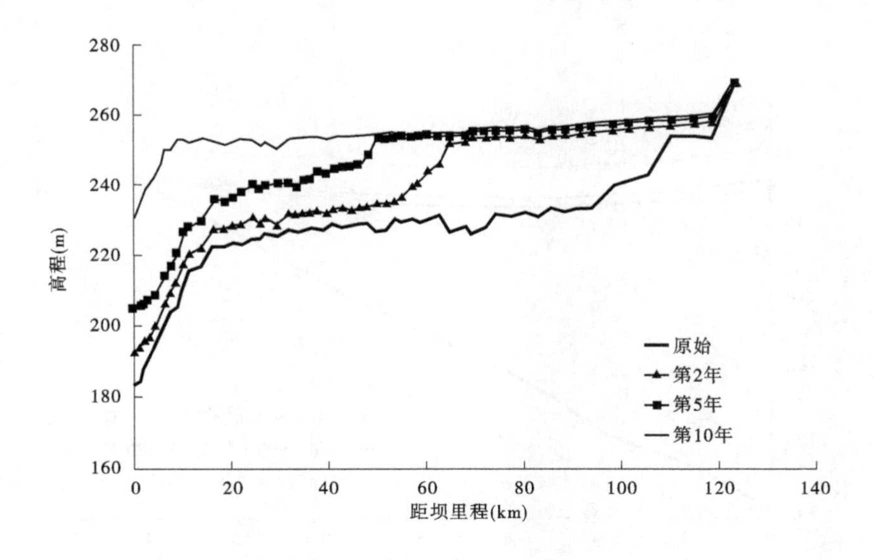

图 7-34　方案四(254 m)不同年份淤积形态对比(1989～1998 系列)

⑤水库发电量。

不同方案小浪底电站累计发电量见表 7-10 和图 7-37。

方案二累计发电量为 667.66 亿 kW·h,年均发电量为 66.77 亿 kW·h;方案三累计发电量为 665.71 亿 kW·h,年均发电量为 66.57 亿 kW·h;方案四累计发电量为 724.59 亿 kW·h,年均发电量为 72.46 亿 kW·h。方案四运行水位高,发电效益最好,方案三运行水位略高于方案二,但方案二调水调沙期间弃水少,故两方案发电效益差别不大。

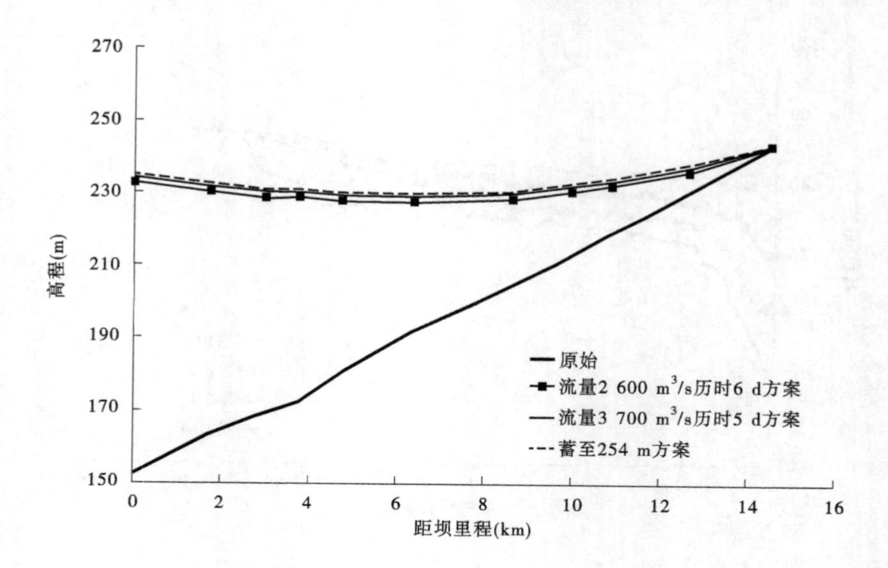

图 7-35　盼水河计算第 5 年淤积形态(1989 ~ 1998 系列)

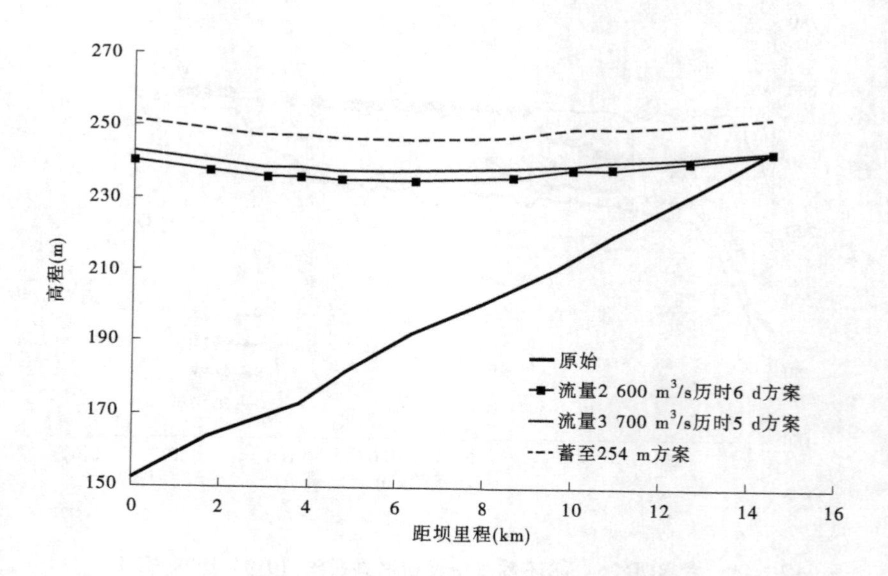

图 7-36　盼水河计算第 10 年淤积形态(1989 ~ 1998 系列)

(2)1993 ~ 1997 + 2004 ~ 2008 系列计算结果(设计入库沙量 5.60 亿 t)。

①主汛期平均水位过程。

不同运行方案水库汛期 7 月 1 日 ~ 8 月 20 日水位变化情况,见表 7-11 和图 7-38。由此可知,方案四运行水位最高,其次分别为方案三和方案二。

表7-10　小浪底电站累计发电量(1989～1998系列)　(单位:亿kW·h)

年份	流量2 600 m^3/s 历时6 d方案	流量3 700 m^3/s 历时5 d方案	蓄至254 m方案
2017	92.60	91.83	103.01
2018	172.67	170.98	192.97
2019	224.71	220.60	250.02
2020	298.47	294.54	333.52
2021	376.58	370.29	414.34
2022	443.76	438.36	490.20
2023	508.42	503.05	558.10
2024	568.38	564.95	620.45
2025	613.26	612.31	667.59
2026	667.66	665.71	724.59
年均发电量	66.77	66.57	72.46

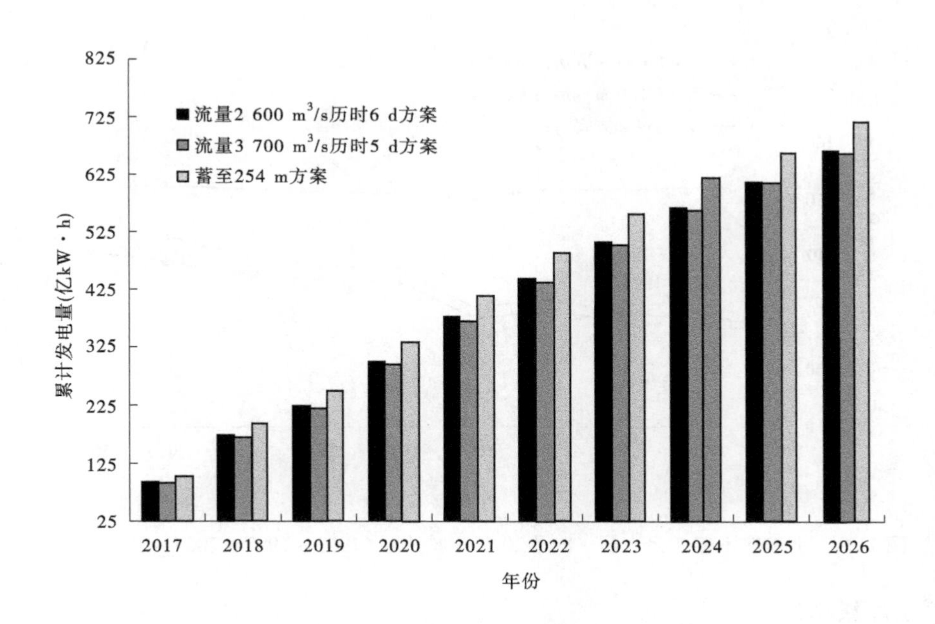

图7-37　小浪底水库累计发电量(1989～1998系列)

表 7-11 小浪底水库 7 月 1 日 ~8 月 20 日平均水位(1993 ~1997 +2004 ~2008 系列) (单位:m)

年份	方案二 (2 600 m^3/s/6 d)	方案三 (3 700 m^3/s/5 d)	方案四 (254 m)
2017	227.00	227.58	237.16
2018	227.61	229.12	252.04
2019	228.18	229.60	251.68
2020	230.14	236.36	252.03
2021	228.93	230.88	249.87
2022	235.58	237.75	251.07
2023	235.97	238.38	251.27
2024	236.72	239.68	251.86
2025	238.90	243.42	252.62
2026	240.71	243.43	251.76

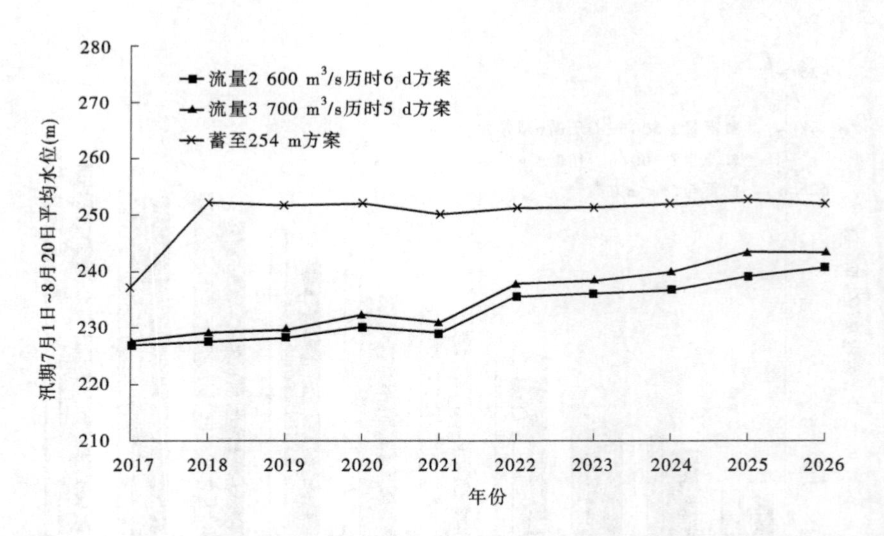

图 7-38 小浪底水库 7 月 1 日 ~8 月 20 日平均水位(1993 ~1997 +2004 ~2008 系列)

②水库淤积量。

不同方案小浪底水库淤积量见表 7-12 和图 7-39。由此可知,方案二、方案三、方案四累计淤积量分别为 55.55 亿 m^3、58.78 亿 m^3、63.00 亿 m^3;且各方案拦沙后期第一阶段结束时间均为第 3 年,与 1989 ~1998 系列相比,其拦沙期第一阶段结束时间反而略早。主要原因是,1993 ~1997 +2004 ~2008 系列前 3 年入库水量小于 1989 ~1998 系列,水库调水调沙机遇少，相应排沙比小，反而淤积偏快。

表 7-12　小浪底水库冲淤计算结果(1993～1997＋2004～2008 系列)

年份	入库水量(亿 m^3)	入库沙量(亿 t)	累计淤积量(亿 m^3)			排沙比(%)		
			方案二	方案三	方案四	方案二	方案三	方案四
2016			30.86	30.86	30.86			
2017	284.12	4.46	33.37	33.45	34.47	43.67	41.83	19.05
2018	266.50	9.33	37.68	37.96	40.71	53.80	51.76	33.06
2019	233.81	6.43	42.33	42.54	45.78	34.65	28.68	21.31
2020	212.98	8.50	46.21	48.73	52.97	49.11	27.19	15.34
2021	145.28	3.48	47.65	51.32	55.95	58.56	25.35	14.30
2022	170.39	2.45	49.34	53.38	58.01	30.91	15.90	15.45
2023	238.47	2.98	51.70	55.55	59.96	20.67	26.96	34.42
2024	194.00	2.07	53.32	56.81	60.88	21.55	39.13	55.50
2025	260.16	2.39	55.14	58.26	62.45	23.73	39.14	34.32
2026	216.04	0.85	55.55	58.78	63.00	51.58	39.27	35.40
时段内累计			24.69	27.92	32.14			
达到 42 亿 m^3 年份			3	3	3			

③水库库容变化。

不同方案小浪底水库 275 m 以下库容变化见图 7-40。计算开始 2016 年，水库 275 m 以下库容为 96.67 亿 m^3；与库区泥沙冲淤变化相应，计算期末 2026 年，方案二剩余库容为 71.98 亿 m^3；方案三剩余库容为 68.75 亿 m^3；方案四剩余库容为 64.53 亿 m^3。

④淤积形态。

a. 干流淤积形态。

同一年份不同方案比较：

不同方案淤积三角洲顶点距坝里程和顶点高程见表 7-13。

以计算第 2 年、第 5 年和第 10 年不同时段各方案水库淤积形态变化，见图 7-41～图 7-43。

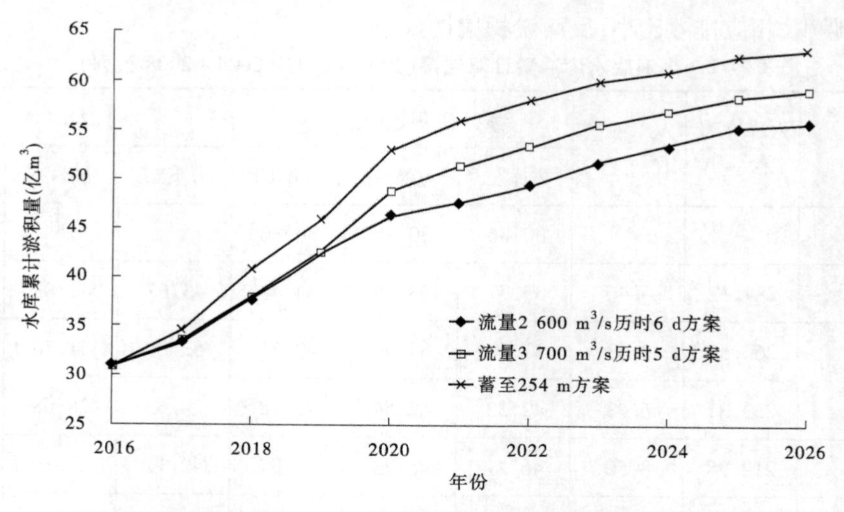

图 7-39 小浪底水库冲淤计算结果(1993～1997＋2004～2008 系列)

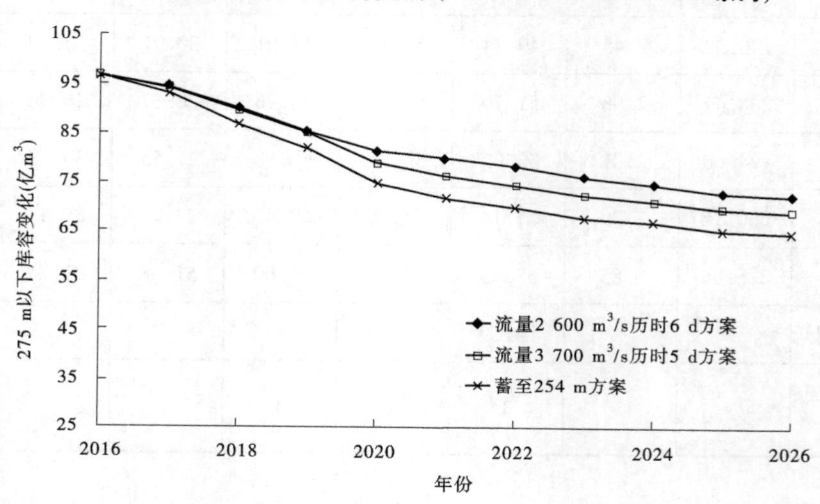

图 7-40 小浪底水库 275 m 以下库容变化(1993～1997＋2004～2008 系列)

表 7-13 不同方案淤积三角洲顶点距坝里程和顶点高程(1993～1997＋2004～2008 系列)

方案	第 2 年		第 5 年		第 10 年	
	顶点距坝里程(km)	顶点高程(m)	顶点距坝里程(km)	顶点高程(m)	顶点距坝里程(km)	顶点高程(m)
方案二	10.32	226	8.96	231.00	已转化为锥体淤积	
方案三	11.42	228.03	10.32	233.05	已转化为锥体淤积	
方案四	60.13	251.17	48.00	252.53	22.10	252.87

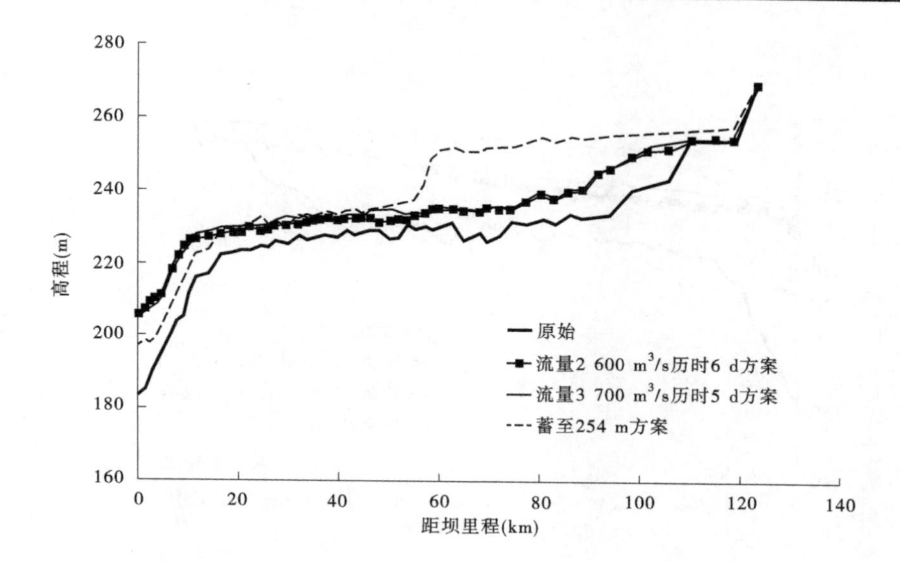

图 7-41　小浪底水库计算第 2 年淤积形态(1993～1997＋2004～2008 系列)

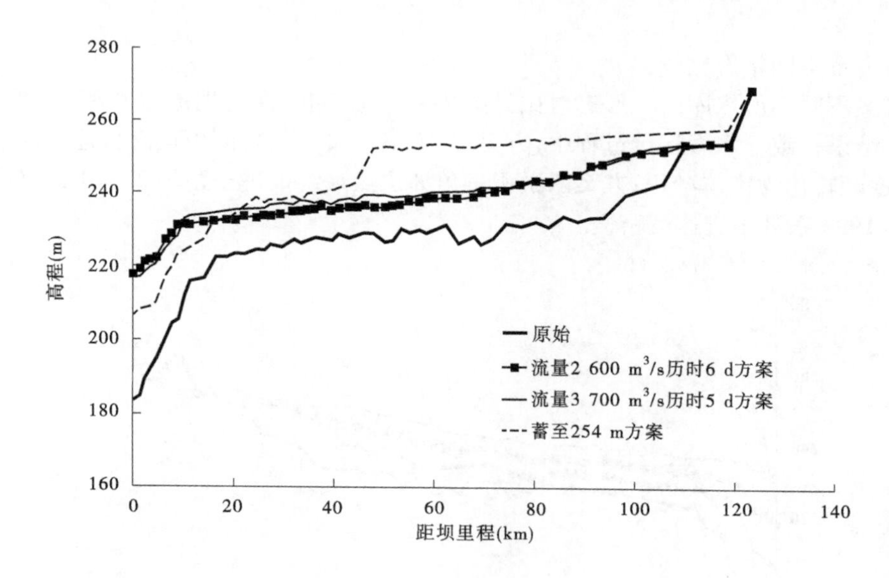

图 7-42　小浪底水库计算第 5 年淤积形态(1993～1997＋2004～2008 系列)

计算第 2 年、第 5 年各方案水库均为三角洲淤积形态,方案四的淤积三角洲顶点最靠上,其次为方案三和方案二。计算第 10 年,方案四仍为三角洲淤积形态,三角洲顶点距坝 22.10 km,顶点高程为 252.87 m;方案二和方案三则由三角洲淤积形态转变为锥体淤积形态。

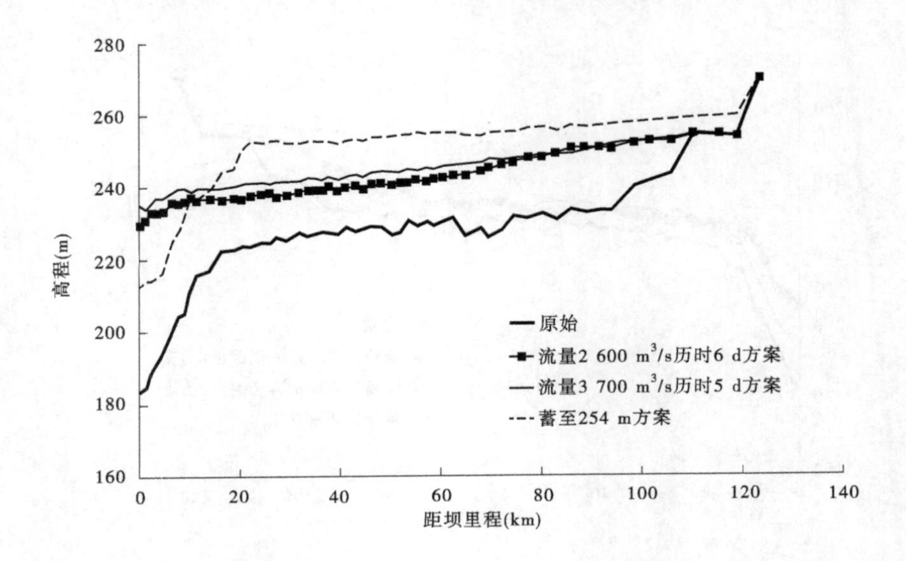

图7-43　小浪底水库计算第10年淤积形态(1993～1997+2004～2008系列)

同一方案不同年份比较:

各方案不同年份水库淤积形态对比见图7-44～图7-46,变化规律与1989～1998系列计算基本结果一致。水库运行过程中,方案二、方案三淤积三角洲顶点高程逐渐向坝前推进,最终逐渐转化为锥体淤积;方案四淤积三角洲顶点最终推进至距坝22.10 km处,相对于1989～1998系列推进速度略慢。

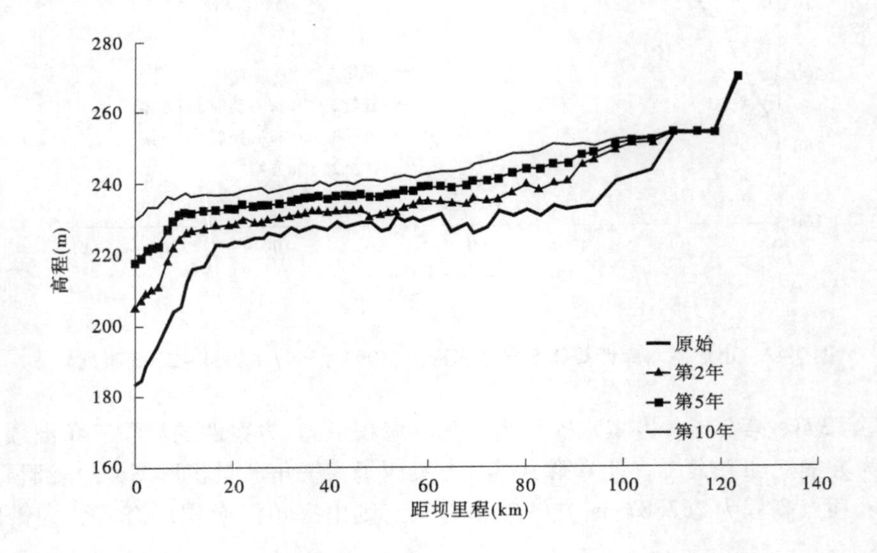

图7-44　方案二不同年份淤积形态对比(1993～1997+2004～2008系列)

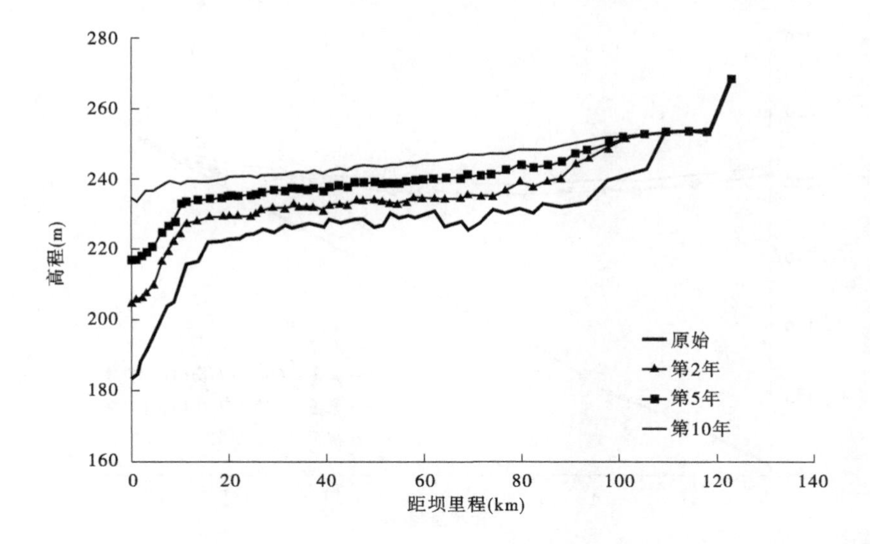

图7-45 方案三不同年份淤积形态对比(1993~1997+2004~2008系列)

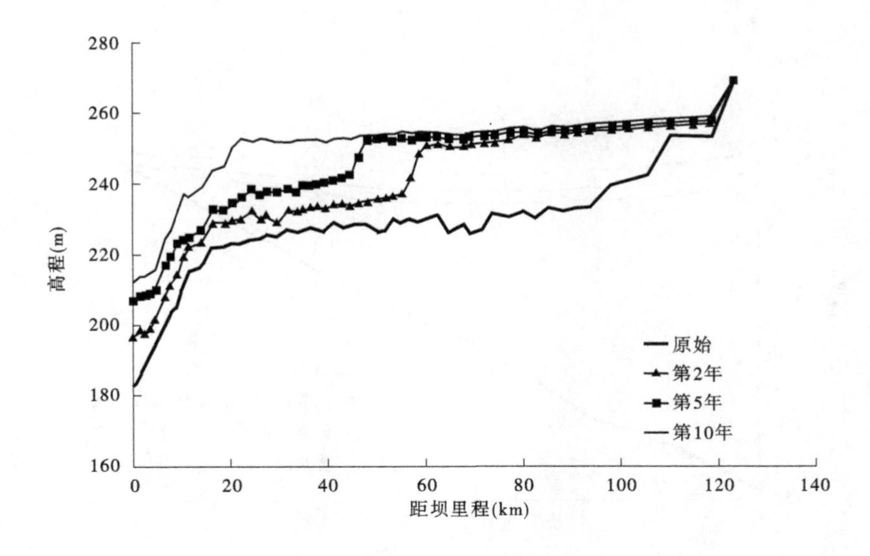

图7-46 方案四不同年份淤积形态对比(1993~1997+2004~2008系列)

b. 支流淤积形态。

套绘了支流畛水河第5年和第10年淤积形态图,见图7-47、图7-48。从图可以看出,畛水河形成一定高度的拦门沙坎,最大高度约6.8 m。

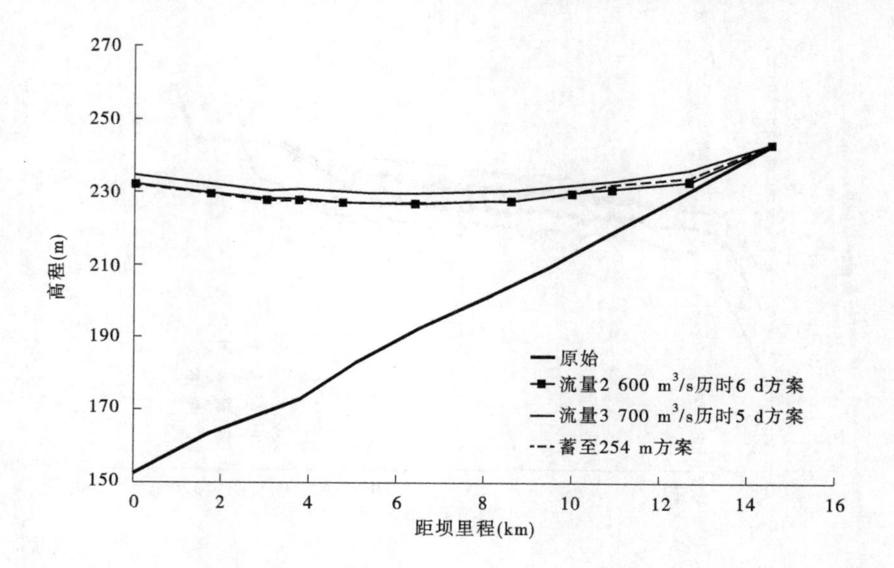

图 7-47　畛水河计算第 5 年淤积形态(1993～1997＋2004～2008 系列)

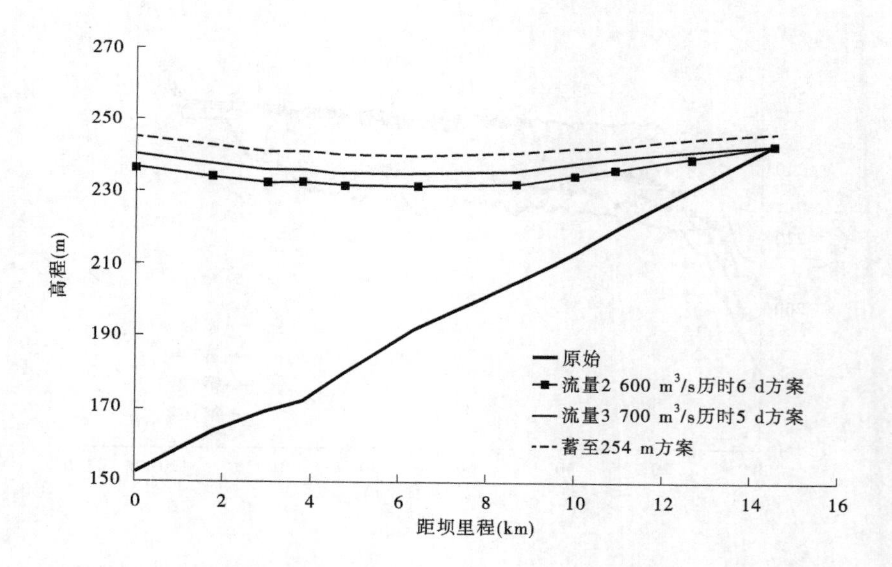

图 7-48　畛水河计算第 10 年淤积形态(1993～1997＋2004～2008 系列)

不同方案支流淤积高程受入汇口处干流淤积高程影响，计算期末，方案四支流淤积高程最高，其次为方案三和方案二。由于 1993～1997＋2004～2008 系列入库沙量较 1989～1998 系列偏少，方案四运行水位高，淤积部位靠上，水库运行第 10 年三角洲顶点尚未推进至支流沟口，使得支流淤积抬升速度较 1989～1998 系列慢，抬升幅度也要小一些。

⑤水库发电量。

不同方案小浪底电站累计发电量见表7-14和图7-49。方案二累计发电量为625.68亿kW·h,年均发电量为62.57亿kW·h;方案三累计发电量为622.31亿kW·h,年均发电量为62.23亿kW·h;方案四累计发电量为667.37亿kW·h,年均发电量为66.74亿kW·h。各方案发电效益对比规律与1989~1998系列一致,但发电效益较后者差。

表7-14　小浪底电站累计发电量(1993~1997+2004~2008系列)　(单位:亿kW·h)

年份	方案二	方案三	方案四
2017	73.89	70.12	74.91
2018	141.14	136.16	148.55
2019	202.72	197.79	217.70
2020	260.91	257.63	282.87
2021	301.20	297.92	332.10
2022	353.77	350.53	387.91
2023	423.10	420.19	460.38
2024	482.44	480.10	522.53
2025	560.14	557.10	599.17
2026	625.68	622.31	667.37
年均发电量	62.57	62.23	66.74

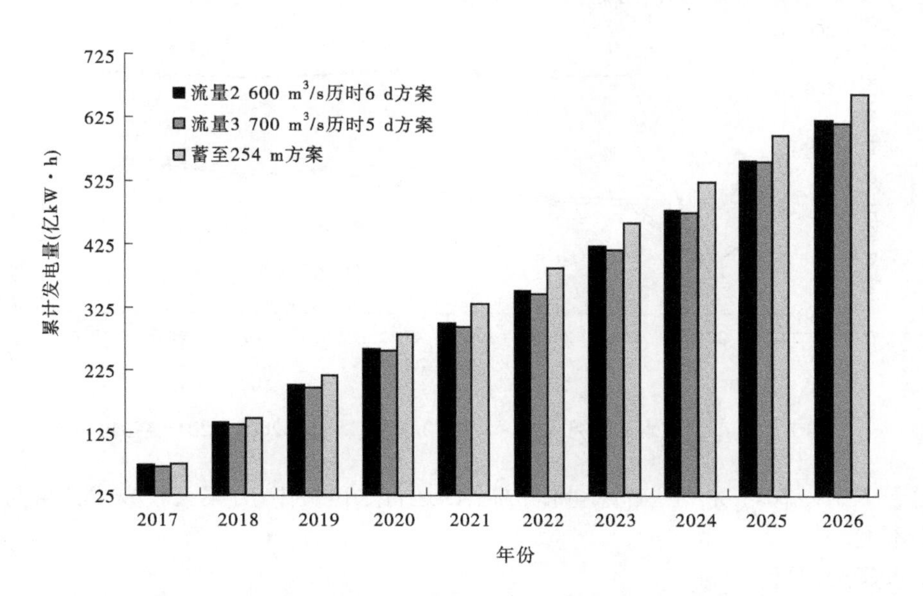

图7-49　小浪底水库累计发电量(1993~1997+2004~2008系列)

(3)2002~2011系列计算结果(设计入库沙量3.16亿t)。

①主汛期平均水位过程。

不同运行方案水库汛期7月1日~8月20日水位变化情况见表7-15和图7-50。

表 7-15 小浪底水库 7 月 1 日 ~8 月 20 日平均水位(2002 ~2011 系列) (单位:m)

年份	流量 2 600 m^3/s 历时 6 d 方案	流量 3 700 m^3/s 历时 5 d 方案	蓄至 254 m 方案
2017	227.97	227.97	227.97
2018	217.63	217.63	217.63
2019	228.87	230.05	251.83
2020	229.80	230.53	251.54
2021	230.25	230.98	252.03
2022	232.59	236.11	252.55
2023	235.09	235.43	251.98
2024	234.40	234.13	251.38
2025	235.94	236.86	251.93
2026	235.98	237.17	252.36

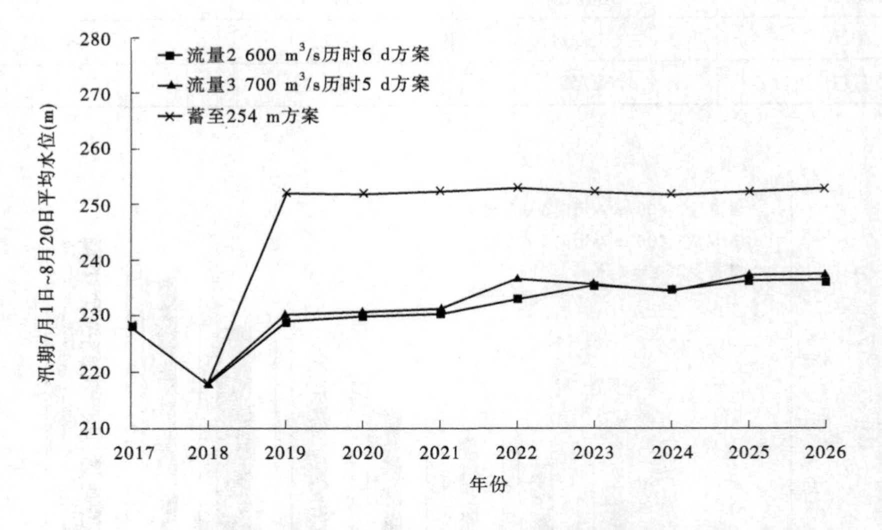

图 7-50 小浪底水库 7 月 1 日 ~8 月 20 日平均水位(2002 ~2011 系列)

由于 2002 ~2011 系列入库水量枯,方案四运行水位最高,方案三较方案二略高,但两者差别不大。

②水库淤积量。

不同方案小浪底水库淤积量见表 7-16 和图 7-51。由此可知,不同方案累计淤积量分别为 46.75 亿 m^3、48.60 亿 m^3、50.60 亿 m^3;拦沙后期第一阶段结束时间分别为第 6 年、第 5 年、第 5 年。由于 2002 ~2011 系列来水较枯,水库调水调沙机遇少,进入拦沙后期第二阶段晚,平均排沙比较前两个系列小。

表 7-16　小浪底水库冲淤计算结果(2002～2011 系列)

年份	年来水量(亿 m^3)	年来沙量(亿 m^3)	累计淤积量(亿 m^3)			排沙比(%)		
			流量 2 600 m^3/s 历时 6 d 方案	流量 3 700 m^3/s 历时 5 d 方案	蓄至 254 m 方案	流量 2 600 m^3/s 历时 6 d 方案	流量 3 700 m^3/s 历时 5 d 方案	蓄至 254 m 方案
2016			30.86	30.86	30.86			
2017	121.08	2.69	32.67	32.67	32.67	32.95	32.95	32.95
2018	260.05	5.97	36.44	37.14	37.20	36.68	24.98	23.99
2019	170.39	2.45	38.12	39.04	39.37	31.40	22.40	11.37
2020	238.47	2.98	40.22	41.26	41.71	29.45	25.38	21.45
2021	194.00	2.07	41.72	42.90	43.41	27.22	20.58	17.63
2022	260.16	2.39	43.28	44.44	45.42	34.70	35.33	15.61
2023	216.04	0.85	43.84	44.98	46.14	34.82	37.63	15.59
2024	218.76	1.25	44.69	46.01	47.24	32.13	16.83	11.94
2025	229.71	2.70	46.18	47.87	49.49	44.56	31.41	16.81
2026	271.58	1.35	46.75	48.60	50.60	57.88	45.17	17.31
时段内累计			15.89	17.74	19.74			
达到 42 亿 m^3 年份			6	5	5			

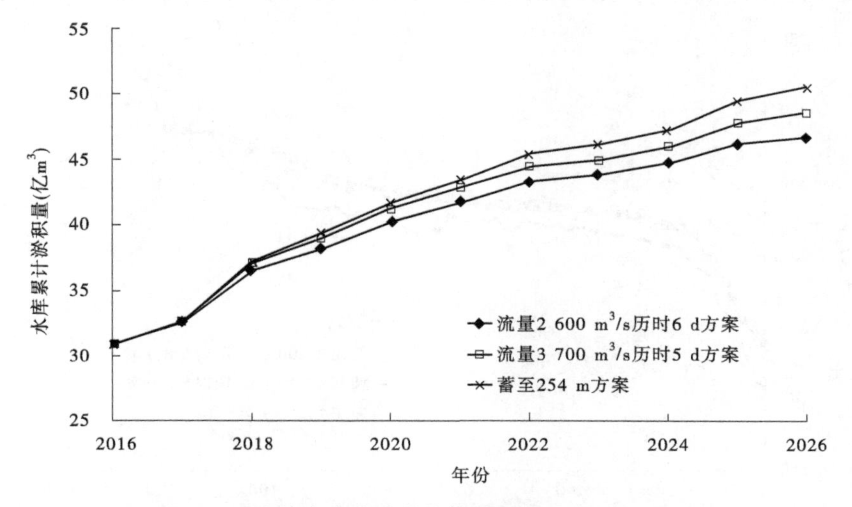

图 7-51　小浪底水库冲淤计算结果(2002～2011 系列)

③水库库容变化。

不同方案小浪底水库 275 m 以下库容变化见图 7-52。计算开始 2016 年,水库 275 m

以下库容为96.67亿m^3；与库区泥沙冲淤变化相应，计算期末2026年，方案二剩余库容为80.78亿m^3，方案三剩余库容为78.93亿m^3，方案四剩余库容为76.93亿m^3。

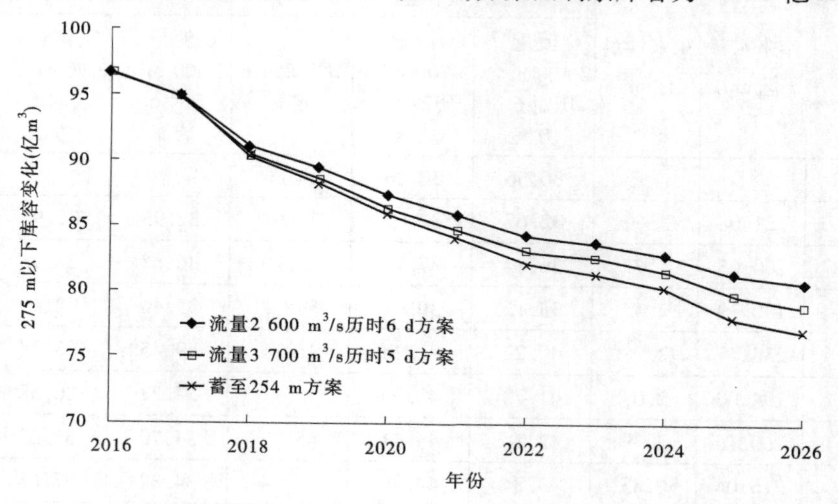

图7-52　小浪底水库275 m以下库容变化（2002～2011系列）

④淤积形态。

a. 干流淤积形态。

同一年份不同方案比较：

以计算第2年、第5年和第10年不同时段各方案水库淤积形态变化，见图7-53～图7-55。不同方案淤积三角洲顶点距坝里程和顶点高程见表7-17。计算时段内，各方案均表现为三角洲淤积形态，方案四运用淤积三角洲顶点靠上，其次为方案三和方案二。

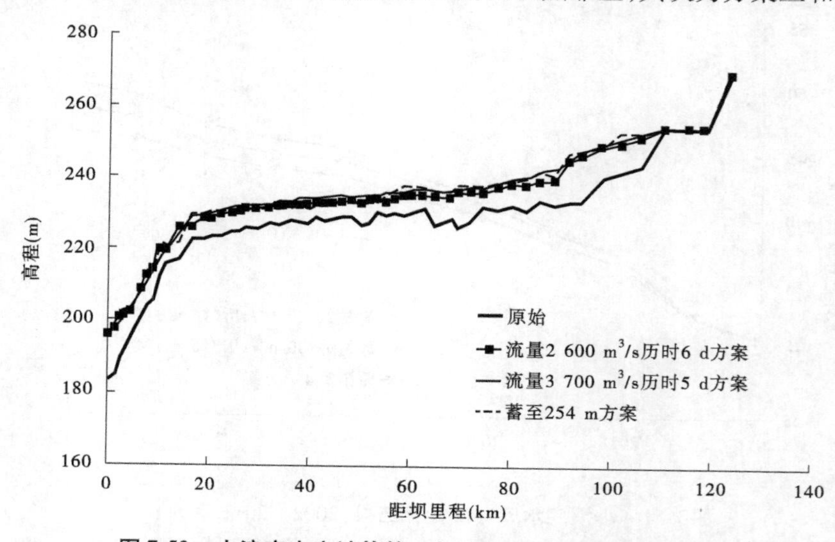

图7-53　小浪底水库计算第2年淤积形态（2002～2011系列）

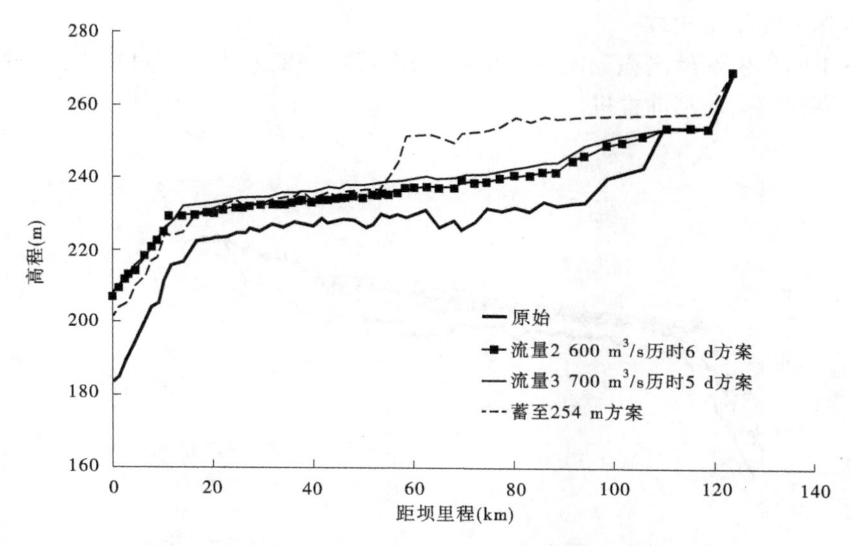

图7-54　小浪底水库计算第5年淤积形态(2002～2011系列)

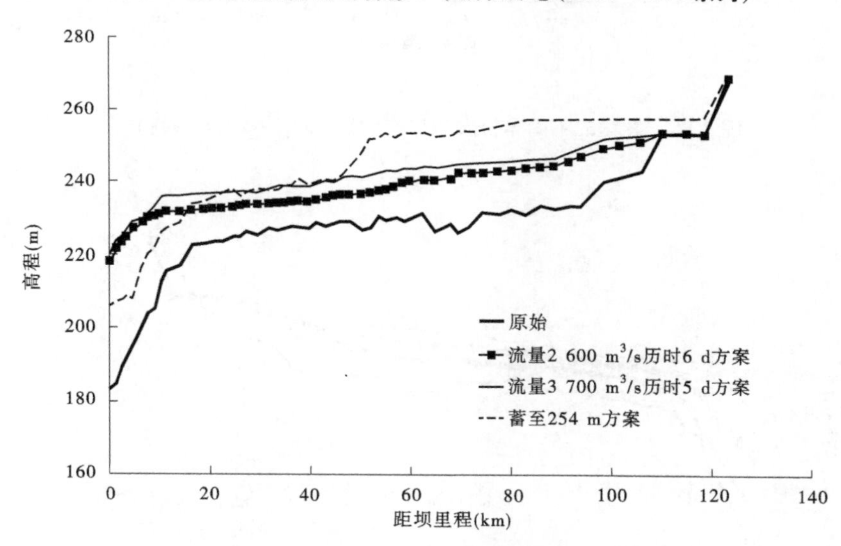

图7-55　小浪底水库计算第10年淤积形态(2002～2011系列)

表7-17　不同方案淤积三角洲顶点距坝里程和顶点高程(2002～2011系列)

方案	第2年		第5年		第10年	
	顶点距坝里程(km)	顶点高程(m)	顶点距坝里程(km)	顶点高程(m)	顶点距坝里程(km)	顶点高程(m)
方案二	13.99	226.02	11.42	229.40	8.96	230.50
方案三	16.39	229.13	13.99	232.00	10.32	235.50
方案四	16.39	229.62	58.51	251.67	51.76	252.00

同一方案不同年份比较：

各方案不同年份水库淤积形态对比见图 7-56 ~ 图 7-58，水库运行过程中，各方案淤积三角洲顶点高程逐渐向坝前推进。

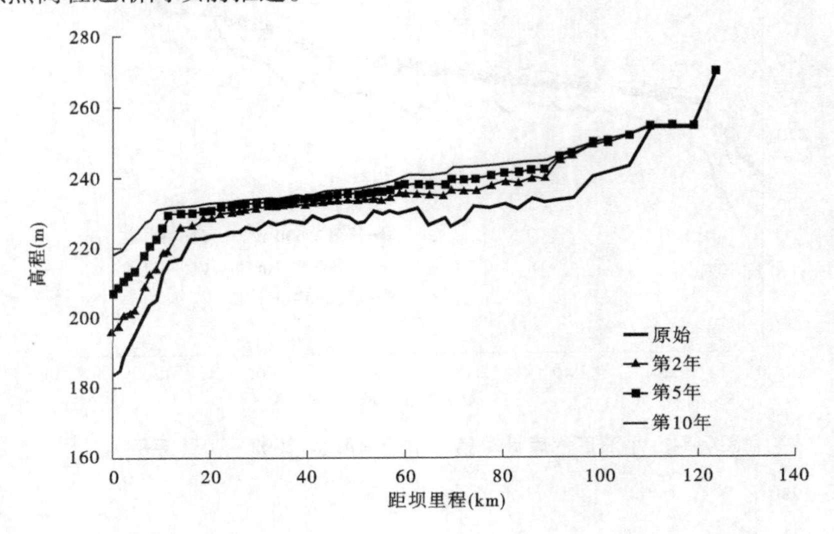

图 7-56　方案二不同年份淤积形态对比（2002 ~ 2011 系列）

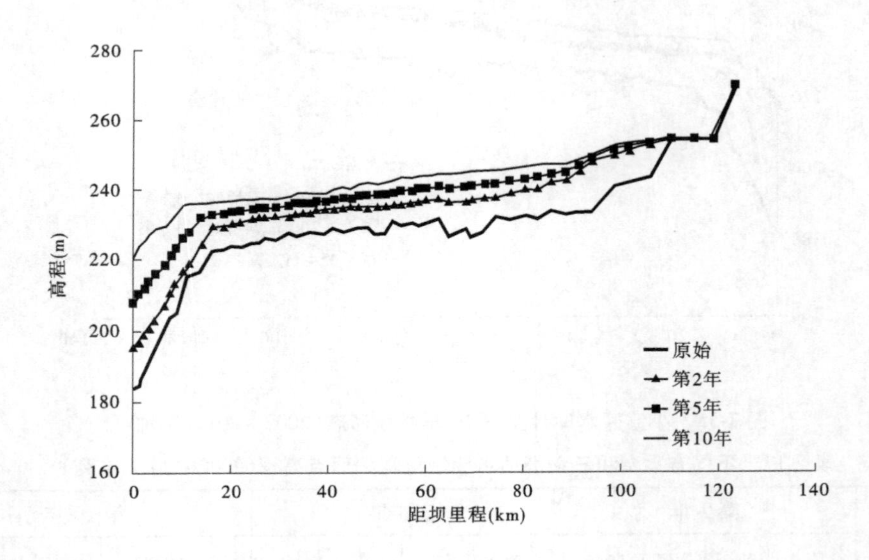

图 7-57　方案三不同年份淤积形态对比（2002 ~ 2011 系列）

b. 支流淤积形态。

套绘了支流畛水河第 5 年和第 10 年淤积形态图，见图 7-59、图 7-60。从图可以看出，畛水河形成一定高度的拦门沙坎，最大高度约 5.8 m。

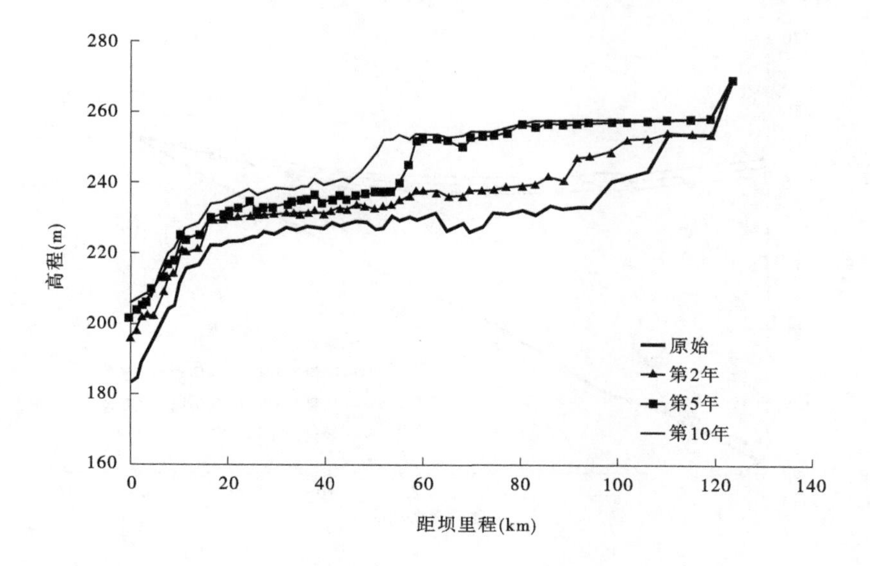

图7-58　方案四不同年份淤积形态对比(2002～2011系列)

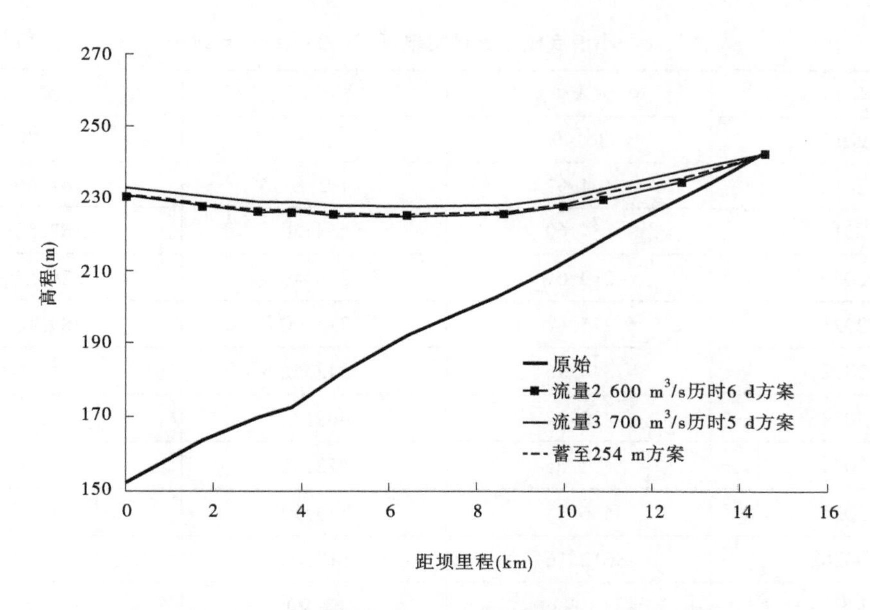

图7-59　畛水河计算第5年淤积形态(2002～2011系列)

⑤水库发电量。

不同方案小浪底电站累计发电量见表7-18和图7-61。

方案二累计发电量为612.16亿kW·h,年均发电量为61.22亿kW·h;方案三累计发电量为612.02亿kW·h,年均发电量为61.20亿kW·h;方案四累计发电量为643.49亿kW·h,年均发电量为64.35亿kW·h。

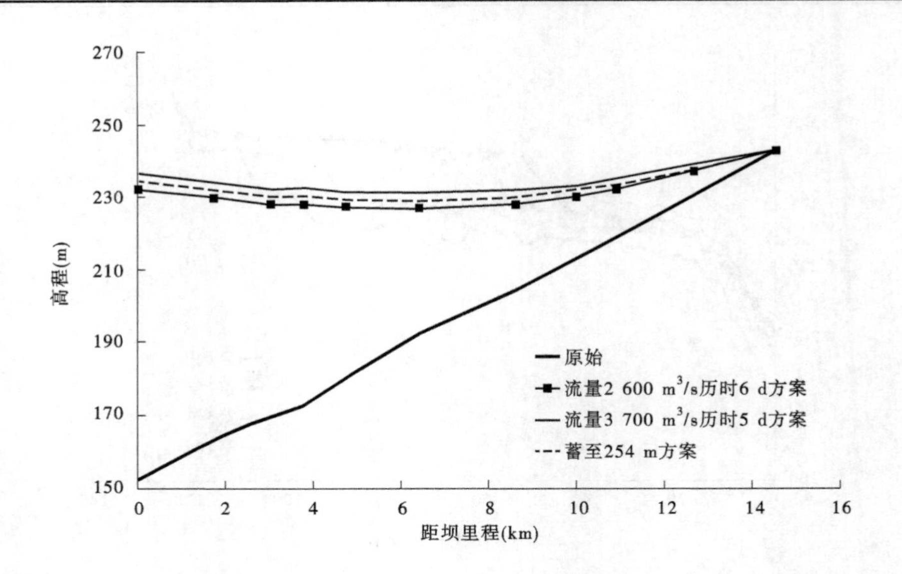

图 7-60　畛水河计算第 10 年淤积形态(2002 ~ 2011 系列)

表 7-18　小浪底电站累计发电量(2002 ~ 2011 系列)　　(单位:亿 kW · h)

年份	方案二	方案三	方案四
2017	36.79	36.79	36.79
2018	104.97	105.81	107.66
2019	154.60	154.26	157.63
2020	219.61	218.49	228.53
2021	275.47	274.90	289.16
2022	348.76	347.52	364.60
2023	410.37	408.36	431.23
2024	472.65	472.02	498.25
2025	536.33	535.92	565.91
2026	612.16	612.02	643.49
年均发电量	61.22	61.20	64.35

7.2.3.2　下游河道冲淤计算及减淤效果分析

1)1989 ~ 1998 系列计算结果(设计入库沙量 7.98 亿 t)

(1)进入下游水沙条件。

1989 ~ 1998 系列各方案进入下游河道(小黑武)年均水沙量统计见表 7-19。

1989 ~ 1998 系列在黄河来沙 8 亿 t 情景下,无小方案(1 ~ 10 年)进入下游年均水量为 270.08 亿 m³,年均沙量为 7.87 亿 t,其中汛期水量为 125.39 亿 m³,汛期沙量为 7.42

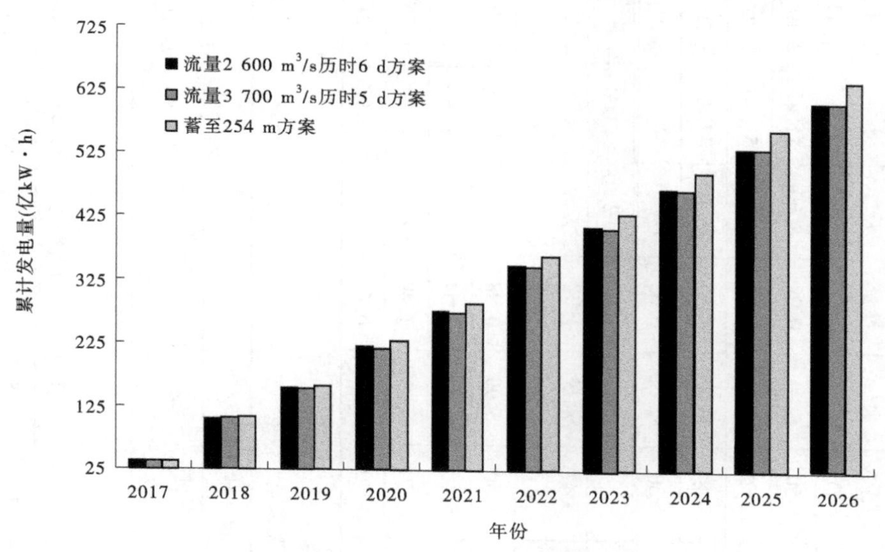

图7-61 小浪底水库累计发电量(2002~2011系列)

亿t,全年平均含沙量为29.14 kg/m³。小浪底水库不同运行方案中,方案二、方案三、方案四全年进入下游年均水量相差不大,进入下游年均沙量分别为4.64亿t、3.79亿t、2.81亿t,呈现出递减的趋势。

表7-19 1989~1998系列各方案进入下游河道(小黑武)年均水沙量统计

方案	水量(亿m³)			沙量(亿t)			含沙量(kg/m³)		
	汛期	非汛期	全年	汛期	非汛期	全年	汛期	非汛期	全年
无小方案	125.39	144.69	270.08	7.42	0.45	7.87	59.14	3.14	29.14
方案二	105.26	162.64	267.90	4.50	0.14	4.64	42.79	0.85	17.31
方案三	105.34	161.91	267.25	3.65	0.14	3.79	34.69	0.85	14.17
方案四	121.81	144.09	265.9	2.66	0.15	2.81	21.83	1.07	10.58

统计不同方案下多年平均(1~10年)全年及汛期进入下游河道(小黑武)不同量级出现天数、水量、沙量情况见表7-20。可以看出,有利于输沙和维持中水河槽的2 600~4 000 m³/s量级天数和水沙量方面,方案二较其他方案更优,方案三次之。

(2)下游河道冲淤及减淤情况。

统计1989~1998系列各方案下游全断面冲淤情况和减淤效果见表7-21。

从表7-21来看,无小方案下游河道累计淤积量21.89亿t,小浪底水库不同运行方案中,方案二、方案三、方案四下游利津以上河道累计冲淤量分别为2.01亿t、-3.09亿t和-7.18亿t。减淤方面,方案二、方案三、方案四下游河道利津以上累计淤积量分别为19.88亿t、24.98亿t和29.08亿t,年均减淤量分别为1.99亿t、2.50亿t和2.91亿t。拦沙减淤比方面,方案二、方案三、方案四拦沙减淤比分别为1.62、1.63和1.74。

表 7-20　1989～1998 系列各方案进入下游河道(小黑武)全年和汛期分量级水沙统计

全年	<800 m³/s			800～2 600 m³/s			≥2 600 m³/s			≥4 000 m³/s			2 600～4 000 m³/s		
	天数(d)	水量(亿 m³)	沙量(亿 t)	天数(d)	水量(亿 m³)	沙量(亿 t)	天数(d)	水量(亿 m³)	沙量(亿 t)	天数(d)	水量(亿 m³)	沙量(亿 t)	天数(d)	水量(亿 m³)	沙量(亿 t)
无小方案	207.60	86.41	0.44	147.90	156.27	4.36	9.50	27.40	3.07	1.50	5.99	0.98	8.00	21.41	2.10
方案二	293.40	116.96	0.75	31.90	32.46	0.45	39.70	118.48	3.44	19.20	66.78	1.64	20.50	51.70	1.80
方案三	294.50	116.71	0.78	35.10	33.84	0.22	35.40	116.71	2.79	19.80	68.85	1.59	15.60	47.85	1.20
方案四	280.70	115.23	0.67	55.60	58.03	0.25	28.70	92.83	1.89	9.30	32.56	0.68	19.40	60.27	1.21
汛期	<800 m³/s			800～2 600 m³/s			≥2 600 m³/s			≥4 000 m³/s			2 600～4 000 m³/s		
	天数(d)	水量(亿 m³)	沙量(亿 t)	天数(d)	水量(亿 m³)	沙量(亿 t)	天数(d)	水量(亿 m³)	沙量(亿 t)	天数(d)	水量(亿 m³)	沙量(亿 t)	天数(d)	水量(亿 m³)	沙量(亿 t)
无小方案	52.60	21.57	0.32	60.90	76.42	4.03	9.50	27.40	3.07	1.50	5.99	0.98	8.00	21.41	2.10
方案二	85.50	27.36	0.72	13.40	13.19	0.45	24.10	64.71	3.34	5.10	18.05	1.54	19.00	46.66	1.79
方案三	89.20	28.52	0.75	13.50	12.13	0.22	20.30	64.69	2.69	6.20	21.85	1.49	14.10	42.84	1.20
方案四	69.90	25.29	0.60	33.30	34.34	0.24	19.80	62.18	1.82	1.40	5.26	0.61	18.40	56.92	1.21

表 7-21　1989～1998 系列各方案下游全断面冲淤情况和减淤效果

方案	全断面累计冲淤量(亿 t)					全断面累计减淤量(亿 t)					水库拦沙量(亿 t)	拦沙减淤比
	花园口以上	花园口—高村	高村—艾山	艾山—利津	利津以上	花园口以上	花园口—高村	高村—艾山	艾山—利津	利津以上		
无小方案	1.96	8.84	6.99	4.10	21.89							
方案二	0.55	1.85	0.21	-0.60	2.01	1.41	7.00	6.78	4.70	19.88	32.29	1.62
方案三	0.20	-0.86	-0.75	-1.68	-3.09	1.76	9.70	7.74	5.78	24.98	40.81	1.63
方案四	-1.35	-3.12	-1.48	-1.23	-7.18	3.31	11.96	8.47	5.34	29.08	50.56	1.74

1989 ~ 1998 系列各方案下游全断面累计冲淤量见图 7-62。

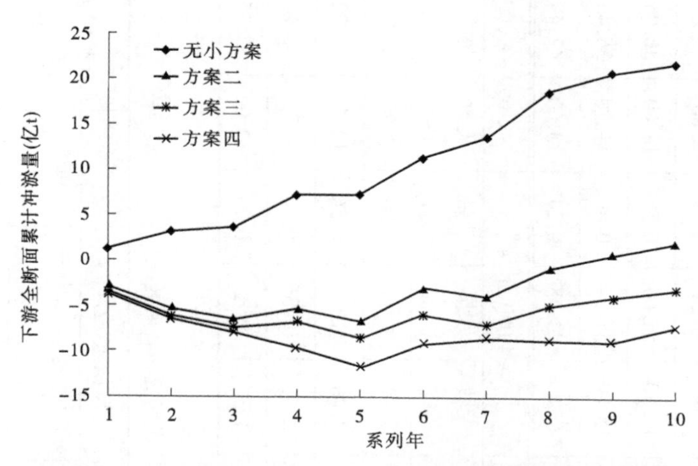

图 7-62　1989 ~ 1998 系列各方案下游全断面累计冲淤量

2)1993 ~ 1997 + 2004 ~ 2008 系列计算结果(设计入库沙量 5.60 亿 t)

(1)进入下游水沙条件。

统计 1993 ~ 1997 + 2004 ~ 2008 系列各方案进入下游河道(小黑武)年均水沙量见表 7-22。

表 7-22　1993 ~ 1997 + 2004 ~ 2008 系列各方案进入下游河道(小黑武)年均水沙量统计

方案	水量(亿 m^3)			沙量(亿 t)			含沙量(kg/m^3)		
	汛期	非汛期	全年	汛期	非汛期	全年	汛期	非汛期	全年
无小方案	112.62	129.52	242.14	5.40	0.29	5.69	47.95	2.22	23.49
方案二	83.87	155.99	239.86	2.38	0.10	2.48	28.38	0.63	10.34
方案三	85.35	154.17	239.52	1.92	0.14	2.06	22.44	0.93	8.60
方案四	108.30	129.94	238.24	1.33	0.09	1.42	12.32	0.65	5.95

在 1993 ~ 1997 + 2004 ~ 2008 系列黄河来沙 5.6 亿 t 情景下,无小方案(1 ~ 10 年)进入下游年均水量为 242.14 亿 m^3,年均沙量为 5.69 亿 t,全年平均含沙量为 23.49 kg/m^3。小浪底水库不同运行方案中,方案二、方案三、方案四全年进入下游年均水量相差不大,进入下游年均沙量分别为 2.48 亿 t、2.06 亿 t、1.42 亿 t,呈现出递减的趋势。

统计不同方案下多年平均(1 ~ 10 年)全年及汛期进入下游河道(小黑武)不同量级出现天数、水量、沙量情况见表 7-23。可以看出,有利于输沙和维持中水河槽的 2 600 ~ 4 000 m^3/s量级天数和水沙量方面,方案二较其他方案更优,方案三次之。

(2)下游河道冲淤及减淤情况。

统计 1993 ~ 1997 + 2004 ~ 2008 系列各方案下游全断面冲淤情况和减淤效果见表 7-24。

表 7-23　1993～1997+2004～2008 系列各方案进入下游河道(小黑武)全年和汛期分量级水沙统计

全年	<800 m^3/s			800～2 600 m^3/s			≥2 600 m^3/s			≥4 000 m^3/s			2 600～4 000 m^3/s		
	天数(d)	水量(亿 m^3)	沙量(亿 t)	天数(d)	水量(亿 m^3)	沙量(亿 t)	天数(d)	水量(亿 m^3)	沙量(亿 t)	天数(d)	水量(亿 m^3)	沙量(亿 t)	天数(d)	水量(亿 m^3)	沙量(亿 t)
无小方案	233.20	95.31	0.36	126.70	131.59	3.44	5.10	15.23	1.90	1.30	5.28	0.59	3.80	9.95	1.31
方案二	314.10	127.40	0.59	20.60	21.81	0.25	30.30	90.65	1.64	15.70	54.60	0.58	14.60	36.06	1.05
方案三	317.10	128.79	0.67	20.40	19.36	0.15	27.50	91.37	1.25	15.80	54.94	0.46	11.70	36.43	0.79
方案四	304.30	129.07	0.42	40.20	42.19	0.18	20.50	66.97	0.82	6.90	24.48	0.24	13.60	42.49	0.58
汛期	<800 m^3/s			800～2 600 m^3/s			≥2 600 m^3/s			≥4 000 m^3/s			2 600～4 000 m^3/s		
	天数(d)	水量(亿 m^3)	沙量(亿 t)	天数(d)	水量(亿 m^3)	沙量(亿 t)	天数(d)	水量(亿 m^3)	沙量(亿 t)	天数(d)	水量(亿 m^3)	沙量(亿 t)	天数(d)	水量(亿 m^3)	沙量(亿 t)
无小方案	54.40	22.40	0.30	64.00	76.16	3.25	4.60	14.06	1.85	1.30	5.28	0.59	3.30	8.78	1.27
方案二	94.40	31.45	0.58	13.50	13.77	0.20	15.10	38.65	1.60	2.40	8.63	0.56	12.70	30.02	1.04
方案三	96.60	32.28	0.65	13.80	12.65	0.12	12.60	40.41	1.15	2.90	10.36	0.44	9.70	30.05	0.71
方案四	74.20	27.57	0.39	35.50	37.86	0.16	13.30	42.88	0.78	1.30	5.12	0.23	12.00	37.75	0.55

表 7-24　1993～1997+2004～2008 系列各方案下游全断面冲淤情况和减淤效果

方案	全断面累计冲淤量(亿 t)					全断面累计减淤量(亿 t)					水库拦沙量(亿 t)	拦沙减淤比
	花园口以上	花园口—高村	高村—艾山	艾山—利津	利津以上	花园口以上	花园口—高村	高村—艾山	艾山—利津	利津以上		
无小方案	2.48	6.36	5.05	2.99	16.89							
方案二	-0.98	-2.13	-0.60	-0.69	-4.40	3.46	8.50	5.65	3.68	21.29	32.10	1.51
方案三	-1.06	-3.20	-1.29	-1.11	-6.66	3.54	9.57	6.35	4.10	23.56	36.30	1.54
方案四	-1.56	-4.40	-1.26	-1.46	-8.68	4.04	10.77	6.31	4.45	25.57	41.78	1.63

从表7-24来看，无小方案下游河道累计淤积量16.89亿t，小浪底水库不同运行方案中，方案二、方案三、方案四下游利津以上河道累计冲淤量分别为-4.40亿t、-6.66亿t和-8.68亿t。减淤方面，方案二、方案三、方案四下游河道利津以上累计淤积量分别为21.29亿t、23.56亿t和25.57亿t，年均减淤量分别为2.13亿t、2.36亿t和2.56亿t。拦沙减淤比方面，方案二、方案三、方案四拦沙减淤比分别为1.51、1.54和1.63。

1993～1997+2004～2008系列各方案下游全断面累计冲淤量见图7-63。

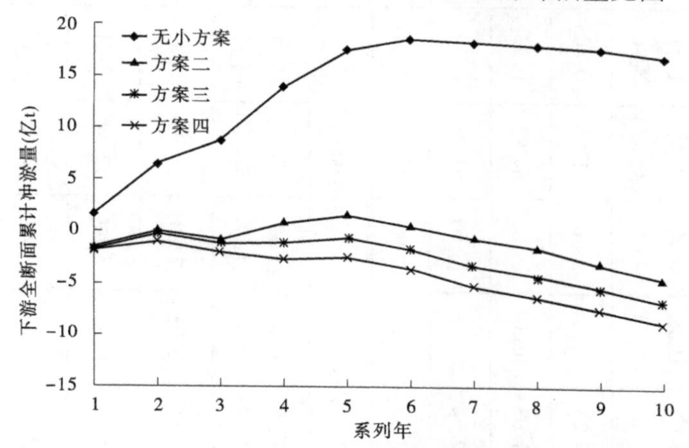

图7-63　1993～1997+2004～2008系列各方案下游全断面累计冲淤量

3)2002～2011系列计算结果(设计入库沙量3.16亿t)

(1)进入下游水沙条件。

2002～2011系列各方案进入下游河道(小黑武)年均水沙量统计见表7-25。

表7-25　2002～2011系列各方案进入下游河道(小黑武)年均水沙量统计

方案	水量(亿 m^3)			沙量(亿t)			含沙量(kg/m^3)		
	汛期	非汛期	全年	汛期	非汛期	全年	汛期	非汛期	全年
无小方案	115.64	130.00	245.64	3.00	0.23	3.23	25.92	1.76	13.13
方案二	80.94	163.28	244.21	1.08	0.08	1.16	13.29	0.50	4.75
方案三	80.83	163.25	244.08	0.81	0.11	0.92	10.06	0.64	3.77
方案四	110.30	131.41	241.71	0.62	0.04	0.66	5.59	0.30	2.72

在2002～2011系列黄河来沙3.2亿t情景下，无小方案(1～10年)进入下游年均水量为245.64亿 m^3，年均沙量为3.23亿t，全年均含沙量为13.13 kg/m^3。小浪底水库不同运行方案中，方案二、方案三、方案四全年进入下游年均水量相差不大，进入下游年均沙量分别为1.16亿t、0.92亿t、0.66亿t，呈现出递减的趋势。

统计不同方案下多年平均(1～10年)全年及汛期进入下游河道(小黑武)不同量级出现天数、水量、沙量情况见表7-26。可以看出，有利于输沙和维持中水河槽的2 600～4 000 m^3/s量级天数和水沙量方面方案二较其他方案更优，方案三次之。

表 7-26　2002～2011 系列各方案进入下游河道(小黑武)全年和汛期分量级水沙统计

全年	<800 m³/s			800～2 600 m³/s			≥2 600 m³/s			≥4 000 m³/s			2 600～4 000 m³/s		
	天数(d)	水量(亿 m³)	沙量(亿 t)	天数(d)	水量(亿 m³)	沙量(亿 t)	天数(d)	水量(亿 m³)	沙量(亿 t)	天数(d)	水量(亿 m³)	沙量(亿 t)	天数(d)	水量(亿 m³)	沙量(亿 t)
无小方案	245.20	100.50	0.31	112.10	119.91	1.95	7.70	25.23	0.96	2.80	11.93	0.40	4.90	13.30	0.56
方案二	316.80	131.67	0.34	17.90	18.52	0.22	30.30	94.03	0.60	18.80	64.97	0.23	11.50	29.05	0.36
方案三	316.10	131.14	0.28	21.60	22.02	0.25	27.30	90.92	0.39	18.60	64.28	0.19	8.70	26.63	0.21
方案四	307.20	130.98	0.16	37.30	42.90	0.21	20.50	67.83	0.29	8.90	32.28	0.13	11.60	35.55	0.16
汛期	<800 m³/s			800～2 600 m³/s			≥2 600 m³/s			≥4 000 m³/s			2 600～4 000 m³/s		
	天数(d)	水量(亿 m³)	沙量(亿 t)	天数(d)	水量(亿 m³)	沙量(亿 t)	天数(d)	水量(亿 m³)	沙量(亿 t)	天数(d)	水量(亿 m³)	沙量(亿 t)	天数(d)	水量(亿 m³)	沙量(亿 t)
无小方案	300.50	23.77	0.29	57.30	67.82	1.79	7.20	24.05	0.92	2.80	11.93	0.40	4.40	12.12	0.52
方案二	339.80	33.93	0.33	12.00	11.62	0.19	13.20	35.39	0.55	3.60	12.44	0.21	9.60	22.94	0.34
方案三	340.80	34.18	0.27	13.90	13.89	0.21	10.30	32.76	0.33	3.80	13.13	0.17	6.50	19.63	0.17
方案四	315.90	26.52	0.16	36.00	41.13	0.20	13.10	42.66	0.26	2.80	11.20	0.13	10.30	31.46	0.14

(2)下游河道冲淤及减淤情况。

统计2002～2011系列各方案下游全断面冲淤情况和减淤效果见表7-27。

表7-27 2002～2011系列各方案下游全断面冲淤情况和减淤效果

方案	全断面累计冲淤量(亿t)					全断面累计减淤量(亿t)					水库拦沙量(亿t)	拦沙减淤比
	花园口以上	花园口—高村	高村—艾山	艾山—利津	利津以上	花园口以上	花园口—高村	高村—艾山	艾山—利津	利津以上		
无小方案	-0.10	0.68	0.71	0.87	2.16							
方案二	-1.38	-5.09	-3.57	-2.56	-12.60	1.28	5.77	4.28	3.43	14.76	20.66	1.40
方案三	-1.39	-5.29	-3.70	-2.70	-13.08	1.29	5.97	4.42	3.57	15.25	23.07	1.51
方案四	-2.37	-5.79	-3.46	-2.50	-14.12	2.27	6.47	4.17	3.37	16.28	25.66	1.58

从全断面的冲淤情况来看，无小方案下游河道累计冲淤量为2.17亿t，小浪底水库不同运行方案中，方案二、方案三、方案四下游利津以上河道累计冲淤量分别为-12.60亿t、-13.08亿t和-14.12亿t。减淤方面，方案二、方案三、方案四下游河道利津以上累计淤积量分别为14.76亿t、15.25亿t和16.28亿t，年均减淤量分别为1.48亿t、1.53亿t和1.63亿t。拦沙减淤比方面，方案二、方案三、方案四拦沙减淤比分别为1.40、1.51和1.58。

2002～2011系列各方案下游全断面累计冲淤量见图7-64。

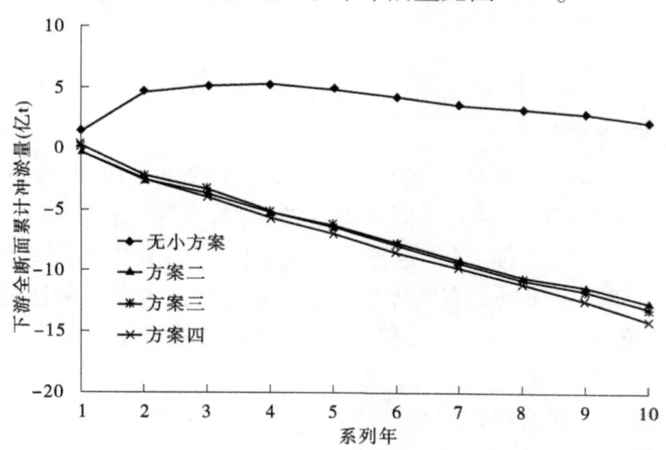

图7-64 2002～2011系列各方案下游全断面累计冲淤量

7.2.4 灌溉、供水、发电等需求影响分析

当汛期小浪底出库流量小于300 m³/s时，不满足最小流量需求，视为汛期灌溉、供水、发电遭到破坏，相关天数统计见表7-28。从计算结果看，不同系列各方案汛期灌溉、供水、发电遭到破坏的天数很少。1989～1998系列来水量较丰，灌溉、供水、发电需求无破

坏。1993～1997＋2004～2008 系列来水较 1989～1998 系列少，方案一淤积较快，部分年份因进行泄空冲刷排沙，后续来水较枯造成一定的灌溉、供水、发电需求破坏。2002～2011 系列来水来沙总体较枯，其中，2003 年由于 7 月上旬来水较枯造成的灌溉、供水、发电需求破坏天数各 15 d。

表 7-28　不同系列各方案汛期灌溉、供水、发电破坏天数统计　　（单位：d）

年序	1989～1998 系列				1993～1997＋2004～2008 系列				2002～2011 系列			
	方案一	方案二	方案三	方案四	方案一	方案二	方案三	方案四	方案一	方案二	方案三	方案四
1	0	0	0	0	0	0	0	0	0	0	0	0
2	0	0	0	0	0	0	0	0	15	15	15	15
3	0	0	0	0	0	0	0	0	0	0	0	0
4	0	0	0	0	0	0	0	0	0	0	0	0
5	0	0	0	0	10	0	0	0	0	0	0	0
6	0	0	0	0	7	0	0	0	0	0	0	0
7	0	0	0	0	11	0	0	0	0	0	0	0
8	0	0	0	0	1	0	0	0	0	0	0	0
9	0	0	0	0	2	0	0	0	0	0	0	0
10	0	0	0	0	0	0	0	0	0	0	0	0
合计	0	0	0	0	31	0	0	0	15	15	15	15

7.2.5　减淤运行方式推荐

7.2.5.1　方案一（现状方案）

小浪底水库采用方案一（现状方案）运行时，对于 1989～1998 系列、1993～1997＋2004～2008 系列和 2002～2011 系列不同入库水沙系列，水库运行至第 2 年末剩余有效库容均小于 8 亿 m^3，无法满足 7 月上旬“卡脖子旱”供水需求；采用不同系列分别运行至第 5 年、第 4 年和第 6 年时，水库剩余有效库容小于 4 亿 m^3，失去调水调沙能力。

因此，采用该方案时，应根据水库淤积情况，及时调整前汛期汛限水位，使得水库满足供水和调水调沙需求。

7.2.5.2　方案二、方案三和方案四对比

从库区冲淤变化来看，方案二（2 600 m^3/s/6 d）淤积量最少，方案三（3 700 m^3/s/5 d）其次，方案四（254 m 方案）淤积量最多，淤积也最快。

从黄河下游减淤量来看，库区拦沙量越大，下游减淤量相应也越大。1989～1998 系列，入库水量沙量较丰，方案三拦沙减淤比最小，减淤效果最优；而对于来水来沙较少的 1993～1997＋2004～2008 系列，方案二满足调水调沙的机会多，拦沙减淤比最小，较优；来水来沙最枯的 2002～2011 系列，水库调水调沙机会少，采用方案一水库蓄水量较少，库容异重流、浑水水库排沙效果较好，利于下游河道输沙入海，相应拦沙减淤比最小，减淤效

果最好。

从库区淤积形态来看，水库运行10年后，方案二、方案三均由三角洲淤积形态转变为锥体淤积形态，方案三淤积高程略高于方案二；对于方案四，由于运行水位高，淤积部位靠上，三角洲顶点推荐也相对较慢，计算时段末仍为三角洲淤积形态。

从各方案供水、灌溉、生态和发电情况看，各方案汛期灌溉、供水、发电需求破坏天数均很少，基本满足要求，而方案四发电效益最优，方案二和方案三发电效益差别不大。

综合来看，当前下游河道最小平滩流量已经恢复至4 200 m^3/s，河床逐渐粗化，河道冲刷效率明显减小，但大流量输沙效率仍较显著，且流量越大，输沙效率越高，为充分利用下游河道输沙入海，减少库区及下游河道淤积，推荐采用调控流量3 700 m^3/s历时5 d的方案三，当入库水沙条件较枯时，也可以采用流量2 600 m^3/s历时6 d的方案二，有利于增加水库调水调沙机遇，减少水库淤积。方案四运行水位过高，虽然发电效益较好，但库区淤积部位靠上，此类淤积形态不利于提高异重流和浑水水库排沙效果，近期暂不推荐该方案。

第 8 章　结论与认识

(1)小浪底水库运行以来,2000 年 7 月 ~2016 年 6 月年均入库水量为 220.02 亿 m^3,沙量为 2.99 亿 t,平均含沙量为 13.60 kg/m^3,平均出库水量为 235.44 亿 m^3,沙量为 0.63 亿 t,平均含沙量为 2.66 kg/m^3,水库排沙比为 21.1%。经小浪底水库调节后,全年小浪底出库 800 ~2 000 m^3/s 量级的天数减少,2 000 m^3/s 以上量级天数年均增加 4 d。

(2)截至 2016 年 4 月,小浪底库区断面法累计淤积泥沙 30.87 亿 m^3,其中干流淤积 24.99 亿 m^3,占总淤积量的 81%,支流淤积 5.88 亿 m^3,占总淤积量的 19%;当前库区淤积量已占水库设计拦沙库容的 41% 左右。

(3)2002 ~2016 年,小浪底水库共进行 19 次调水调沙试验和生产实践,累计进入下游河道水量为 716.02 亿 m^3,沙量为 6.24 亿 t,下游河道累计冲刷沙量 4.08 亿 t;单次调水调沙进入下游河道水量为 37.69 亿 m^3,沙量为 0.33 亿 t,下游河道冲刷沙量 0.21 亿 t。

(4)库区干流淤积呈三角洲形态,运行水位较高时,淤积部位上移,运行水位较低时,淤积部位下移,按同一水位控制运行时,随着水库淤积,三角洲顶点也会不断向坝前推进,2016 年 4 月,库区干流三角洲顶点距坝里程 16.39 km,顶点高程为 222.36 m。库区部分支流(大峪河、畛水河)纵向淤积形成"拦门沙坎",最大高差约 10 m,但并不稳定,随着干流淤积沙坎有时会被倒灌淤平。干流倒灌支流淤积不仅与水库运行水位相关,还与干流淤积三角洲顶点推进位置关系密切,即当运行水位较高时,入库泥沙淤积部位靠上,到达支流沟口附近的泥沙量少,直接影响支流沟口及内部淤积抬升速度,而水库运行水位较低,淤积三角洲顶点向前推进至支流沟口附近时,则加快支流的淤积抬升速度。库区干支流横向淤积总体表现为平行抬高,干流尾部段横断面经常出现冲淤交替变化,部分形成明显的滩槽。

(5)小浪底水库运行以来,黄河中下游发生了 8 场花园口站量级超过 4 000 m^3/s 的洪水,通过中游水库(群)科学调度,花园口洪峰流量为 2 770 ~4 270 m^3/s,洪峰削减率 2% ~60%,有效减小了下游滩区的淹没损失。同时,在确保防洪安全的前提下,兼顾了洪水资源利用,符合新时期以人为本、人水和谐的治水思想,在黄河防洪抗旱中发挥了重大作用。

(6)在小浪底水库作用下,对进入黄河下游流量的调控能力明显增强,出库水温升高使零温断面相应下移,基本解除了下游凌汛威胁。

(7)2000 年 5 月 ~2016 年 4 月,黄河下游各个河段都发生了明显冲刷,利津以上河段累计冲刷 26.130 亿 t,其中高村以上河段冲刷 18.573 亿 t,占利津以上河段冲刷总量的 71.1%;高村—艾山河段冲刷 3.748 亿 t,占下游河道冲刷总量的 14.3%;艾山—利津河段冲刷 3.807 亿 t,占冲刷总量的 14.6%。冲刷主要发生在汛期,汛期下游河道共冲刷 17.407 亿 t,各河段均有冲刷;非汛期下游河道共冲刷 8.723 亿 t,艾山以上河段均呈现出冲刷,其中冲刷主要发生在花园口—高村河段,冲刷量 6.276 亿 t,占非汛期冲刷总量的

71.9%，冲刷向下游逐渐减弱，艾山—利津河段则淤积0.997亿t。下游河道最小平滩流量由1 800 m^3/s逐渐恢复至4 200 m^3/s，随着河槽过流能力的恢复，河床粗化，调水调沙期间下游河道冲刷效率有减弱的趋势。

(8)2000年以来，黄河下游多年平均引水量为90.24亿m^3，黄河年内3～6月引水较多，各月引水量为9.8亿～15.6亿m^3，合计50.42亿m^3，占全年的56%；2000～2015年的历年3～6月小浪底水库累计补水326.24亿m^3，提高了下游供水、灌溉保证率。小浪底水库在满足黄河下游工农业生产、生活和生态用水需求的同时，开展了8次引黄济津，4次引黄济淀，11次引黄入冀，合计引水量105.10亿m^3。

(9)至2016年底，小浪底电站累计发电量为862.52亿kW·h，年均发电量50.76亿kW·h，其中2012年发电量最大，达到90.0亿kW·h。

(10)2000～2016年，小浪底入库年均水量为220.02亿m^3，相对于1972～1999年年均来水量318.53亿m^3明显偏少，自小浪底水库投入运行以来，黄河下游用水量是逐年增加的，但经水库调蓄后，下游河道并未出现断流现象，防断流效果非常明显。以2002年为例，入库水量仅120.3亿m^3，比1997年的135.0亿m^3更枯，但2002年下游河道利津断面并未发生断流，与1997年断流226 d相比，水库防断流作用巨大，效果明显。通过小浪底水库调度，不仅实现了黄河不断流目标，还使得下游河段水环境质量得到提高，保证了下游沿黄城乡居民生活用水，兼顾了工农业用水。同时，在一定程度上保证了下游河流生态系统功能的发挥，使黄河真正起到了连通流域内各种生态系统斑块及海洋的"廊道"，恢复湿地近5万亩，并维持了河口地区生物的多样性。

(11)统计分析2000～2015年历次异重流实测资料，2003～2009年异重流期间水库排沙比为0.44%～61.70%，平均排沙比为24.8%。2010年以来，通过联合调度万家寨、三门峡、小浪底等水利枢纽工程，小浪底水库对接水位接近或低于水库淤积三角洲顶点高程，成功在小浪底水库库区塑造人工异重流，大幅提高了小浪底水库排沙比，2012年和2013年异重流期间水库排沙比达到132.06%和157.71%。2014年异重流测量期间水库排沙比为37.77%；2015年水库出库沙量为0，排沙比为0。2003～2015年，异重流测量期间水库入库细沙、中沙、粗沙总量分别为4.617亿t、2.708亿t和2.859亿t，出库细沙、中沙、粗沙总量分别为3.046亿t、0.474亿t和0.330亿t，排沙比分别为65.98%、17.50%和11.54%，拦粗排细效果显著。

(12)通过对已建水库淤积形态变化过程及其与运行方式调整、入库水沙变化等关系分析，认为：①多泥沙河流水库蓄水运行时，汛期库水位变化幅度小，形成较大蓄水体，入库泥沙沿程分选淤积，一般形成三角洲淤积形态；抬高水位运行，三角洲顶点上移，降低水位运行，则三角洲顶点下移；若控制水位运行，则随着水库淤积增加，三角洲顶点也不断向大坝推进，推进速度的快慢主要取决于入库流量大小和沙量多少，入库流量大，挟带沙量多，则推进速度快，反之推进速度较慢。②多泥沙河流水库采用滞洪排沙或"蓄清排浑"运行时，汛期洪水期水库运行水位低，可将更多的泥沙输沙至坝前，甚至冲刷排沙出库，水库容易形成锥体淤积形态。③少沙河流水库采用水位控制运行时，由于入库沙量少，对于峡谷型水库(如三峡水库)，水流挟沙能力富余，进入库区水体后，泥沙沿程分选淤积过程缓慢，多形成带状淤积形态，且受各库段河宽、比降等外在条件影响，淤积成锯齿状，并不均匀。④当库区支流库容较大，且相应来水来沙量偏小时，支流淤积主要来自干流浑水倒灌，容易形成一定的拦门沙坎，水库运行水位高低及干流三角洲淤积顶点推进对支流淤积影响明显，当水库运行水位较高时，淤积部位靠上，泥沙大量淤积，进入到支流沟口附近的泥沙少，则支流淤积抬升较慢，而当水库运行水位较低时，干流淤积三角洲顶点向前推进至支流沟口附近时，往往使得支流迅速淤积抬升。

(13)综合各时期小浪底水库防洪控制流量指标选取依据、水库实际调度运行效果及未来一段时期内的防洪需求，取花园口流量4 000 m^3/s、10 000 m^3/s 作为小浪底水库防洪控制指标。汛期7月1日～10月31日，对花园口4 000～10 000 m^3/s 量级中常洪水，水库可视来水来沙情况，按控制花园口4 000 m^3/s 运行，最高控制运行水位不超过254 m。对花园口10 000 m^3/s 量级以上洪水，应联合中游其他骨干水库尽量控制花园口流量不超过10 000 m^3/s。

(14)综合黄河下游近期凌情变化特点、水库实际调度效果以及下游防凌形势，取利津站300 m^3/s 为小浪底水库防凌控制指标。凌汛期12月1日～次年2月底，小浪底水库预留防凌库容20.0亿 m^3，按控制利津站封河流量300 m^3/s 平稳下泄(未考虑区间加水及引黄用水)，一旦封河，在开河期适时压减出库流量，为槽蓄水增量释放创造条件。

(15)小浪底水库运行以来，下游河道持续清水冲刷，4 000 m^3/s 以上的中水河槽已经形成，且中水河槽维持较为稳定；由于河床粗化，调水调沙期间下泄大流量时，下游河道冲刷效率明显下降，但调水调沙的连续大流量过程在下游河道尤其是高村以下河段的输沙和减淤效果仍旧显著，调水调沙仍是十分必要的。考虑当前实际情况，结合以往研究成果，进行减淤运行方式比选时，造峰状态下调控上限流量指标分别采用3 700 m^3/s 历时5 d和2 600 m^3/s 历时6 d。

(16)结合以往研究成果，以《黄河中下游近期洪水调度方案》中提出的含沙量200 kg/m^3作为一般含沙量和高含沙量洪水的指标划分。根据黄河中游洪水泥沙来源及组成、含沙量大小，选择1982年8月、1983年8月两场洪水作为一般含沙量典型洪水，选择1954年9月、1988年8月和1996年8月三场洪水作为高含沙典型洪水。

(17)考虑黄土高原侵蚀背景值成果、黄河实测沙量变化、近期研究成果以及国内专家学者对未来沙量变化的预估，本研究未来沙量按三种情景方案设计，即未来黄河来沙量分别按3亿t、6亿t、8亿t考虑。根据龙刘水库联合调度运行以来的实测入库水沙资料分析，选择3个长度10年的代表系列，其中，2002～2011系列年均水沙量分别为217.36亿m^3和3.16亿t，1993～1997＋2004～2008系列年均水沙量分别为224.24亿m^3和5.60亿t，1989～1998系列年均水沙量分别为255.91亿m^3和7.98亿t。

(18)花园口洪峰流量4 000～10 000 m^3/s 的洪水发生频率较高，是水库调度中经常面临的洪水。考虑近期下游防洪需求和水库设计运行特点，从减少下游滩区淹没损失、减小水库淤积＋发挥下游河道的淤滩刷槽作用两个角度出发，拟订水库控泄花园口4 000 m^3/s和敞泄两种中常洪水防洪运行方式。

(19)典型洪水调算结果表明：控泄方案水库作用后，花园口站洪峰削减量为40%～56%，孙口站洪峰流量为3 870～4 080 m^3/s，滩区淹没损失为0。敞泄方案，花园口站洪峰削减量最大为11%，孙口站洪峰流量5 180～7 940 m^3/s，水库敞泄对下游滩区淹没影响较大。对于一般含沙量洪水,不同防洪运行方案水库淤积量和排沙比差别不大,控泄方案比敞泄方案多淤积泥沙 0.05 亿~0.43 亿 m^3,排沙比减小 11.59%~14.72%;对于高含沙量洪水,控泄方案比敞泄方案多淤积泥沙 1.04 亿~2.05 亿 m^3,排沙比相差较大,相差 20.09%~33.48%。

(20)综合考虑水库减淤、黄河下游和滩区防洪等多种因素,推荐近期中常洪水(花园口洪峰流量 4 000~10 000 m^3/s)防洪运行方式为:对一般含沙量洪水,小浪底水库按控制花园口站流量 4 000 m^3/s 运行,控制水库最高运行水位不超过 254 m;对于潼关含沙量超过 200 kg/m^3 的高含沙洪水,水库原则上按进出库平衡方式运行。

(21)变化环境下小浪底水库运行方案推荐。

小浪底水库采用方案一(现状方案)运行时,对于 1989~1998 系列、1993~1997+2004~2008 系列和 2002~2011 系列不同入库水沙系列,水库运行至第 2 年末剩余有效库容均小于 8 亿 m^3,无法满足 7 月上旬"卡脖子旱"供水需求;采用不同系列分别运行至第 5 年、第 4 年和第 6 年时,水库剩余有效库容小于 4 亿 m^3,失去调水调沙能力。因此,采用该方案时,应根据水库淤积情况,及时调整前汛期汛限水位,使得水库满足供水和调水调沙需求。

从库区冲淤变化来看,方案二(2 600 m^3/s/6 d)淤积量最少,方案三(3 700 m^3/s/5 d)其次,方案四(254 m 方案)淤积量最多,淤积也最快。

从黄河下游减淤量来看,库区拦沙量越大,下游减淤量相应也越大。1989~1998 年系列,入库水量沙量较丰,方案三拦沙减淤比最小,减淤效果最优;而对于来水来沙较少的 1993~1997+2004~2008 系列,方案二满足调水调沙的机会多,拦沙减淤比最小,较优;来水来沙最枯的 2002~2011 系列,水库调水调沙机会少,采用方案一水库蓄水量较少,库容异重流、浑水水库排沙效果较好,利于下游河道输沙入海,相应拦沙减淤比最小,减淤效果最好。

从库区淤积形态来看,水库运行 10 年后,方案二、方案三均由三角洲淤积形态转变为锥体淤积形态,方案三淤积高程略高于方案二;对于方案四,由于运行水位高,淤积部位靠上,三角洲顶点推荐也相对较慢,计算时段末仍为三角洲淤积形态。

从各方案供水、灌溉、生态和发电情况看,各方案汛期灌溉、供水、发电需求破坏天数均很少,基本满足要求,而方案四发电效益最优,方案二和方案三发电效益差别不大。

综合来看,当前下游河道最小平滩流量已经恢复至 4 200 m^3/s,河床逐渐粗化,河道冲刷效率明显减小,但大流量输沙效率仍较显著,且流量越大,输沙效率越高,为充分利用下游河道输沙入海,减少库区及下游河道淤积,推荐采用调控流量 3 700 m^3/s 历时 5 d 的方案三。当入库水沙条件较枯时,也可以采用流量 2 600 m^3/s 历时 6 d 的方案二,有利于增加水库调水调沙机遇,减少水库淤积。方案四运行水位过高,虽然发电效益较好,但库区淤积部位靠上,此类淤积形态不利于提高异重流和浑水水库排沙效果,近期暂不推荐该方案。

参考文献

[1] 黄河水利委员会勘测规划设计研究院. 黄河小浪底水利枢纽初步设计报告[R]. 1988.
[2] 黄河水利委员会勘测规划设计研究院. 黄河小浪底水利枢纽设计技术总结[R]. 2002.
[3] 黄河勘测规划设计有限公司. 小浪底水库拦沙期防洪减淤运用方式研究专题报告二——小浪底水库库区跟踪研究报告[R]. 2013.
[4] 黄河勘测规划设计有限公司. 小浪底水库拦沙后期首次汛限水位研究[R]. 2013.
[5] 水利部黄河水利委员会. 黄河调水调沙理论与实践[M]. 郑州:黄河水利出版社,2013.
[6] 水利部黄河水利委员会. 2010 年黄河调水调沙技术总结报告[R]. 2010.
[7] 水利部黄河水利委员会. 2011 年黄河调水调沙技术总结报告[R]. 2011.
[8] 水利部黄河水利委员会. 2012 年黄河调水调沙技术总结报告[R]. 2012.
[9] 水利部黄河水利委员会. 2013 年黄河调水调沙技术总结报告[R]. 2013.
[10] 水利部黄河水利委员会. 2014 年黄河调水调沙技术总结报告[R]. 2014.
[11] 水利部黄河水利委员会. 2015 年黄河调水调沙技术总结报告[R]. 2015.
[12] 韩其为. 水库淤积[M]. 北京:科学出版社,2003.
[13] 夏震寰,等. 水库泥沙[M]. 北京:水利电力出版社,1979.
[14] 钱宁,万兆惠. 泥沙运动力学[M]. 北京:科学出版社,2003.
[15] 黄河勘测规划设计有限公司. 小浪底水利枢纽进水塔群前防淤堵研究报告[R]. 2013.
[16] 黄河勘测规划设计有限公司. 小浪底水利枢纽拦沙初期运用调度规程[R]. 2005.
[17] 胡一三,张金良,等. 三门峡水库运用方式原型试验研究[M]. 郑州:河南技术出版社、黄河水利出版社,2009.
[18] 黄河勘测规划设计有限公司. 小浪底水库拦沙期防洪减淤运用方式研究专题报告四——小浪底水库降低水位冲刷专题报告[R]. 2013.
[19] 胡春宏,等. 官厅水库泥沙淤积与水沙控制[M]. 北京:水利水电出版社,2003.
[20] 黄河勘测规划设计有限公司. 甘肃省巴家嘴水库除险加固工程初步设计泥沙分析专题报告[R]. 2004.
[21] 中国长江三峡集团公司. 三峡(正常运行期)—葛洲坝水利枢纽梯级调度规程[R]. 2015.
[22] 长江水利委员会水文局. 2015 年度三峡水库进出库水沙特性、水库淤积及坝下游河道冲刷分析[R]. 2016.
[23] 李天全. 青铜峡水库泥沙淤积[J]. 大坝与安全,1998(4),21-27.
[24] 黄河勘测规划设计有限公司. 黄河下游滩区洪水风险图编制[R]. 2015.
[25] 气候变化国家评估报告编写委员会. 气候变化国家评估报告[M]. 北京:科学出版社,2007.
[26] 南京水利科学研究院. 黄河流域生态环境需水研究[R]. 2005.
[27] 黄河水利委员会勘测规划设计研究院. 三门峡以下非汛期水量调度系统关键问题研究("九五"国家重点科技攻关计划项目)[R]. 2001.
[28] 水利部黄河水利委员会. 黄河流域综合规划(2012 ~ 2030)[R]. 2013.
[29] 黄河勘测规划设计有限公司. 小浪底水库拦沙期防洪减淤运用方式研究[R]. 2013.
[30] 刘晓燕,等. 黄河近年水沙锐减成因[M]. 北京:科学出版社,2016.
[31] 姚文艺,等. 黄河流域水沙变化情势分析与评价[M]. 郑州:黄河水利出版社,2011.

[32] 黄河水利委员会勘测规划设计研究院.黄河流域水资源综合规划[R].1999.
[33] 水利部黄河水利委员会,中国水利水电科学研究院.黄河水沙变化研究[R].2012.
[34] 谢鉴衡.河流模拟[M].北京:水利电力出版社,1990.
[35] 涂启华,等.泥沙设计手册[M].北京:水利电力出版社,2006.
[36] 丁赟,刘磊,钟德钰,等.一维水沙数学模型基于特征的耦合分析[J].水利发电学报,2011(8):117-123.
[37] 江恩惠,赵连军,韦直林.黄河下游洪峰增值机理与验证[J].水利发电学报,2006(12):1454-1459.
[38] 杨国录.河流数学模型[M].北京:海洋出版社,1993.